中国科学技术大学研究生教育创新计划项目经费支持

一流规划教材

研究生系列教材

信息计算机类

嵌入式高效视觉感知
从理论到实践

EMBEDDED EFFICIENT VISUAL PERCEPTION
FROM THEORY TO PRACTICE

於 俊　崔泽宇　编著

U0162275

中国科学技术大学出版社

内 容 简 介

本书系统介绍了计算机视觉的基本原理、典型算法和经典案例,包括计算机视觉理论基础、模式识别理论基础、三维计算机视觉理论基础、深度学习技术概述、嵌入式硬件平台简介、模型压缩与系统轻量化介绍、计算机视觉感知框架与流程详解以及国际顶级视觉感知挑战赛经典案例.通过阅读本书,读者可以了解计算机视觉的基本原理和典型技术,可以解决计算机视觉应用中的一些具体问题.

本书可作为模式识别与智能系统等学科研究生专业基础课程的教材.

图书在版编目(CIP)数据

嵌入式高效视觉感知:从理论到实践/於俊,崔泽宇编著. —合肥:中国科学技术大学出版社,2024.4

ISBN 978-7-312-05814-1

Ⅰ.嵌⋯ Ⅱ.①於⋯ ②崔⋯ Ⅲ.图像识别—高等学校—教材 Ⅳ.TP391.413

中国国家版本馆 CIP 数据核字(2023)第 244183 号

嵌入式高效视觉感知:从理论到实践

QIANRUSHI GAOXIAO SHIJUE GANZHI:CONG LILUN DAO SHIJIAN

出版 中国科学技术大学出版社
安徽省合肥市金寨路 96 号,230026
http://press.ustc.edu.cn
http://zgkxjsdxcbs.tmall.com

印刷 安徽省瑞隆印务有限公司

发行 中国科学技术大学出版社

开本 787 mm×1092 mm 1/16

印张 16

字数 417 千

版次 2024 年 4 月第 1 版

印次 2024 年 4 月第 1 次印刷

定价 49.00 元

前　言

　　随着信息技术的迅猛发展,计算机视觉和嵌入式系统逐渐成为现代信息科技中不可或缺的两大前沿领域.计算机视觉,作为人工智能和图像处理的交叉领域,旨在赋予计算机以模仿人类视觉系统的能力,使其能够从图像和视频数据中提取有用信息,完成物体识别、场景理解、行为分析等一系列任务.而嵌入式系统,则是一种集成了计算机硬件和软件的特殊计算机系统,通常用于特定应用领域,具有高度可靠性、实时性和资源受限性的特点.

　　计算机视觉的发展源远流长,始于 20 世纪 60 年代的模式识别研究.然而,由于当时计算机性能的限制和图像处理技术的不足,计算机视觉的进展较为缓慢.随着计算机硬件性能的持续提升以及图像传感器的技术突破,计算机视觉逐渐成为现实.从简单的边缘检测、物体识别,到复杂的人脸识别、图像生成,计算机视觉已经在安全监控、医疗影像、自动驾驶等领域取得了革命性的突破.

　　然而,计算机视觉的应用并不仅仅局限于大型服务器和高性能计算机.随着物联网技术的兴起,越来越多的智能设备需要具备视觉感知能力.这就是嵌入式系统与计算机视觉结合的背景所在.嵌入式计算设备通常资源有限,需要在有限的处理能力和存储空间下实现高效的计算机视觉算法.这就需要研究人员在保持算法准确性的前提下,不断优化算法的计算效率和内存占用.

　　嵌入式系统的发展亦是如此.随着移动设备、物联网设备的快速普及,对嵌入式系统的需求也越来越高.嵌入式系统必须具备低功耗、小尺寸、高性能的特点,以适应不同场景下的需求.在这样的背景下,嵌入式系统的设计变得愈发复杂,涉及硬件设计、软件开发、系统优化等多个层面.

　　计算机视觉与嵌入式系统的结合,催生了无限的可能性.从智能手机中的人脸解锁,到智能家居中的人体检测,再到工业自动化中的视觉引导,这些都是计算机视觉与嵌入式系统融合的鲜活案例.然而,挑战也随之而来,如算法的优化、硬件的适配、系统的稳定性等.

　　鉴于此,本书着重考量轻量化高效计算和"瘦硬件"设计,面向硬件装置条件受限和软件模型感知能力欠缺的现状弊端安排章节内容. 在前四章介绍图像处理、模式识别与深度学习的基础理论,同时也涉及部分三维计算机视觉的知识. 待读者对这些理论有了初步了解之后,进一步深入介绍现今常用的嵌入式开发平台与模型压缩的相关理论知识. 在硬件资源受限的环境下,如何选择合适的嵌入式开发平台,如何优化算法以满足实时性和效率的要求,将成为读者在实际应用中需要解决的重要问题. 这里会详细探讨嵌入式开发平台的选择、配置和使用,以及针对不同任务需求的算法优化策略;同时,为了在有限的硬件资源下保持模型的准确性,将具体介绍模型压缩的方法与技巧,包括量化、剪枝、蒸馏等. 在随后的章节中,围绕实际案例,展示如何将理论知识转化为实际应用. 从图像分类到目标检测,从姿态估计到语义分割,逐步引导读者通过实验和实践,掌握嵌入式视觉应用的技能. 每个案例都将结合具体的开发平台和优化方法,帮助读者理解如何在现实世界中解决技术挑战.

本书旨在为广大读者提供一本具有系统性、实践性和前瞻性的读物,帮助他们在嵌入式高效视觉感知领域获得更深入的理解和更广阔的应用视野. 希望读者通过学习本书,能够掌握关键的理论知识和实际操作技能,为推动嵌入式视觉技术的创新与应用贡献一份力量. 在这个充满机遇和挑战的时代,让我们一同踏上嵌入式高效视觉感知的探索之旅!

目 录

第1章　计算机视觉理论基础

计算机视觉的起点是图像采集,利用特定的方式采集到客观场景的图像,并对其进行初步处理。为了使采集到的图像满足进一步加工的需要,应对采集的图像进行预处理;为了将预处理过的图像中感兴趣的部分分离出来,需要对图像进行检测与分割.在本章中,我们将介绍计算机视觉理论这些基础知识.

1.1　图　像　采　集

1.1.1　图像采集系统的构成

典型的图像采集系统如图 1.1.1 所示.该系统由照明部分、图像输入部分、图像处理和测量部分以及结果输出部分等构成.

其中,照明部分主要为被测场景提供合适的照明条件.根据实际情况,可能需要对所使用的光源进行实时控制以完成指定的测量任务.

图像输入部分主要完成被测场景的图像输入功能.一方面,它将输入的光学图像信号转换成电视图像信号,完成光电转换功能;另一方面,通过模数变换(A/D 变换),它进一步将转换后的电视图像信号转换为数字量(即数字图像).该数字量可以容易地由数字计算机处理.根据需要,其输出可以是灰度信号,也可以是彩色信号.为了获得最好的图像输入效果,有时需要相应控制图像传感器.例如,为了适应被测物体到图像传感器的距离,需要调节相应光学系统的焦距;为了控制图像的亮度,需要调节相应光学系统的光圈;为了获得适当的图像细节,需要调节相应光学系统的放大率;最后,为了选择视野,需要调整图像传感器在空间中的姿态.

图像处理和测量部分主要处理输入图像以提取各种图像特征,并根据获得的图像特征实施特定的测量步骤以完成指定的测量任务.测量的目的取决于应用.它可以是获取关于景物的距离信息,也可以是获得关于物体的类型和位置的关系.

最后,结果输出部分主要存储和显示所获得的测量结果,以满足不同用户的不同需求.

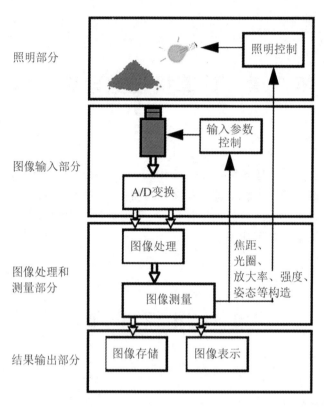

图 1.1.1　典型的图像采集系统

1.1.2　图像传感器

实际上有多种图像传感器可用.在图像测量应用中,更多地使用 CCD 摄像机和 CMOS 摄像机.这里简要介绍一下它们的工作原理、选用条件和技术指标.

1. CCD 摄像机

由 CCD 器件制成的固体图像传感器已被广泛使用,并有取代电视摄像管的趋势.固体图像传感器体积小、重量轻、成本低、寿命长、抗震能力强、空间失真小.而且固体图像传感器不需要电子扫描,因此不存在真空封装的问题,并且对外部磁场的屏蔽要求也较低.目前,许多制造商已经开发或正在开发高灵敏度和高分辨率的固体图像传感器.

下面,以 CCD 图像传感器为例说明固体图像传感器的工作原理.

CCD 是电荷耦合器件(Charge Couple Device)的英文缩写.我们知道,电荷耦合器件的基础是 MOS 电容.P 型硅衬底的 MOS 电容器的示意图如图 1.1.2 所示.下部为 P 型半导体硅,中间部分为二氧化硅绝缘层,上部为金属电极.当正向偏压施加到金属电极上时,半导体硅中的多数载流子空穴被排斥,并在硅表面形成耗尽区.较高的正向偏压形成较深的耗尽层.这种加正向偏压后在金属电极下形成的深耗尽层称为"势阱".如果由于光或热的作用,在势阱内部或附近产生少数载流子电子,这些少数载流子就会堆积在界面处,形成所谓的反型层.因此,如果能用某种方法把势阱中的少数载流子的数量(即电荷量)同某种信息联系起来,那么 MOS 电容实际上就构成了模拟该信息的存储单元.

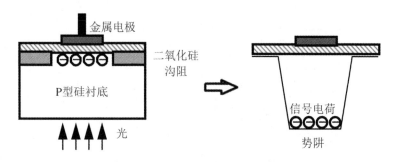

图 1.1.2　P 型硅衬底的 MOS 电容器及其等效势阱模型

事实上,当电荷由硅半导体中的光电过程产生时,势阱内的电荷量的多寡是被积分的光通量的函数.利用这一特性,可以把光学图像信号转换成相应的电信号,从而完成光电转换过程.

光电转换过程大致如下:当把光学图像信号聚焦在晶体上时,入射光子给连接两个原子的单个外层电子足够的能量,使其激发到较高的能态.在这种能态下,电子脱离键连状态,成为带负电的载流子,在晶体中自由运动.被激发的电子也留下了一个不完整的键(即空穴),就像一个可移动的正电荷.到达耗尽区的电子被电场吸引到晶体的上表面并被电场捕获.捕获的电子数与照射到晶体上的光子数成正比.这样,势阱内的电荷量的大小表示照射到晶体上的光强度的大小,从而实现了光电转换功能.

CCD 像感器可以认为是由 MOS 电容器组成的阵列.因此,当光学图像聚焦到阵列上时,我们得到与原图像灰度的空间分布相对应的电荷分布.为了将电荷分布转换为相应的电信号,必须实现电荷在电极下的受控定向转移.实现这种定向转移的控制方法有多种,常用的是二相和三相控制方法.下面以三相控制方法为例,说明实现电荷定向转移的机理.

为简单起见,考虑线阵列的情形.如图 1.1.3 所示,所谓"三相"是指在线阵列的每个像素分别设有三个金属电极 P_1,P_2 和 P_3.施加到每个电极上的电压依次为 φ_1,φ_2 和 φ_3,通常保持在临界电压 V_{th} 之上,因此每个电极下都有一定深度的势阱.

如图 1.1.3 所示,假定在 $t = t_0$ 时刻 P_1 电极处于高电位,此时相应的电荷被存放于 P_1 下面的势阱中.当在 $t = t_1$ 时刻于 P_2 上加上和 P_1 同样的高电位时,由于 P_1 和 P_2 两电极下势阱间的耦合,原先在 P_1 下的电荷将在合并后的势阱中分布.以后,在 $t = t_2$ 时刻,当 P_1 回到低电位时相应的电荷将全部流入 P_2 下面的势阱中.然后,在 $t = t_3$ 时刻于 P_3 上加上高电位而 P_2 回到低电位时,电荷又被全部转移到 P_3 下面的势阱中.由上可见,经过一个时钟周期后,相应的电荷将从前一像素的一个电极下转移到下一个像素的同号电极下.这样,随着时钟脉冲规则地变化,电荷将从线阵的一端转移到另一端.如果在线阵的另一端对电荷进行收集,并进行放大处理,则可以得到相应的反映图像灰度变化的电信号输出.

基于上述 CCD 的光电转换和电荷耦合转移原理,可以构成多种 CCD 像感器,其中比较典型的有如下几种:

1) 线阵列 CCD 像感器

线阵列 CCD 像感器由一列感光单元和一列 CCD 构成.此处的 CCD 线阵列作为移位寄存器使用.感光单元和 CCD 之间有一个转移控制栅.其基本结构如图 1.1.4 所示.

每个感光单元都是耗尽型的 MOS 电容器,它们共有一个梳状电极,通过称为沟阻的高浓度 P 型区彼此间电隔离.当梳状电极呈现高电压时,入射光产生的光电荷被各感光单元收

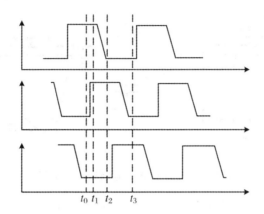

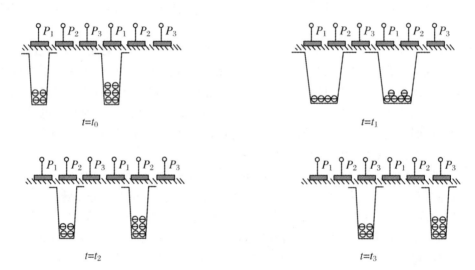

图 1.1.3 CCD 中的电荷转移过程

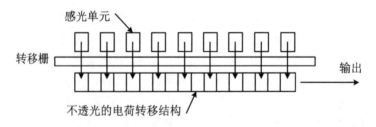

图 1.1.4 线阵列 CCD 像感器结构示意图

集,实现光积分.各感光单元接收到的光强度越大,积累的光电荷越多;光积分时间越长,积累的光电荷也越多.因此积累的光电荷与光强度和光积分时间成正比.在光积分时间结束时,施加到转移栅上的电压增加,并且与感光单元对应的 CCD 电极也处于高电位状态.然后,降低梳状电极的电压,并将各感光单元中收集的电荷向由 CCD 线阵列形成的移位寄存器中并行地转移.转移完成后,转移栅的电压降低,梳状电极的电压恢复到原先的高电压状态,以满足下一个积分周期的到来.同时,在 CCD 移位寄存器中增加了一个时钟脉冲,以便存储在其中的电荷可以从 CCD 像感器中快速传输并在输出端串行输出.重复此过程,即可以获得连续的行输出,从而读出相应的光图像.为了避免电荷转移到输出端子过程中产生寄生的光积分,必须在移位寄存器上增加一层不透光的覆盖层以屏蔽光线.

线阵列 CCD 像感器本身只能用来检测一维的光分布,为了获得二维的光分布需要进行机械扫描.另外,在该方式下每个像素的积分时间仅相当于一个行时,信号强度难以提高.

2）面阵列 CCD 像感器

为了能在通常的使用条件（例如室内照明条件）下得到高质量的图像输出,需要具有足够的信噪比.而要获得足够的信噪比,一种方法是延长积分时间.面阵列 CCD 像感器可以在整个帧时内接收光照以积累电荷.由于积分时间长,其输出图像的信噪比高、质量好.

面阵列 CCD 像感器通常包括以下三个部分:光电转换部分、存储部分和输出转移部分.根据面阵列 CCD 像感器上与上述三个部分相对应的感光区、存储区和输出转移区在结构安排上存在的差异,有多种结构形式的面阵列 CCD 像感器.图 1.1.5 列示出了其中的两种.

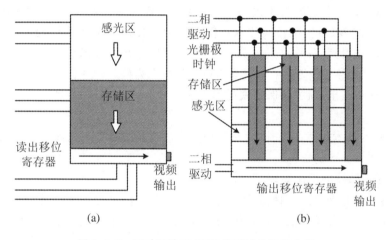

图 1.1.5　两种面阵列 CCD 像感器的结构方案

其中,图 1.1.5(a)所示的是具有串行结构的面阵列 CCD 像感器的结构方案图.该方式的面阵列 CCD 像感器由具有公共水平方向电极的感光区和相同结构的存储区以及读出移位寄存器构成.这里,存储区为不透光的信息暂存区.在电视显示系统的垂直回扫期内,感光区内积累的电荷被迅速地向下移位进入存储区内以实现电荷的转移.当该过程结束时,上面的感光区回到光积分状态.另外,在每一个水平消隐期内,存储区内的整个电荷图像被依次向下移动.每一次底部一行的电荷信号被移位至读出移位寄存器中,通过左移操作以视频形式输出.这种方式的面阵列 CCD 像感器的电极结构相对比较简单,转移单元可以做得较密.但是,缺点是需要附加的存储器.

图 1.1.5(b)所示的是具有并行结构的面阵列 CCD 像感器的结构方案图.该方式的面阵列 CCD 像感器由多组相间配置的列感光区和列存储区以及输出移位寄存器构成.在该方式下,帧的传输只需要一次转移操作即可完成.感光区的各感光单元积分结束时,转移控制栅打开,电荷信号进入存储区.之后,在每一个水平消隐期内,存储区内的整个电荷图像一次一行地被移位至读出移位寄存器中,通过左移操作以视频形式输出.这种结构的像感器操作简单,所得图像清晰.但是,其单元设计较复杂,而且转移信号必须透光,使感光面积减少 30%~50%.

上面以线阵列和面阵列 CCD 像感器为例介绍了 CCD 像感器的工作原理.上述 CCD 像感器是构成 CCD 摄像机的关键部件.除了 CCD 像感器之外,CCD 摄像机还包括光学系统、定时系统、CCD 激励器、信号处理和校正器等部分.其输出信号一般也为标准的全电视信号.

2. CMOS 摄像机

CMOS 是 Complementary Metal-Oxide-Semiconductor 的缩写,中文译为互补金属氧化物半导体.它最初是计算机系统主板上的一种可读写 RAM 芯片,采用大规模集成电路的芯片技术制成,是存储系统开机的最基本数据.它主要是基于硅和锗所制成的半导体,具有带负电荷的 N 型区域和带正电荷的 P 型区域,在 CMOS 技术下共同存在.这两种互补的效应产生的电流可以被处理,进而被记录在芯片上并解读为影像.随着工艺制程技术的不断完善,CMOS 还可以作为数码摄影中的图像传感器.

起初,CMOS 图像传感器技术仅用于工业图像处理领域.然而,随着 CMOS 图像转换技术的革新,当前的 CMOS 图像转换技术不仅仅局限于传统的工业图像处理,还在越来越多的新颖消费类领域得到应用.这是因为它在噪声控制方面表现出色,且具备更低的能耗特性.举例来说,车用 CMOS 传感器以具有 VGA 分辨率为特点,专门为汽车应用而设计,为创造全新的车内视角做出贡献,确保驾驶过程更加安全舒适.这些传感器在汽车安全系统中扮演关键角色.

此外,CMOS 技术仍然在提升生产率、提高质量以及改善生产流程经济性的全新自动化解决方案中扮演着关键的角色.

1) CMOS 传感器的工作原理

CMOS 传感器是典型的固体成像传感器,按像素结构可分为无源像素传感器(Passive Pixel Sensor)与有源像素传感器(Active Pixel Sensor).接下来,我们将根据像素结构介绍 CMOS 传感器的工作原理.

(1) 被动式

被动式像素传感器(Passive Pixel Sensor,简称 PPS)也称为无源像素传感器.它由反向偏置光敏二极管和开关管组成.光敏二极管本质上是由 P 型半导体和 N 型半导体组成的 PN 结,可以等效为反向偏置的二极管和 MOS 电容并联.当开关管导通时,光敏二极管与垂直的列线(column bus)连通,列线末端的电荷积分放大器(charge integrating amplifier)读出电路(sense circuit)保持列线电压恒定.当读出存储在光敏二极管中的信号电荷时,其电压被重置为列线电压水平,同时,电荷积分放大器将与光信号成正比的电荷转换为电荷输出.

(2) 主动式

主动式像素传感器(Active Pixel Sensor,简称 APS)也称为有源像素传感器.在像素中引入缓冲器或放大器可以大大提高像素的性能,因此 CMOS APS 中的每个像素都有自己的放大器.集成在表面的放大晶体管减少了像素元件的有效表面积,降低了"封装密度",可以反射 40%~50% 的入射光.但这种传感器还有一个问题:如何使传感器的多通道放大器实现很好的匹配.解决方案是降低固定图形噪声的残余水平.另一方面,由于 CMOS APS 像素中的每个放大器仅在读出期间激活,因此 CMOS APS 的功耗比 CCD 图像传感器的功耗低.

2) 主动式与被动式 CMOS 传感器的填充因数和量子效率

填充因数(fill factor)又叫充满因数,指像素上光电二极管相对于像素表面的大小.量子效率(quantum efficiency)是指一个像素被光子撞击后实际和理论最大值电子数的归一化值.

被动式像素传感器的量子效率高,因为其电荷填充因数通常可达到 70%.由于光电二极管的积累电荷通常很小,因此很易受到杂波干扰;由于像素内部没有信号放大器,仅依靠垂直总线终端放大器,读出信号杂波大,其 S/N 比低,不同位置的像素杂波大小不同(固定图形噪波(FPN)),影响整个图像的质量.

与被动式相比,主动式像素传感器可以通过在每个像素点增加一个放大器,将光电二极管的积累电荷转换为电压进行放大,大大提高了 S/N 比,最终提高传输过程中的抗干扰能力.但由于放大器占据过多像素面积,主动式像素结构的填充因数相对较低,一般在 25%～35%之间.

3) CCD 与 CMOS 传感器的差异

(1) 数字数据传送的方式的差异

CCD 与 CMOS 传感器是两种广泛使用的图像传感器,两者都使用感光二极管(photodiode)进行光电转换并将图像转换为数字数据,它们之间的主要区别在于数字数据传送的方式不同.

CCD 传感器每排中每个像素的电荷数据都将依次传送到下一个像素,由底部输出,然后由传感器边缘的放大器进行放大.在 CMOS 传感器中,每个像素将相邻接于放大器和 A/D 转换电路,并以类似于内存电路的方式输出数据.

造成这种差异的原因是技术不同:CCD 的特殊工艺可以保证数据在传送时不会失真,因此可以将每个像素的数据收集到边缘进行放大.但是,当传输距离较长时,CMOS 工艺的数据会产生噪声,因此,每个像素的数据在整合前必须先放大.

(2) 效能与应用上的差异

由于数据传送方式不同,CCD 与 CMOS 传感器在效能与应用上也存在许多差异,如灵敏度、分辨率、噪声、功耗、成本等.

① 灵敏度

由于 CMOS 传感器的每个像素由四个晶体管与一个感光二极管构成(包括放大器和 A/D 转换电路),因此每个像素的感光区域远小于像素本身的表面积,因此当像素尺寸相同时,CMOS 传感器的灵敏度低于 CCD 传感器.

② 分辨率

CMOS 传感器的每个像素都比 CCD 传感器复杂,其像素尺寸难达到 CCD 传感器的水平,因此,当将 CCD 与相同尺寸的 CMOS 传感器比较时,CCD 传感器的分辨率通常优于 CMOS 传感器.

③ 噪声

由于 CMOS 传感器的每个感光二极管都需搭配一个放大器,而放大器属于模拟电路,所以很难保持每个放大器所得到的结果一致,因此与只在芯片边缘放置一个放大器的 CCD 传感器相比,CMOS 传感器的噪声会增加很多,影响图像质量.

④ 功耗

CMOS 传感器的图像采集方式为主动式,感光二极管所产生的电荷会直接由晶体管放大输出,但 CCD 传感器为被动式采集,需外加电压才能使每个像素中的电荷移动,施加的电压通常需要达到 12～18 V;因此,除了 CCD 传感器在电源管理电路设计上难度更高之外,高驱动电压更使其功耗远高于 CMOS 传感器.

⑤ 成本

与传统 CCD 相比,CMOS 传感器采用一般半导体电路中最常用的 CMOS 工艺,并且很容易将周边电路(如 AGC、CDS、Timing generator、DSP 等)集成到传感器芯片中,即将整个系统集成在一块芯片上,节省了外围芯片的成本;由于 CCD 通过电荷传递的方式传输数据,如果其中一个像素无法工作,整行数据将无法传输.因此,CCD 传感器的良品率质量控制比 CMOS 传感器困难得多.因此 CCD 传感器的成本高于 CMOS 传感器.一般来说,CMOS 传感器可以降低功耗,缩小尺寸,使总成本降低.

综上所述,CCD 传感器在灵敏度、分辨率、噪声控制方面优于 CMOS 传感器,而 CMOS 传感器具有低成本、低功耗、高集成度的特点.然而,随着 CCD 与 CMOS 传感器技术的进步,两者之间的差异有缩小的趋势.例如,CCD 传感器在功耗方面得到改善,以应用于移动通信领域;CMOS 传感器正在提高分辨率和灵敏度,以应用于更高端的数字图像产品.

1.1.3 图像采集的几何校准

如果我们把参考坐标系固定在摄像机上,则图像坐标系和参考坐标系之间的空间变换关系是确定的.只要包括摄像机焦距在内的系统内部参数是已知的,那么系统本身一般是不需要进行校准的.但是,实际中摄像机焦距等系统内部参数未必是已知的.例如,虽然有生产厂家提供的有关参数的标称值,但是参数的实际值和标称值之间可能存在偏差.另外,参数本身也可能是可调的,而对参数的调整一般很难做到精确控制.上述情况告诉我们,在使用摄像机进行实际测量之前有必要对相应的系统内部参数重新进行校准或标定.还有,在测量过程中,有时需要使用两台以上具有不同位置和取向的摄像机系统,或者等价地需要将摄像机系统从空间的一个位置和取向调整到空间的另一个位置和取向,此时,需要精确地确定两台摄像机之间或者同一台摄像机在不同测量时刻的空间位置和取向之间的空间变换关系.对于这样的应用,也同样需要对系统相对于参考系重新进行校准.另外,在许多应用中,需要将被测对象在和测量系统相独立的外部参考系(一般把这样的参考系称为世界坐标系或物体坐标系)中进行表示.例如,在机器人系统中,为了用视觉指导机械手完成规定的操作,需要在摄像机坐标系和机械手坐标系之间建立起相应的空间变换关系.我们把确立相应的系统内部参数和空间变换关系的过程统称为摄像机的几何校准.

1. 摄像机几何校准的方法综述

从实际使用的角度来考虑,对摄像机系统进行校准的方法一般应满足如下要求:
(1) 应具有自治性.即应尽量减少人工干预,提高校准的自动化程度.
(2) 应具有满足使用要求的精度.对精度的要求视具体情况而定.
(3) 应是有效的.即要求校准算法的运算简洁、快速.
(4) 应具有通用性.即要求校准算法能适用于各种不同种类的图像传感器.
(5) 应具有较好的可实现性.即所述方法不应对实验条件提出过于苛刻的假设,也不应要求使用特别的实验装置.

现行的摄像机几何校准技术一般都使用基于基准物体(reference object)的方法.通常的做法是先由摄像机获取该基准物体的图像,然后运用图像处理技术抽取标定在基准物体上的特征点的图像位置信息.由于这些特征点在世界坐标系中的位置信息是已知的,根据上述特征点所提供的信息就可以计算出摄像机的内部参数和摄像机相对于世界坐标系的空间变换关系.

在校准中我们主要涉及三个坐标系:

(1) 世界坐标系:世界坐标系 $O_wX_wY_wZ_w$ 是指客观世界的绝对坐标系,客观世界中的三维场景都是用这个坐标系表示的.

(2) 摄像机坐标系:以摄像机为中心的坐标系 $OXYZ$,其原点与摄像机光学中心重合,Z 轴为摄像机的光轴.

(3) 二维图像坐标系:摄像机中形成的图像平面的坐标系 X_iY_i,其原点位于摄像机光轴与 X_iY_i 平面的交点处.

2. 内、外部参数分离法

以下我们采用针孔摄像机模型作为被校准摄像机的几何模型,在世界坐标系下考虑问题.

如图 1.1.6 所示,世界坐标系和摄像机坐标系分别用 $O_wX_wY_wZ_w$ 和 $OXYZ$ 表示.三维空间中的点 P 在世界坐标系下的坐标由(X_w,Y_w,Z_w)给出,而在摄像机坐标系下的坐标则由(X,Y,Z)标记.其中,摄像机坐标系的原点和摄像机的光学中心重合,相应的 Z 轴与光轴重合.另外,二维图像坐标系由 X_i-Y_i 平面给出,其原点 O_i 位于摄像机光轴(即 Z 轴)和 X_i-Y_i 平面的交点处,f 为摄像机光学中心到图像平面的距离.在理想针孔成像情况下点 P 的图像坐标为(X_u,Y_u),而点 P 的实际图像坐标为(X_d,Y_d).点 P 的理想图像坐标(X_u,Y_u)和实际图像坐标(X_d,Y_d)之间的差别主要由镜头失真引起.最后,把(X_d,Y_d)在计算机表示中的像素坐标值记为(X_f,Y_f).

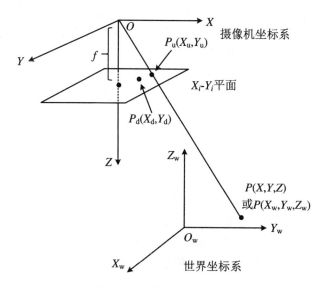

图 1.1.6　针孔摄像机模型

从世界坐标系到计算机图像坐标系的变换一般可由下述四个步骤来描述:

步骤 1　从世界坐标系通过刚体变换到摄像机坐标系:

$$\begin{bmatrix} X \\ Y \\ Z \end{bmatrix} = R \begin{bmatrix} X_w \\ Y_w \\ Z_w \end{bmatrix} + T \tag{1.1.1}$$

其中,R 为旋转变换矩阵,它是一个单位正交矩阵,R 的定义如下式:

$$R = \begin{bmatrix} r_1 & r_2 & r_3 \\ r_4 & r_5 & r_6 \\ r_7 & r_8 & r_9 \end{bmatrix} \tag{1.1.2}$$

而 T 则为平移向量，由下式定义：

$$T = \begin{bmatrix} T_X \\ T_Y \\ T_Z \end{bmatrix} \tag{1.1.3}$$

注意：在式(1.1.1)的九个旋转参数中，仅有三个是独立变量．这样，为了完全描述上面提到的刚体变换，总共只需要确定六个系统参数：三个旋转参数和三个平移参数．

步骤 2　从摄像机坐标系通过透视变换到理想的图像坐标系：

$$X_u = f\frac{x}{z} \tag{1.1.4}$$

$$Y_u = f\frac{y}{z} \tag{1.1.5}$$

步骤 3　从理想图像坐标系到实际图像坐标系的变换：

$$X_d + D_X = X_u \tag{1.1.6}$$
$$Y_d + D_Y = Y_u \tag{1.1.7}$$

在此步骤中，如果失真则主要由径向畸变引起，因此

$$D_X = X_d(\kappa_1 r^2 + \kappa_2 r^4 + \varLambda\varLambda) \tag{1.1.8}$$
$$D_Y = Y_d(\kappa_1 r^2 + \kappa_2 r^4 + \varLambda\varLambda) \tag{1.1.9}$$

其中，$r = \sqrt{X_d^2 + Y_d^2}$，κ_1,κ_2 称为失真系数．实际中，一般仅考虑 κ_1 即可．经验告诉我们，更多的考虑可能于事无补，并有可能引起数值的不稳定．

步骤 4　从实际图像坐标到计算机图像坐标的变换：

$$X_f = S_X d'_X{}^{-1} X_d + C_X \tag{1.1.10}$$
$$Y_f = d_Y^{-1} Y_d + C_Y \tag{1.1.11}$$

其中

$$d'_X = d_X \frac{N_{CX}}{N_{FX}} \tag{1.1.12}$$

这里，(C_X, C_Y) 为图像中心在图像存储器中的行指标和列指标，d_X, d_Y 分别为 X, Y 扫描方向上相邻像素点中心之间的距离，即每个像素在 X, Y 轴上的物理尺寸，N_{CX} 为 X 扫描方向上的像素数，N_{FX} 为一行中由计算机采样的像素数，S_X 为附加的模糊度因子，用于吸收由于图像获取硬件和摄像机硬件的不同步，或者由于扫描同步信号的不一致性引入的计算机图像坐标的模糊．

若忽略镜头的高次失真项，则由式(1.1.4)～(1.1.11)知，有

$$f\frac{x}{z} = X_u = X_d(1 + \kappa_1 r^2 + \kappa_2 r^4 + \varLambda\varLambda) \approx S_X^{-1} d'_X(X_f - C_X)(1 + \kappa_1 r^2) \tag{1.1.13}$$

$$f\frac{y}{z} = Y_u = Y_d(1 + \kappa_1 r^2 + \kappa_2 r^4 + \varLambda\varLambda) \approx d_Y(Y_f - C_Y)(1 + \kappa_1 r^2) \tag{1.1.14}$$

这里，$r = \sqrt{(S_X^{-1} d_X(X_f - C_X))^2 + (d_Y(Y_f - C_Y))^2}$

将式(1.1.1)展开，并代入式(1.1.13)和式(1.1.14)中，有

$$S_X^{-1} d'_X (X_f - C_X)(1 + \kappa_1 r^2) = f \frac{r_1 X_w + r_2 Y_w + r_3 Z_w + T_X}{r_7 X_w + r_8 Y_w + r_9 Z_w + T_Z} \tag{1.1.15}$$

$$d_Y (Y_f - C_Y)(1 + \kappa_1 r^2) = f \frac{r_4 X_w + r_5 Y_w + r_6 Z_w + T_X}{r_7 X_w + r_8 Y_w + r_9 Z_w + T_Z} \tag{1.1.16}$$

上两式即为联系待测物体上一个点的三维世界坐标和它的二维计算机图像坐标的基本关系式.由上述基本关系式可以看出,为了完成摄像机系统的校准需要确定下面两组参数:

1) 外部参数

这是一组表征摄像机的姿态参数,即摄像机相对于世界坐标系的空间位置和取向的参数,由 T 和 R 给出,共有 12 个参数需要确定.但是,如前所述,9 个旋转参数中仅有 3 个是独立的.即当选定欧拉角 θ,φ 和 ψ 作为 3 个独立的旋转参数时,R 可作为 θ,φ 和 ψ 的函数表出.

2) 内部参数(即摄像机自身参数)

f:图像平面到投影中心的距离.

S_X:图像 X 坐标的模糊度因子.

C_X:图像平面原点在计算机图像坐标系中的 X 坐标.

C_Y:图像平面原点在计算机图像坐标系中的 Y 坐标.

那么,如何确定这样两组参数呢?

可使用共平面基准参考点集完成校准任务.如图 1.1.7 所示,选择世界坐标系使得基准参考点集位于平面 $Z_w = 0$ 上,并使世界坐标系原点不在 Y 轴上,即使 $T_Y \neq 0$ 成立.

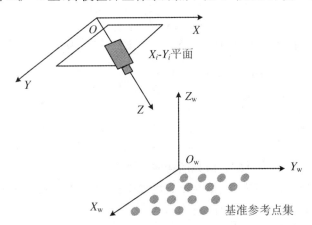

图 1.1.7　共平面基准参考点集示意

用于完成确定摄像机各参数的具体步骤如下:

步骤 1　计算 R 和 T_X, T_Y.

(1) 从计算机图像坐标计算失真图像坐标.

① 输入一帧图像到计算机帧存储器.对每一个校准用参考点,确定其相应的计算机坐标 (X_{fi}, Y_{fi}),$i = 1, 2, \cdots, N$.这里,N 为所用基准参考点的数目.

② 根据厂家提供的 N_{CX}, N_{FX} 等有关数据,得到 d'_X 和 d_Y 的数值.

③ 取 (C_X, C_Y) 为帧存储器的中心像素.

④ 由式(1.1.10)和式(1.1.11),计算 X_{di}, Y_{di},$i = 1, 2, \cdots, N$:

$$X_{di} = S_X^{-1} d'_X (X_{fi} - C_X) \tag{1.1.17}$$

$$Y_{di} = d_Y(Y_{fi} - C_Y) \tag{1.1.18}$$

(2) 计算 5 个未知参数 $T_Y^{-1}r_1, T_Y^{-1}r_2, T_Y^{-1}T_X, T_Y^{-1}r_4, T_Y^{-1}r_5$.

用式(1.1.15)除以式(1.1.16),并将第 i 个基准参考点在世界坐标系中的坐标 $(X_{wi}, Y_{wi}, 0)$ 和相应的图像坐标 (X_{di}, Y_{di}) 分别代入其中,整理后得到

$$\begin{bmatrix} Y_{di}X_{wi} & Y_{di}Y_{wi} & Y_{di} & -X_{di}X_{wi} & -X_{di}Y_{wi} \end{bmatrix} \begin{bmatrix} T_Y^{-1}r_1 \\ T_Y^{-1}r_2 \\ T_Y^{-1}T_X \\ T_Y^{-1}r_4 \\ T_Y^{-1}r_5 \end{bmatrix} = X_{di}$$

这样,综合对所有基准参考点的处理结果,可建立如下的线性方程:

$$AB = C \tag{1.1.19}$$

由式(1.1.19),用最小二乘法可解出

$$B = (A^{\mathrm{T}}A)^{-1}A^{\mathrm{T}}C \tag{1.1.20}$$

(3) 从 B 向量计算 R 和 T_X, T_Y.

① 从 B 向量计算 $|T_Y|$. 步骤如下:

令

$$S = \begin{bmatrix} \dfrac{r_1}{T_Y} & \dfrac{r_2}{T_Y} \\ \dfrac{r_4}{T_Y} & \dfrac{r_5}{T_Y} \end{bmatrix} = \begin{bmatrix} r_1' & r_2' \\ r_4' & r_5' \end{bmatrix}$$

是 R 的一个 2×2 的子矩阵. 如果子矩阵 S 的一行或一列不为 0,则 T_Y^2 可根据下式算出:

$$T_Y^2 = \frac{S_r - (S_r^2 - 4(r_1'r_5' - r_4'r_2')^2)^{\frac{1}{2}}}{2(r_1'r_5' - r_4'r_2')^2}$$

这里,$S_r = r_1'^2 + r_2'^2 + r_4'^2 + r_5'^2$.

否则,根据下式计算 T_Y^2:

$$T_Y^2 = (r_i'^2 + r_j'^2)^{-1}$$

这里,$r_i'^2$ 为子矩阵 S 中不为 0 的行或列的相应元素.

② 确定 T_Y 的符号. 步骤如下:取一个其图像坐标 (X_{fi}, Y_{fi}) 远离图像中心 (C_X, C_Y) 的基准参考点 i. 设 T_Y 的符号为正. 计算:

$r_1 = [T_Y^{-1}r_1]T_Y, r_2 = [T_Y^{-1}r_2]T_Y, r_4 = [T_Y^{-1}r_4]T_Y, r_5 = [T_Y^{-1}r_5]T_Y, T_X = [T_Y^{-1}T_X]T_Y$

$x_i = r_1X_{wi} + r_2Y_{wi} + T_X$

$y_i = r_4X_{wi} + r_5Y_{wi} + T_Y$

这里,方括弧中的各参量为步骤(2)中 B 向量的各分量的值.

如果有 x_i 和 X_{fi} 的符号相同,以及 y_i 和 Y_{fi} 的符号相同,则判 T_Y 的符号为正,否则,判 T_Y 的符号为负.

作出上述判决的理由如下:易知 X_{fi}, Y_{fi} 和 x_u, y_u 具有相同的符号,故由式(1.1.6)和式(1.1.7)可知,X_{fi}, Y_{fi} 和 x_i, y_i 也应具有相同的符号. 这是因为在图示的坐标系选择下,f 和 Z 两个参量均取正值. 这样,若在假设 T_Y 的符号取正的前提下,算出 x_i 和 X_{fi} 的符号相同,以及 y_i 和 Y_{fi} 的符号相同,则表明该假设是正确的;否则,表明假设错误,即 T_Y 的符号应为负.

③ 确定旋转矩阵 R. 过程如下:

首先,根据 B 向量和 T_Y,计算

$$r_1 = [T_Y^{-1} r_1] T_Y, \quad r_2 = [T_Y^{-1} r_2] T_Y$$

$$r_4 = [T_Y^{-1} r_4] T_Y, \quad r_5 = [T_Y^{-1} r_5] T_Y$$

与 $T_X = [T_Y^{-1} T_X] T_Y$.

然后,利用 R 的正交性和右手特性($|R| = 1$)确定剩余的 $r_3, r_6 \sim r_9$ 诸参数. 例如,取

$$r_3 = (1 - r_1^2 - r_2^2)^{\frac{1}{2}}$$

$$r_6 = s (1 - r_4^2 - r_5^2)^{\frac{1}{2}}$$

这里,$s = -\text{sgn}(r_1 r_4 + r_2 r_5)$. 具体推导过程略. 这样,我们得到了所需的 R. 应该注意的是,如果上述 R 在后续处理中产生负的 f,则需对 R 作如下修正. 此时,应取

$$R = \begin{bmatrix} r_1 & r_2 & -r_3 \\ r_4 & r_5 & -r_6 \\ -r_7 & -r_8 & r_9 \end{bmatrix} \tag{1.1.21}$$

步骤 2　计算 f, κ_1 和 T_Z.

(1) 计算 f 和 T_Z

根据式(1.1.5)可知,对校准用基准参考点 $i, i = 1, 2, \cdots, N$,有下列方程成立:

$$Y_{ui} = f \frac{r_4 X_{wi} + r_5 Y_{wi} + T_Y}{r_7 X_{wi} + r_8 Y_{wi} + T_Z} \tag{1.1.22}$$

忽略镜头失真,易知

$$Y_{ui} = Y_{di}$$

代入式(1.1.22),并整理,有

$$[y_i - d_Y Y_{di}] \begin{bmatrix} f \\ T_Z \end{bmatrix} = \gamma_i Y_{di}, \quad i = 1, 2, \cdots, N \tag{1.1.23}$$

这里,$y_i = r_4 X_{wi} + r_5 Y_{wi} + T_Y$,$\gamma_i = r_7 X_{wi} + r_8 Y_{wi}$. 根据上述各式,用最小二乘法可解出未知参数 f 和 T_Z.

(2) 在步骤 1 求得的关于 f 和 T_Z 近似解的基础上,用标准最优化方法(例如,最速下降法)可计算确切的 f, κ_1 和 T_Z.

上面讨论了用于摄像机校准的内部和外部参数分离法. 该方法为 R. Tsai 所提出. 为叙述方便起见,以后把该方法简称为 Tsai 的方法.

3. 综合参数法

在上面介绍的 Tsai 的方法中,被校准的摄像机参数按其特点被分为内部参数和外部参数两大类. 这样做的好处是不言而喻的. 此时,所给出的各个参数都具有明确的物理意义. 但是,正如我们已经看到的那样,Tsai 的方法所涉及的整个校准过程是十分繁杂的. 在有些应用中,我们并不需要知道参数所具有的物理意义,只要能通过所选定的摄像机的系统参数在世界坐标系和摄像机的图像坐标系之间建立起相应的变换关系即可.

下面,介绍一种能够满足上述使用要求的用于摄像机校准的综合参数法. 该方法不对摄像机的参数按其特点作进一步的划分. 如图 1.1.8 所示,设世界坐标系和摄像机坐标系分别用 $O_w X_w Y_w Z_w$ 和 $OXYZ$ 表示. 其中,世界坐标系被置于具有立方体形状的基准物体上. 立方体上互相垂直的三条棱分别与世界坐标系的三个坐标轴重合. 另外,选择图像坐标系

$O_iX_iY_i$ 使 X_i-Y_i 平面（即图像平面）和摄像机坐标系的 X-Y 平面重合.

在这种选择下，使用空间变换的齐次表现形式可知，从世界坐标系到摄像机坐标系的变换关系可以表为

$$\begin{bmatrix} X \\ Y \\ Z \\ 1 \end{bmatrix} = \begin{bmatrix} T_{11} & T_{12} & T_{13} & T_{14} \\ T_{21} & T_{22} & T_{23} & T_{24} \\ T_{31} & T_{32} & T_{33} & T_{34} \\ 0 & 0 & 0 & 1 \end{bmatrix} \begin{bmatrix} X_w \\ Y_w \\ Z_w \\ 1 \end{bmatrix} \tag{1.1.24}$$

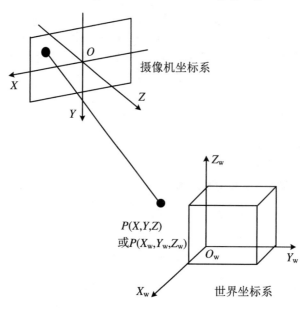

图 1.1.8　综合参数法图示

这里，变换矩阵包括了在两个坐标系之间存在的旋转和平移两种情况.

下面考虑如何根据基准物体来确定上述变换矩阵中的各个参数. 设基准物体上的某个基准点在世界坐标系下的坐标值用 (X_w, Y_w, Z_w) 表示，而该基准点在观测图像平面上的对应点用 (x_i, y_i) 表示，则由式(1.1.24)，将 (X_w, Y_w, Z_w) 和 (x_i, y_i) 代入并消去参数 w_{ih} 后，我们有

$$C_{11}X_w + C_{12}Y_w + C_{13}Z_w + C_{14} - C_{31}X_wx_i - C_{32}Y_wx_i - C_{33}Z_wx_i = C_{34}x_i$$
$$C_{21}X_w + C_{22}Y_w + C_{23}Z_w + C_{24} - C_{31}X_wy_i - C_{32}Y_wy_i - C_{33}Z_wy_i = C_{34}y_i$$

写成矩阵形式，有

$$\begin{bmatrix} X_w & Y_w & Z_w & 1 & 0 & 0 & 0 & 0 & -X_wx_i & -Y_wx_i & -Z_wx_i \\ 0 & 0 & 0 & 0 & X_w & Y_w & Z_w & 1 & -X_wy_i & -Y_wy_i & -Z_wy_i \end{bmatrix} \begin{bmatrix} C_{11} \\ C_{12} \\ \vdots \\ C_{32} \\ C_{33} \end{bmatrix} = \begin{bmatrix} C_{34}x_i \\ C_{34}y_i \end{bmatrix} \tag{1.1.25}$$

这样，对应于一个校准用基准点，我们可得到用于约束摄像机参数的两个方程. 现在，摄像机的系统参数共 12 个. 因此，为了确定摄像机参数，至少需要设置 6 个校准用基准点. 而且，这些点必须保证不全在同一平面上. 为了提升校准的精度，我们需要采用 6 个以上基准点. 比

如,当采用 N 个基准点时,有

$$
\begin{bmatrix}
X_{w1} & Y_{w1} & Z_{w1} & 1 & 0 & 0 & 0 & 0 & -X_{w1}x_{i1} & -Y_{w1}x_{i1} & -Z_{w1}x_{i1} \\
0 & 0 & 0 & 0 & X_{w1} & Y_{w1} & Z_{w1} & 1 & -X_{w1}y_{i1} & -Y_{w1}y_{i1} & -Z_{w1}y_{i1} \\
\vdots & \vdots & \vdots & \vdots & \vdots & \vdots & \vdots & \vdots & \vdots & \vdots & \vdots \\
X_{wN} & Y_{wN} & Z_{wN} & 1 & 0 & 0 & 0 & 0 & -X_{wN}x_{iN} & -Y_{wN}x_{iN} & -Z_{wN}x_{iN} \\
0 & 0 & 0 & 0 & X_{wN} & Y_{wN} & Z_{wN} & 1 & -X_{wN}y_{iN} & -Y_{wN}y_{iN} & -Z_{wN}y_{iN}
\end{bmatrix}
\begin{bmatrix}
C_{11} \\ C_{12} \\ \vdots \\ C_{32} \\ C_{33}
\end{bmatrix}
$$

$$
=
\begin{bmatrix}
C_{34}x_{i1} \\ C_{34}y_{i1} \\ \vdots \\ C_{34}x_{iN} \\ C_{34}y_{iN}
\end{bmatrix}
\tag{1.1.26}
$$

这里,第 j 个基准点在世界坐标系下的坐标值以及该基准点在观测图像平面上的对应点分别用 (X_{wj},Y_{wj},Z_{wj}) 和 (x_{ij},y_{ij}) 表示.

从上面的推导可以看出,若我们不关心摄像机系统内、外部参数的实际取值,而仅对系统的投影关系感兴趣的话,则上面 12 个系统参数中,有一个可任意设置.比如,可取 $C_{34}=1$.这种做法等效于用 C_{34} 除式(1.1.29)的两边,并将 w_{ih}/C_{34} 和所有 C_{ij}/C_{34} 改用 w_{ih} 和 C_{34} 表示.

这样,根据最小二乘法,摄像机参数可表为

$$
B = (A^{\mathrm{T}}A)^{-1}A^{\mathrm{T}}C
\tag{1.1.27}
$$

其中

$$
A =
\begin{bmatrix}
X_{w1} & Y_{w1} & Z_{w1} & 1 & 0 & 0 & 0 & 0 & -X_{w1}x_{i1} & -Y_{w1}x_{i1} & -Z_{w1}x_{i1} \\
0 & 0 & 0 & 0 & X_{w1} & Y_{w1} & Z_{w1} & 1 & -X_{w1}y_{i1} & -Y_{w1}y_{i1} & -Z_{w1}y_{i1} \\
\vdots & \vdots & \vdots & \vdots & \vdots & \vdots & \vdots & \vdots & \vdots & \vdots & \vdots \\
X_{wN} & Y_{wN} & Z_{wN} & 1 & 0 & 0 & 0 & 0 & -X_{wN}x_{iN} & -Y_{wN}x_{iN} & -Z_{wN}x_{iN} \\
0 & 0 & 0 & 0 & X_{wN} & Y_{wN} & Z_{wN} & 1 & -X_{wN}y_{iN} & -Y_{wN}y_{iN} & -Z_{wN}y_{iN}
\end{bmatrix}
$$

$$
B =
\begin{bmatrix}
C_{11} \\ C_{12} \\ \vdots \\ C_{32} \\ C_{33}
\end{bmatrix},
\quad
C =
\begin{bmatrix}
x_{i1} \\ y_{i1} \\ \vdots \\ x_{iN} \\ y_{iN}
\end{bmatrix}
$$

由于各基准点在世界坐标系下的坐标值是已知的,因此,进行摄像机校准的关键步骤是从观测图像中识别出基准点并确定相应的图像坐标值.为了做到这一点,可以采用如图 1.1.9 所示的立方体作为基准物体.

该立方体上刻有和立方体的三条棱线相平行的三组直线段.把斜率互异直线段的交点作为基准参考点使用.一旦从图像中检测出这些直线段,则我们可以把各组直线段之间的交点作为相应基准点在图像中的投影.然后,从式(1.1.27)出发根据最小二乘法可以算出摄像机的诸参数.用于确定基准点在图像中的投影的具体步骤如下:

(1) 用摄像机输入观测图像.

(2) 对输入图像施加二值化和细线化操作获得所述直线段的候补区域.

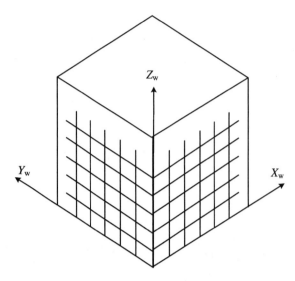

图 1.1.9　基准物体和世界坐标系

（3）对步骤（2）的结果进行 Hough 变换处理以检测出所述直线段.

（4）从三条较长直线段出发确定世界坐标系原点在图像中的投影位置.

（5）计算各组直线段之间的交点确定相应基准点在图像中的投影位置.

4. 摄像机的光学校准

对摄像机进行光学校准的目的是确定入射光的强度和像素的灰度或彩色值之间的关系. 那么，如何进行摄像机的光学校准呢？下面来探讨一下这个问题.

设入射光的分光放射辉度（亦称分光分布）用 $I(\lambda)$ 表示，摄像机的分光感度特性（即等色函数）分别用 $\bar{r}(\lambda)$，$\bar{g}(\lambda)$ 和 $\bar{b}(\lambda)$ 表示，则摄像机输出的三刺激值和入射光的分光放射辉度以及摄像机的分光感度特性两者之间的关系可以表为

$$R = \int_0^\infty I(\lambda)\bar{r}(\lambda)\mathrm{d}\lambda \tag{1.1.28}$$

$$G = \int_0^\infty I(\lambda)\bar{g}(\lambda)\mathrm{d}\lambda \tag{1.1.29}$$

$$B = \int_0^\infty I(\lambda)\bar{b}(\lambda)\mathrm{d}\lambda \tag{1.1.30}$$

因此，如果能得到上述摄像机对于三基色的分光感度特性，实际上也就完成了摄像机的光学校准.

对式（1.1.28）～式（1.1.30）各取其离散的表现形式，有

$$R = \sum_{i=1}^\infty I(\lambda_i)\bar{r}(\lambda_i) \tag{1.1.31}$$

$$G = \sum_{i=1}^\infty I(\lambda_i)\bar{g}(\lambda_i) \tag{1.1.32}$$

$$B = \sum_{i=1}^\infty I(\lambda_i)\bar{b}(\lambda_i) \tag{1.1.33}$$

使用分光放射辉度计，可以对 $I(\lambda_i)$，$i = 1, 2, \cdots, M$ 进行测量. 因此，如果对多个入射光 $I_j(\lambda)$，$j = 1, 2, \cdots, N$ 分别测量出它的分光分布和相应像素的三刺激值，则有

$$
\begin{bmatrix} R_1 \\ R_2 \\ M \\ R_N \end{bmatrix} = \begin{bmatrix} I_1(\lambda_1) & I_1(\lambda_2)\Lambda & I_1(\lambda_M) \\ I_2(\lambda_1) & I_2(\lambda_2)\Lambda & I_2(\lambda_M) \\ & M & \\ I_N(\lambda_1) & I_N(\lambda_2)\Lambda & I_N(\lambda_M) \end{bmatrix} \begin{bmatrix} \bar{r}(\lambda_1) \\ \bar{r}(\lambda_2) \\ M \\ \bar{r}(\lambda_M) \end{bmatrix}
\tag{1.1.34}
$$

$$
\begin{bmatrix} G_1 \\ G_2 \\ M \\ G_N \end{bmatrix} = \begin{bmatrix} I_1(\lambda_1) & I_1(\lambda_2)\Lambda & I_1(\lambda_M) \\ I_2(\lambda_1) & I_2(\lambda_2)\Lambda & I_2(\lambda_M) \\ & M & \\ I_N(\lambda_1) & I_N(\lambda_2)\Lambda & I_N(\lambda_M) \end{bmatrix} \begin{bmatrix} \bar{g}(\lambda_1) \\ \bar{g}(\lambda_2) \\ M \\ \bar{g}(\lambda_M) \end{bmatrix}
\tag{1.1.35}
$$

$$
\begin{bmatrix} B_1 \\ B_2 \\ M \\ B_N \end{bmatrix} = \begin{bmatrix} I_1(\lambda_1) & I_1(\lambda_2)\Lambda & I_1(\lambda_M) \\ I_2(\lambda_1) & I_2(\lambda_2)\Lambda & I_2(\lambda_M) \\ & M & \\ I_N(\lambda_1) & I_N(\lambda_2)\Lambda & I_N(\lambda_M) \end{bmatrix} \begin{bmatrix} \bar{b}(\lambda_1) \\ \bar{b}(\lambda_2) \\ M \\ \bar{b}(\lambda_M) \end{bmatrix}
\tag{1.1.36}
$$

这里, N 为入射光的数目, M 为对波长进行采样的样本数. 对于 $M = N$ 的情形,通过求解上述三组线性方程组可以分别求出摄像机对于 R, G, B 三基色的分光感度特性.

但是,由于测量值存在误差,实际中若取 $M = N$,则相应的方程组可能无解,或给出不正确的解. 为解决这个问题,可考虑选择使 $N \gg M$;然后,采用非线性最小二乘法求下述各式的极小值以获得满足要求的解:

$$
\min \sum_{j=1}^{N} (R_j - I(\lambda_i)\bar{r}(\lambda_i))^2
\tag{1.1.37}
$$

$$
\min \sum_{j=1}^{N} (G_j - I(\lambda_i)\bar{g}(\lambda_i))^2
\tag{1.1.38}
$$

$$
\min \sum_{j=1}^{N} (B_j - I(\lambda_i)\bar{b}(\lambda_i))^2
\tag{1.1.39}
$$

这样可以得到较合理的结果. 但是,也存在两个问题:

(1) 在某个波长处摄像机的分光感度特性可能出现不应有的负值.

(2) 摄像机的分光感度特性可能出现不连续的情况.

为了解决上述问题,可采用参数估计的方法. 首先,导入摄像机对三基色的分光感度特性的数学模型. 比如,可采用多个高斯函数的和的形式对摄像机的分光感度特性进行近似. 即,取

$$
\bar{r}(\lambda) = \sum_{k=1}^{K_r} \frac{a_{k,r}^2}{\sqrt{2\pi}\sigma_{k,r}} \exp\left(-\frac{(\lambda - \mu_{k,r})^2}{2\sigma_{k,r}^2}\right)
\tag{1.1.40}
$$

$$
\bar{g}(\lambda) = \sum_{k=1}^{K_g} \frac{a_{k,g}^2}{\sqrt{2\pi}\sigma_{k,g}} \exp\left(-\frac{(\lambda - \mu_{k,g})^2}{2\sigma_{k,g}^2}\right)
\tag{1.1.41}
$$

$$
\bar{b}(\lambda) = \sum_{k=1}^{K_b} \frac{a_{k,b}^2}{\sqrt{2\pi}\sigma_{k,b}} \exp\left(-\frac{(\lambda - \mu_{k,b})^2}{2\sigma_{k,b}^2}\right)
\tag{1.1.42}
$$

这里, $a_{k,x}, \mu_{k,x}, \sigma_{k,x}, k = 1, 2, \cdots, K, x = r, g, b$ 分别为模型的加权系数、高斯函数的均值和方差.

这样,只要确定上述诸系数,即可得到对应于非负、连续的分光感度特性.

1.2 图像预处理

在采集图像后,由于各种原因,由实际的光学成像系统所生成的二维图像中可能包含有各种各样的随机噪声和畸变.为了提高测量系统的性能、得到正确的测量结果,在进行具体测量之前需要对输入图像进行加工、处理,去除输入图像中可能包含的噪声和畸变.这种突出有用信息、抑制无用信息,从而提高输入图像整体质量的技术,被称为图像的预处理.经过预处理,不仅可以改善输入图像的质量,而且也为从输入图像中正确地检测出被测对象,并提供后续测量所需要的有关信息打下基础.

在本节中,我们将介绍图像平滑处理的三类基本方法,分别是频域法、空域法和时域法.然后介绍图像灰度直方图的概念,并讨论基于灰度直方图的图像均衡化和基于灰度直方图的图像二值化的具体方法.

1.2.1 图像的平滑化处理

实际获得的图像会因为受到干扰和噪声的污染等而引起图像整体质量下降.诸如在光电转换过程中,由于敏感元件灵敏度的不均匀性而引入的噪声,数字化过程中的量化噪声以及图像传输过程中的信道噪声等都有可能使所获得的图像质量变差.为了消除图像中存在的噪声需对图像进行平滑化处理,也称为图像的去噪声处理.

用对图像进行平滑处理来消除噪声的想法虽然很直观,但是也面临一定的困难.主要难点在于这种方法虽然可以消除图像中的噪声,但是,如果处理不当的话,也有可能带来负面影响,比如处理的结果可能使图像变得模糊,从而引起另一种意义上的图像质量下降.因此,如何确定一种既能够消除图像中存在的噪声,又可以做到在图像中不引入不希望的模糊的方案是解决图像平滑化问题的关键所在.对图像进行平滑处理的方法大概分为三类:一类称为频域法,相应的处理在频域进行;一类称为空域法,相应的处理在空域进行;另外,在时域也可以进行相应的处理以抑制掉图像中存在的噪声.下面对这些方法分别进行讨论.

1.2.2 图像的平滑化处理方法

1. 空间邻域平均法

邻域平均法是一种简单的空域平滑技术.它用待处理像素点的邻域的灰度平均值作为该点实际的灰度值.

设 $g(i,j)$ 为 $M \times N$ 的有噪图像,而 $f(i,j)$ 为经邻域平均后得到的处理图像,那么,根据邻域平均法的定义,上述经邻域平均去噪后的图像 $f(i,j)$ 可表为

$$f(i,j) = \frac{1}{T} \sum_{(m,n) \in S} g(m,n), \quad i = 0,1,\cdots,M-1; j = 0,1,\cdots,N-1 \quad (1.2.1)$$

这里，S 为由点 (i,j) 的邻域点所形成的集合，T 为集合 S 中所包含点的总数.

邻域的选取可根据实际需要而定.图 1.2.1 给出了圆对称邻域的选取图例.该例中，将以点 (i,j) 为圆心，以像素间隔 $\Delta x = \Delta y$（假定图像像素在纵横两个方向上的间距 Δx 和 Δy 相等）为半径作出的圆形区域定义为点 (i,j) 的邻域.

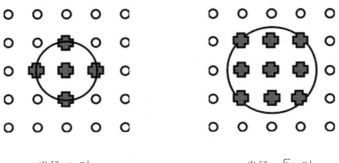

半径$=\Delta x$时   半径$=\sqrt{2}\Delta x$时

图 1.2.1 邻域的选取

显然，在图示的空间离散化方式下，所述邻域由点 $(i-1,j)$，$(i,j-1)$，$(i,j+1)$ 和 $(i+1,j)$ 组成，即

$$S = \{(i-1,j),(i,j-1),(i,j+1),(i+1,j)\}$$

若仍以点 (i,j) 为圆心，但以 $\sqrt{2}\Delta x$ 为半径作出的圆形区域作为点 (i,j) 的邻域，则在图示的空间离散化方式下，所述邻域点的集合由下式给出：

$$S = \{(i-1,j-1),(i-1,j),(i-1,j+1),(i,j-1),$$
$$(i,j+1),(i+1,j-1),(i+1,j),(i+1,j+1)\}$$

上述邻域平均法的输出可直观地看作将一个低通空域滤波器作用于有噪图像 $g(i,j)$ 所产生的结果.假定该滤波器的点扩展函数为 $h(i,j)$，则根据在空间域卷积定理，输出图像 $f(i,j)$ 可用下式所示的离散卷积来表示：

$$f(i,j) = \sum_{r=-m}^{m}\sum_{s=-n}^{n}g(i-r,j-s)h(r,s) \tag{1.2.2}$$

这里，点扩展函数 $h(i,j)$ 可看作一个模板.为了完成上述滤波运算，将该模板的中心顺序地逐个对准每一个待处理像素 $g(i,j)$，并对模板元素和被模板覆盖的图像像素进行相应的灰度相乘和求和运算以得到相应的结果 $f(i,j)$.整个运算从图像的左上角开始，自左至右、自上而下地进行.注意：对于图像四周的行和列要加以特别处理，比如，可以根据模板的大小对输入图像作适当的外插扩充，得到一尺寸较原图像稍大的图像，而后对该稍大尺寸的图像进行处理以得到所需要的结果.

常用的模板如图 1.2.2 所示.

为了使邻域平均处理后的图像的平均值保持不变，应适当选择模板内各元素的值使各元素之和为 1.

在一定范围内，上述邻域半径可任意选取.但是，应该注意的是由于邻域平均法在去除噪声的同时，也可造成图像边缘等细节的模糊.而且，这种模糊效应将随邻域半径的增大而愈趋严重.为了克服上述缺点，可考虑对模板各元素进行加权处理.例如，合理选择模板元素的权值，使模板中心和距离中心较近的元素具有相对大的权值以突出待处理像素点、尽量抑

0	1/5	0		1/9	1/9	1/9		1/8	1/8	1/8
1/5	1/5	1/5		1/9	1/9	1/9		1/8	0	1/8
0	1/5	0		1/9	1/9	1/9		1/8	1/8	1/8

$\dfrac{1}{25}$

1	1	1	1	1
1	1	1	1	1
1	1	1	1	1
1	1	1	1	1
1	1	1	1	1

图 1.2.2   邻域平均法常用模板

制由平滑化处理引入的模糊. 满足上述要求的模板如图 1.2.3 所示.

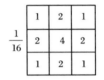

$\dfrac{1}{10}$

1	1	1
1	2	1
1	1	1

$\dfrac{1}{16}$

1	2	1
2	4	2
1	2	1

图 1.2.3   满足上述要求的模板

使用上述模板虽然计算上比较简单，但是，有时结果并不理想. 下面，作为参考，再给出一种边缘保持的平滑化方案.

该方案的要点是基于对图像中噪声点的检测. 希望通过对图像中噪声的检测以达到既能够去除噪声，同时又使得图像边缘不至于变模糊的目的. 用于平滑化处理的计算公式如下：

$$f(i,j) = \begin{cases} \dfrac{1}{T} \sum\limits_{(m,n) \in S} g(m,n), & \text{当 } g(i,j) \text{ 为噪声点时} \\ g(i,j), & \text{否则} \end{cases} \tag{1.2.3}$$

这里，各个变量代表的含义同前.

那么，如何进行噪声的检测呢？下面介绍其中的一种方法. 判决规则如下：

对 $g(i,j)$，若 $\left| g(i,j) - \dfrac{1}{T} \sum\limits_{(m,n) \in S} g(m,n) \right| > Th$，则判 $g(i,j)$ 为噪声点.

这里，Th 是一个非负阈值. 这样做的根据是孤立噪声点的灰度值与邻域平均灰度值相差悬殊，而处于图像边缘上的像素点的灰度值则与其邻域点的灰度平均值差别不会太大（即小于给定的阈值）.

显然，上述方法的成功与否在很大程度上取决于邻域的选择. 一般而言，一种邻域的选择不可能同时适用于所有模式的图像边缘点. 因此，上述方法所给出的结果在某些情形下也是有限的. 为了解决这个问题，可采用多个邻域模式并举的办法，如图 1.2.4 所示.

以待处理像素 $g(i,j)$ 为中心，设置 9 个邻域模式. 对每一种邻域模式 k，分别计算邻域内元素的均值 μ_k 和方差 σ_k. 这里，$k = 1, 2, \cdots, 9$.

用于一个图像点为噪声点的判决规则如下：当 $\min\limits_{k} \{\sigma_k\} > Th$ 时，待处理像素点为噪声点.

一旦图像中的噪声点得以确定,相应的滤波结果是易于获得的:

$$f(i,j) = \begin{cases} m_k, & \text{当 } \sigma_k = \min_k\{\sigma_k\} > Th \text{ 时} \\ g(i,j), & \text{否则} \end{cases} \tag{1.2.4}$$

图 1.2.4　用多个邻域模式并举法确定一个像素是否为噪声点

2. 中值滤波法

下面介绍一项被称为中值滤波技术的非线性空间滤波技术.这项技术既能有效地抑制图像中的噪声,又能使图像中固有的轮廓边界保持不变,不使其变得模糊.顾名思义,在中值滤波处理中把图像中局部区域(称为窗口)各像素灰度的中值作为窗口中心对应的像素的输出灰度值.

为了便于理解,在介绍二维图像的中值滤波技术之前,先看一下一维的情况.一维情况下的中值由下式定义:

$$Y_i = MedianX_i = Median(X_{i-v}, \cdots, X_i, \cdots, X_{i+v}) \tag{1.2.5}$$

这里,X_i 为待处理像素;Y_i 为处理结果,即窗口中各像素灰度的中值;$V = (w-1)/2$,其中,w 为滤波器的窗口宽度,通常取奇数值,例如取 $w = 3,5$ 等.一维中值滤波的处理过程如下:用窗口顺序地套住待处理像素序列,每一次都将窗口覆盖下的像素依照其灰度值的大小进行排序,并以窗口中的中值(排序后位于窗口中央位置处的灰度值)取代窗口中央位置处的像素(即当前待处理像素)的灰度值.图 1.2.5 给出了一维中值滤波器的例子.图 1.2.5(a)表示原始的输入数据.其中,包括一个阶跃信号 u 和噪声 n.图 1.2.5(b)和图 1.2.5(c)则分别给出了 $w = 3$ 和 $w = 5$ 时的中值滤波结果.

从结果可以看到,处在这个例子的情况下,当窗宽 $w = 3$ 时,滤波处理对原始的输入数据未产生任何影响;而当窗宽 $w = 5$ 时,滤波处理得到了很好的效果,即在输入信号中的有效信号成分(即阶跃分量)不受任何影响的前提下,噪声被全部滤掉.

由此可以得到具有一般意义的结论:为了滤掉不需要的噪声,所选择的窗宽须大于 2 倍的噪声延续宽度.但是窗口也不宜太宽,否则,在抑制掉噪声的同时,也将对图像的细节内容造成伤害.

类似地,我们可以构造二维中值滤波器.它由下式定义:

$$Y_{ij} = MedianX_{ij} \underset{(r,s) \in S}{Median X_{rs}} \tag{1.2.6}$$

这里,X_{ij} 是坐标为 (i,j) 的待处理像素;S 为平面窗口;而 Y_{ij} 为处理结果,即平面窗口中各像素灰度的中值.

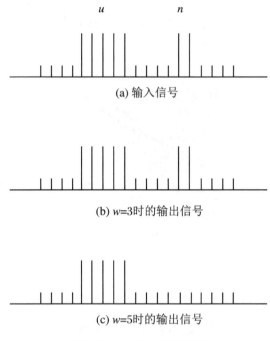

(a) 输入信号

(b) $w=3$时的输出信号

(c) $w=5$时的输出信号

图 1.2.5 一维中值滤波器

二维窗口形状的选择余地较大.其窗口形状可以是十字形的、正方形的,也可以是近似圆形的.图 1.2.6 给出了二维中值滤波器的例子.图 1.2.6(a)表示原始的输入有噪声图像,图 1.2.6(b)表示采用半径为 6 的圆形窗口时的中值滤波结果.

(a) 输入有噪声图像   (b) 经中值滤波后的输出图像

图 1.2.6 二维中值滤波器

3. 频域滤波法

图像的平滑处理也可以在频域进行.如图 1.2.7 所示,将有噪声图像 $g(i,j)$ 经离散傅里叶变换得到相应的频域表示 $F(u,v)$.由于噪声在频域中分布于高频段,所以采用低通滤波的方法,有可能将噪声滤掉.具体做法是,在频域对 $F(u,v)$ 乘以 $H_{\text{low}}(u,v)$,并对结果进行傅里叶逆变换以获得去除噪声后的 $f(i,j)$.这里,$H_{\text{low}}(u,v)$ 为低通滤波器的点扩展函数的傅里叶变换.

但是,应该注意到的是,图像中的边缘等细节信息也对应于频域中的高频分量.这样,在使用低通滤波器去除噪声的过程中,一方面可以滤掉不必要的噪声分量;另一方面,也有

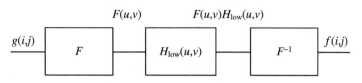

图 1.2.7　傅里叶变换示意图

可能损伤图像中的边缘等高频信息,使其模糊.

下面介绍一种常用到的低通滤波器,即理想低通滤波器:

$$H(u,v) = \begin{cases} 1, & \text{若 } d(u,v) \leqslant D_0 \\ 0, & \text{否则} \end{cases} \tag{1.2.7}$$

其中,D_0 为理想低通滤波器的截止频率,$d(u,v) = \sqrt{u^2 + v^2}$ 为 u-v 平面上一点 (u,v) 与原点 $(0,0)$ 的欧几里得距离.因此,理想低通滤波器的作用是使以原点 $(0,0)$ 为中心、以 D_0 为半径的圆的范围内的所有频率分量均无损地通过,而圆域外的所有频率分量则被完全截止.

理想低通滤波器的传输函数如图 1.2.8 所示.

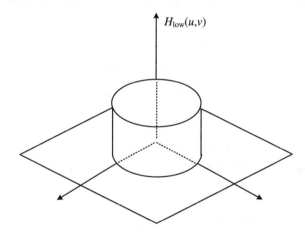

图 1.2.8　理想低通滤波器的传输函数

理想低通滤波器,由于其频率响应在截止频率处过于陡峭,滤波后的图像产生不应有的环状噪声.

$$H(u,v) = \frac{1}{1 + \left(\dfrac{d(u,v)}{D_0}\right)^{2n}} \tag{1.2.8}$$

$n = 2$ 时的巴特沃思低通滤波器的传输函数如图 1.2.9 所示.与理想低通滤波器相比,巴特沃思低通滤波器的滤波效果要明显好得多.其原因是巴特沃思滤波器的传输函数在截止频率处的变化不是很陡峭.其滤波特性缓慢衰减,从而允许一定数量的高频成分通过.经它滤波后的图像具有清晰的边缘轮廓,也不存在所谓的环状噪声.巴特沃思低通滤波器是实际中用得较多的一种滤波器.

其他常用的低通滤波器还有指数低通滤波器和梯形低通滤波器等.限于篇幅,在此不一一列举.

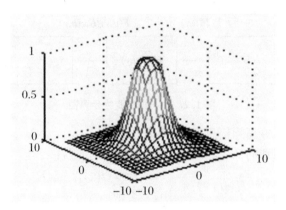

图 1.2.9　巴特沃思低通滤波器的传输函数

4. 多图像平均法

一幅实际输入的图像 $g(i,j)$ 可以看成是由原始无噪图像 $f(i,j)$ 和噪声图像 $n(i,j)$ 经过叠加之后而形成的，即

$$g(i,j) = f(i,j) + n(i,j) \tag{1.2.9}$$

为了减小噪声的影响，除了上面给出的方法之外，我们也可以利用噪声的统计特性，通过在时域上求均值以达到滤除噪声的目的．

假设对同一个景物在相同条件下，作 M 次重复输入，得到 M 幅有噪图像．其中，在 t 时刻所获得的输入图像为

$$g_t(i,j) = f_t(i,j) + n_t(i,j) = f(i,j) + n_t(i,j), \quad t = 1,\cdots,M \tag{1.2.10}$$

如果不同时刻叠加在原始无噪图像 $f(i,j)$ 上的噪声 $n_t(i,j), t = 1,\cdots,M$ 是零均值的、彼此之间相互独立的随机噪声，那么通过在时间域上对上述 M 个有噪图像进行平均，则有

$$\frac{1}{M}\sum_{t=1}^{M} g_t(i,j) = \frac{1}{M}\sum_{t=1}^{M} f(i,j) + \frac{1}{M}\sum_{t=1}^{M} n_t(i,j) \tag{1.2.11}$$

这样，原始无噪图像 $f(i,j)$ 的估计可由下式给出：

$$\hat{f}(i,j) = \frac{1}{M}\sum_{t=1}^{M} g_t(i,j) \tag{1.2.12}$$

上述估计 $\hat{f}(i,j)$ 为 $f(i,j)$ 的无偏估计．事实上，$\hat{f}(i,j)$ 的期望值为

$$E(\hat{f}(i,j)) = \frac{1}{M}\sum_{t=1}^{M} E(g_t(i,j)) = \frac{1}{M}\sum_{t=1}^{M} E(f(i,j) + n_t(i,j))$$

$$= \frac{1}{M}\sum_{t=1}^{M} f(i,j) = f(i,j) \tag{1.2.13}$$

另外，$\hat{f}(i,j)$ 的方差

$$\sigma^2 = E((\hat{f}(i,j) - f(i,j))^2) = E\left(\left(\frac{1}{M}\sum_{t=1}^{M} g_t(i,j) - \frac{1}{M}\sum_{t=1}^{M} f(i,j)\right)^2\right)$$

$$= E\left(\left(\frac{1}{M}\sum_{t=1}^{M} n_t(i,j)\right)^2\right) = \frac{1}{M^2} M\sigma_n^2 = \frac{1}{M}\sigma_n^2 \tag{1.2.14}$$

1.2.3　灰度直方图技术

本小节介绍一种常用的统计图像处理方法.该方法以图像的灰度直方图为依据完成相关的统计图像处理任务.

1. 灰度直方图

所谓的灰度直方图就是一种统计图表,用来表示图像灰度分布情况.在数学上可用灰度的函数来表示,记作 $h(z)$.在连续图像的情形下,$h(z)$ 被定义为灰度 z 出现的概率密度函数.在离散图像的情形下,$h(z)$ 则被定义为灰度 z 出现的频度,即图像中灰度级为 z 的像素数目和图像中像素总数之比.此时,z 仅取离散的有限数值,即 $z = z_k, k = 0, 1, 2, \cdots, K-1$.这里,$K$ 为图像的灰度量化级数.

图 1.2.10 给出了连续图像和数字化图像灰度直方图之图示.从定义可以看到,灰度直方图只对某级灰度的像素在图像中出现的频率进行统计,而并不提供任何关于该灰度级的像素在图像空间的分布情况.因此,不同的图像可以具有完全相同的灰度直方图.

一幅图像成像质量的好坏可以从其灰度直方图的形状上得到反映.一幅高质量的、具有丰富的灰度层次的图像应能充分利用成像系统的动态范围.在不产生饱和的前提下,应尽可能使图像灰度在较宽的范围内分布.另外,对在整个灰度范围内均有分布的图像类而言,具有均匀分布特性的图像集一般具有较好的清晰度和对比度.因此,通过对图像的灰度直方图的形状进行分析,可以对该图像的成像质量作出估计,从而决定采取何种手段使图像质量得到改善.

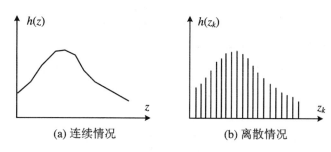

图 1.2.10　灰度直方图

除了上面的用途之外,从图像测量的角度来看,了解图像的灰度直方图至少还有另外一个作用.我们知道,摄像时的照明、光圈和快门速度等因素对图像灰度的影响是非常大的.即使是同一景物,如果摄像条件(即使是在同一照明条件下)不同,所获得的图像在灰度分布上也会存在很大的差异,从而很难在它们之间进行正确的比较运算.作为在不同图像之间进行比较的一种手段,将具有不同灰度直方图的两幅图像变换成具有相同的(呈均匀分布的)灰度直方图的图像的手法是一种很好的预处理手段.这样做可以克服摄像条件的不同对处理图像所造成的困难,使得具有某种关联性的两幅图像在灰度上是可比较的.图像的灰度直方图均衡化技术就是为进行上述预处理而发展起来的一门技术.

2. 灰度直方图的图像均衡化

灰度直方图的图像均衡化是通过对图像进行灰度变换以达到改善图像整体质量的一门技术.它将直方图中具有较大频度值的灰度伸长,而把直方图中具有较小频度值的灰度压缩,以达到使得变换后的图像的灰度直方图接近于均匀分布的目的.

下面给出具体的处理步骤.

用 p 表示输入图像灰度、q 表示变换后的输出图像灰度,则根据对均衡化处理的要求,变换后的图像灰度分布 $g(q)$ 应为

$$g(q) = \frac{N/K}{N} = \frac{1}{K} \tag{1.2.15}$$

这里,K 是图像的量化灰度级数,N/K 为图像中灰度级为 q 的像素数目,而 N 为图像中像素的总数目.

另外,设输入图像的灰度直方图用 $h(p)$ 表示.现在我们来看一下如何根据 $h(p)$ 和 $g(q)$ 的分布来确定输出灰度 q 和输入灰度 p 之间的映射关系以满足输出分布为均匀分布这样一个条件.设所需的灰度变换关系为

$$q = f(p) \tag{1.2.16}$$

这里,希望在 p 的变化范围内,$f(p)$ 是单调递增的单值函数以保证 p 和 q 之间满足一一对应的关系,并保持相应的灰度次序.

对式(1.2.16)两端求微分,有

$$\mathrm{d}q = f'(p)\mathrm{d}p \tag{1.2.17}$$

即

$$f'(p) = \frac{\mathrm{d}q}{\mathrm{d}p} \tag{1.2.18}$$

这里,$\mathrm{d}p$ 和 $\mathrm{d}q$ 分别表示输入灰度和输出灰度的微分区间.由于要求对输入图像进行灰度均衡化变换前后,其相应的微分区间 $\mathrm{d}p$ 和 $\mathrm{d}q$ 中所包含的像素数应相等,故有

$$h(p)\mathrm{d}p = g(q)\mathrm{d}q \tag{1.2.19}$$

所以,由式(1.2.18)和式(1.2.19),有

$$f'(p) = \frac{\mathrm{d}q}{\mathrm{d}p} = \frac{h(p)}{g(q)} = Kh(p) \tag{1.2.20}$$

将上式对 p 积分,得

$$f(p) = K\int_0^p h(p)\mathrm{d}p \tag{1.2.21}$$

上述过程可用图1.2.11形象地加以表示.

很显然,由于 $h(p)$ 为正值函数,所以 $f(p)$ 是单值的,并且是单调递增的函数,满足所需要的变换特性.其离散形式为

$$f(p_k) = K\sum_{i=0}^{p_k} h(i) \tag{1.2.22}$$

在离散的情况下,很难得到理想的均衡化效果.此时,可以对各输入灰度级逐个计算其相应的输出灰度级并对结果进行取整运算以得到离散的输出灰度级表示.

为了在两幅图像之间实现可对比性,也可以采用另外一种灰度变换技术.即可将其中的一幅图像 i_1 的灰度直方图变换成与第二幅图像 i_2 的灰度直方图相一致.具体做法如下:设

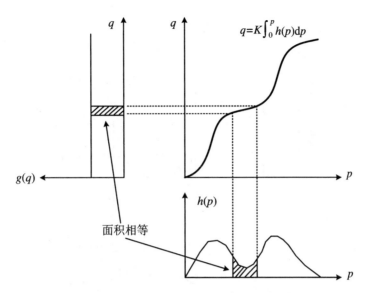

图 1.2.11 灰度级映射和直方图均衡化

$h_1(p_1)$ 和 $h_2(p_2)$ 分别为两幅输入图像 i_1 和 i_2 的灰度直方图.根据上面的讨论可知,为了对它们进行灰度直方图均衡化处理,需分别进行如下的灰度变换:

$$q_1 = f_1(p_1) = K \int_0^p h_1(p)\mathrm{d}p \qquad (1.2.23)$$

$$q_2 = f_2(p_2) = K \int_0^p h_2(p)\mathrm{d}p \qquad (1.2.24)$$

在上述变换下,显然有

$$g_1(q_1) = g_2(q_2) = \frac{1}{K} \qquad (1.2.25)$$

这里,$g_1(q_1)$ 和 $g_2(q_2)$ 分别为对 i_1 和 i_2 进行灰度直方图均衡化处理后得到的相应的输出灰度分布.两者均服从均匀分布.

记 f_2 的逆变换为 f_2^{-1},则根据 f_2^{-1} 的性质可知,对输出灰度 q_2 作逆变换 f_2^{-1} 后,有

$$f_2^{-1}(q_2) = p_2 \qquad (1.2.26)$$

成立.这里,p_2 服从 $h_2(p_2)$ 分布.

另一方面,根据式(1.2.25),当 $q_1 = q_2$ 时,有 $g_1(q_1) = g_2(q_2)$ 成立.这样,对输出灰度 q_1 作逆变换 f_2^{-1} 后,有

$$f_2^{-1}(q_1) = f_2^{-1}(q_2) = p_2 \qquad (1.2.27)$$

成立.但是,q_1 是将 f_1 作用于输入灰度 p_1 上的结果,故根据式(1.2.23),有

$$f_2^{-1}(q_1) = f_2^{-1}(f_1(p_1)) = p_2 \qquad (1.2.28)$$

这里,p_1 服从 $h_1(p_1)$ 分布.上式表明,具有灰度直方图 $h_1(p_1)$ 的输入图像 i_1 经复合灰度变换 $f_2^{-1}f_1$ 后,其灰度直方图变得和输入图像 i_2 一致.

上述施行灰度变换的过程如图 1.2.12 所示.

3. 基于灰度直方图的图像二值化手法

图像二值化的目的是将图像一分为二,即将图像划分为物体和背景两个部分.利用图像的灰度直方图以确定相应的分割阈值是实现图像二值化的一种方法.该方法基于如下的假

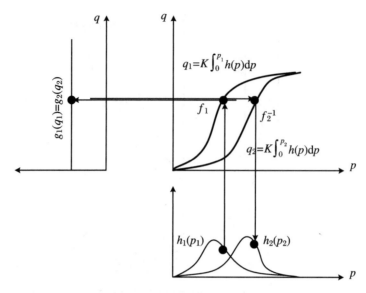

图 1.2.12　复合灰度变换

设,即图像中的每一个区域都是由许多灰度级相似的像素所组成的,而物体和背景以及不同物体之间的灰度级则存在明显的差别.此时,图像的灰度直方图中将出现明显的峰值.这样,只要能根据直方图的形状适当选取灰度阈值,即可实现对图像的分割处理.阈值的选取应根据实际需要而定,一般来说没有一种通用的方法可循.

下面,介绍几种在实际中具有一定应用价值的阈值选取方法以供参考.

1) 双峰性灰度直方图情况下的阈值选择

如图 1.2.13 所示,在实际中当背景和物体的灰度差异较大时,其观测图像的灰度直方图 $h(z)$ 多呈现双峰形状.此时,可选择双峰间谷底处的灰度值 T 作为分割阈值.这样做可以很好地将背景和物体区分开来.相应的判据为

$$\lambda(x,y) = f_T(x,y) = \begin{cases} 1, & \text{当 } f(x,y) \geqslant T \text{ 时} \\ 0, & \text{否则} \end{cases} \qquad (1.2.29)$$

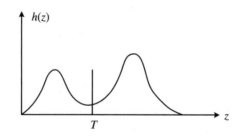

图 1.2.13　双峰性灰度直方图的阈值选择

实际中,由于各种原因,双峰性的假设未必严格成立.例如,经常遇到下面这种情况.从大的趋势来看,直方图呈现两个峰;但是,在局部区域中则可能包含多个局部极大值.显然,对于这种情况,要想简单地确定直方图正确的谷底位置并不是一件容易的事情.要想获得正确的谷底位置,需要作进一步的处理.下面给出一个用于确定分割阈值的算法:

(1) 找到 $h(z)$ 上两个最大的局部极大值 $h(z_{\max 1})$ 和 $h(z_{\max 2})$,要求它们在 z 轴上应至

少相隔开某个最小距离 $d_{\min}$,即要求有

$$\mid z_{\max 1}-z_{\max 2}\mid\geqslant d_{\min} \qquad (1.2.30)$$

成立. 这样做是为了防止选择由直方图形状的不规则性引入的虚假峰值. 如图 1.2.14 所示,虚线所示位置处的直方图中的次最大值是由直方图形状的不规则性引入的虚假峰值点,不满足上述的最小距离法则,应予剔除. 这样,在图示的情况下,得到的两个最大的局部极大值分别为 $h(z_i)$ 和 $h(z_j)$.

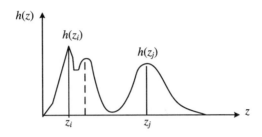

图 1.2.14 根据距离检验规则剔除虚假峰值点

(2) 求区间 $[z_i,z_j]$ 上灰度直方图的最小点,即确定点 z_k,使其满足

$$h(z_k)\leqslant h(z), \quad \text{对 } z_i\leqslant z\leqslant z_j \qquad (1.2.31)$$

(3) 进行直方图平坦性检测. 所谓直方图在区间 $[z_i,z_j]$ 上的平坦度可用测度进行估计. 若该测量值比较小,则表明直方图最大的两个峰点处的频值比其间谷底处的频值要高许多. 此时,可把波谷点处的灰度值 z_k 作为进行二值化处理的阈值来使用.

注意:实际中可能会遇到如图 1.2.15 所示直方图的情形. 此时,为了避免找到错误的谷底位置,可采取先对区间 $[z_i,z_j]$ 上的直方图进行平滑滤波,然后再检测对应于谷底的最小点的方法. 另外,也可采用引入谷底处的直方图应相对比较平坦的约束条件,并在此约束条件下寻找对应于谷底的最小点的方法等.

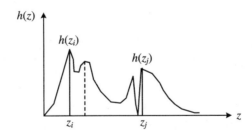

图 1.2.15 需要平滑滤波的直方图

2) 多峰性灰度直方图情况下的阈值选择

当灰度直方图呈现多峰波形时,所摄景物一般由多个物体和背景共同组成. 此时,和双峰性灰度直方图的情形一样,可以用相应谷底处的多个灰度值(阈值)来共同确定用于图像分割的判决规则. 例如,如图 1.2.16 所示,当直方图有三个波峰时可取两个谷底处的灰度值 T_1 和 T_2 作为阈值,并在此基础上确定相应的判决规则. 例如,如果背景灰度集中分布于区间 $[T_1,T_2]$ 内,则可选如下的判决规则:

$$l\lambda(x,y)=f_{T_1,T_2}(x,y)=\begin{cases}1, & \text{当 } T_1\geqslant f(x,y)\geqslant T_2 \text{ 时}\\0, & \text{否则}\end{cases} \qquad (1.2.32)$$

一般地,设 S 表示由阈值 T_i, $i=1,2,\cdots,n$ 所确定的、对应于物体点的灰度级集合,则完成图像二值化判决的规则可表为

$$\lambda(x,y) = f_S(x,y) = \begin{cases} 1, & \text{当 } f(x,y) \in S \text{ 时} \\ 0, & \text{否则} \end{cases} \tag{1.2.33}$$

由此可见,对物体和背景灰度的统计分布的充分了解是较好地完成二值化操作的关键.在无人工干预的情况下,尤其如此.

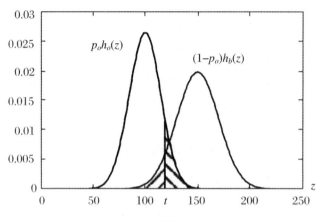

图 1.2.16 总的错分概率图示

在多峰性灰度直方图的情形下,检测波峰和确定谷底的方法基本上类似于双峰时的情况.具体步骤如下:

步骤 1 确定直方图 $h(z)$ 上彼此间相隔开某个最小距离 $d_{\min}$ 以上,且频值高于阈值 T_p 的所有局部峰点.

步骤 2 按 z 值的大小顺序,在相邻的两个局部峰点之间寻求直方图上相应的波谷点,并对各候补波谷点进行平坦性检测.一旦一个候补波谷点通过这样的检测,则将其定为一个阈值,并赋予其一个编号.

步骤 3 根据所获得的诸阈值和关于景物灰度分布的先验知识确定判决函数.

上面讨论了如何利用直方图来确定图像阈值的问题.所给出的方法在物体和背景之间存在较大灰度差别的情况下是一种合理的方法.但是,值得注意的是,要正确地确定图像阈值,光靠分析直方图是不够的,还必须结合运用其他的知识.这是由于灰度直方图仅反映了图像灰度的统计特性,而并不反映图像灰度的空间分布特性.

3) 最小错分概率准则下的最佳阈值选择

下面,重点讨论一下如何获得用于图像分割的最佳阈值的问题.

假设图像由物体和背景两部分构成.其中,物体点的灰度服从均值为 μ、方差为 σ 的正态分布,其概率密度用 $h_o(z)$ 表示.而背景点的灰度也服从均值为 ν、方差为 τ 的正态分布,其概率密度用 $h_b(z)$ 表示.不失一般性,设 $\mu<\nu$.另外,假设物体点在图像中出现的先验概率为 p_o,则灰度 z 在图像中出现的概率密度函数为

$$F(z) = p_o h_o(z) + (1-p_o)h_b(z)$$

现在希望确定对图像进行分割的最佳阈值.假设这个阈值存在,并用 t 表示.因物体和背景点的灰度分布均服从正态分布,且 $\mu<\nu$,故可把所有灰度值 $z<t$ 的像素点划归物体点,而把剩余的点划归背景点.此时,把背景点错分为物体点的概率为

$$\int_{-\infty}^{t} h_o(z)\mathrm{d}z$$

同理,把物体点错分为背景点的概率为

$$\int_{t}^{\infty} h_b(z)\mathrm{d}z$$

故如图 1.2.16 所示,总的错分概率由下式给出:

$$p_o\int_{t}^{\infty} h_o(z)\mathrm{d}z + (1-p_o)\int_{-\infty}^{t} h_b(z)\mathrm{d}z$$

总的错分概率由图 1.2.16 不同斜线区域下的面积之和给出.显然,当 t 的取值使上述总面积达到最小时,总的错分概率也达到最小.

因此,使总的错分概率为最小的最佳阈值 t 可由对上式求微分并令其等于零得到,即最佳阈值 t 可由方程

$$p_o h_o(t) = (1-p_o)h_b(t) \tag{1.2.34}$$

解出.

直观上看,上述解析式与双峰-谷底法给出的结果是一致的.图 1.2.17 给出了其图示.

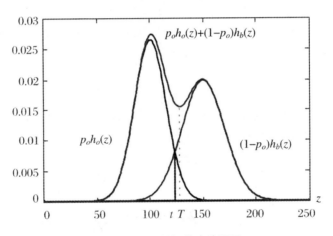

图 1.2.17　双峰-谷底法图示

图中,t 和 T 分别表示最佳阈值和双峰-谷底法给出的阈值.事实上,可以证明,在 $p_o=$ 1/2,以及 $\sigma=\tau$ 的情况下,由双峰-谷底法给出的结果与上述最佳阈值法给出的结果完全相同.在式(1.2.34)中代入关于 $h_o(t)$ 和 $h_b(t)$ 的已知条件,并取 $p_o=1/2$,以及 $\sigma=\tau$,知

$$t = \frac{\mu+\nu}{2} \tag{1.2.35}$$

4) 确定阈值的其他方法

除了上面介绍的方法之外,还有一些其他的方法.其中方差分析法是一种比较实用的方法.其特点是不要求图像的灰度直方图具有某种特定的模式.下面,对其作一个简单的介绍.

如图 1.2.18 所示,假定已得到了一个用于进行图像二值化操作的阈值.此时,根据该阈值从图像的灰度直方图出发可分别计算关于物体点和背景点的下列参量:

n_o:图像中物体点的像素总数;

m_o:图像中物体点的灰度均值;

v_o:图像中物体点的灰度方差;

n_b:图像中背景点的像素总数;

m_b：图像中背景点的灰度均值；

v_b：图像中背景点的灰度方差.

据此,定义类内离散度 S_w 和类间离散度 S_b 两个参量,并用其比值 $R(z)$ 作为衡量二值化处理效果的依据.其中

$$S_w = \frac{n_o}{n}v_o + \frac{n_b}{n}v_b = S_w(z) \tag{1.2.36}$$

$$S_b = \frac{n_o}{n}(m_o - m)^2 + \frac{n_b}{n}(m_b - m)^2 \tag{1.2.37}$$

$$R(z) = \frac{S_b(z)}{S_w(z)} \tag{1.2.38}$$

式中,n 为图像的总像素数,m 为整个图像的灰度均值.

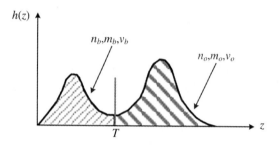

图 1.2.18　方差分析法图示

显然,我们希望类内离散度越小越好,类间离散度越大越好.这样,在这种意义下的最佳阈值由使 $R(z)$ 取得最大值的 z 给出.

1.3　图　像　测　量

图像测量是指从输入图像中检测出被测对象并确定出其相应的有关参数或者特性的过程.在整个图像测量过程中,为了贯彻测量的意图,经常需要从图像中抽取出诸如边缘、直线段等特征信息;不仅如此,有时甚至需要对图像进行领域分割计算.在本节中,先介绍几种较为基本的边缘检测方法,然后在此基础上讨论图像锐化问题,之后介绍根据检测出的边缘点进一步确认存在于图像中的直线或曲线的方法——霍夫(Hough)变换,最后简要介绍几种图像分割的方法.

1.3.1　边缘检测和图像锐化

图像锐化也称图像增强.其目的是加强图像中的轮廓边缘等细节信息.在图像中灰度、彩色、纹理结构等发生突变的地方就会出现图像的边缘.作为图像的重要特征,有关图像的边缘信息对于分析和识别图像具有特别重要的意义.由于图像边缘的检测和图像的锐化处理两者之间存在密切的联系,这里将两者作为一个整体来考虑.下面首先讨论边缘检测问

题,然后,在此基础上讨论图像锐化问题.

在灰度图像的情况下,所谓边缘检测就是对空间域作出分割的一种方法,它是基于图像像素灰度值在空间的不连续性的特性.依据边缘处图像灰度值的变化情况,可以将图像边缘划分为阶跃型、斜坡型和屋脊型等几种类型.一般用方向和幅度两个特性来描述边缘.一般来说,沿边缘方向其幅度值变化较平缓;而沿垂直于边缘方向其幅度值变化较剧烈.

图 1.3.1 给出了图像边缘沿某个给定方向的灰度截面以及相应灰度截面的一阶和二阶导数之图示.

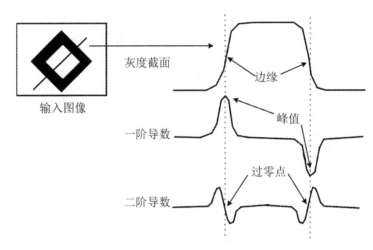

图 1.3.1　边缘处的灰度截面及其一阶、二阶导数图示

由图 1.3.1 可以看到,在边缘处,图像的一阶导数的幅度值较大,并在其附近形成一个峰值.这一点可以作为检测边缘是否存在的判据.为方便起见,称之为边缘的判据 1.另外,容易看到,图像的二阶导数在边缘处取零值,并且,在该零值的左右两侧分别存在极性相反的两个波峰;其波峰的大小和走向反映了边缘点的强度和方向.这一点可以作为检测边缘是否存在的另一个判据.为方便起见,称之为边缘的判据 2.

下面,讨论如何利用上面提到的判据以从图像中检测出边缘的方法.

1. 一阶微分算子法

从前面的讨论可以知道,图像边缘有方向和幅度两个特性.如果我们沿垂直于某个边缘方向求图像的一阶微分,则在相应的边缘点处,其微分的幅度值将较大;而在其他的图像点处,将其微分的幅度值取较小的值.这样,通过将各点处图像的一阶微分的幅度值同事先设定的阈值进行比较,可以很容易根据边缘的判据 1 判定该点是不是一个边缘点.

实际中,可用一阶差分运算代替一阶微分运算.常用的一阶差分运算有:

(1) 沿 X 方向的一阶差分 Δ_x:
$$\Delta_x f(i,j) = f(i,j) - f(i-1,j) \tag{1.3.1}$$

(2) 沿 X 方向的一阶差分 Δ_{2x}:
$$\Delta_{2x} f(i,j) = f(i+1,j) - f(i-1,j) \tag{1.3.2}$$

(3) 沿 Y 方向的一阶差分 Δ_y:
$$\Delta_y f(i,j) = f(i,j) - f(i,j-1) \tag{1.3.3}$$

(4) 沿 Y 方向的一阶差分 Δ_{2y}:

$$\Delta_{2y}f(i,j) = f(i,j+1) - f(i,j-1) \quad\quad (1.3.4)$$

（5）沿 45°对角线方向的一阶差分 Δ_+：

$$\Delta_+ f(i,j) = f(i+1,j+1) - f(i,j) \quad\quad (1.3.5)$$

（6）沿 135°对角线方向的一阶差分 Δ_-：

$$\Delta_- f(i,j) = f(i,j+1) - f(i+1,j) \quad\quad (1.3.6)$$

上述差分运算均可以用相应的数字卷积算子（即模板）与图像 $f(x,y)$ 的卷积来表示. 相应的模板分别为：

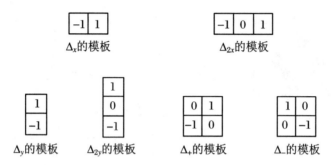

上述基本的一阶差分运算因使用的数据少，对噪声比较敏感. 为了克服这个缺点、提高算子本身的抗干扰能力，可以考虑使用较大尺寸的模板. 例如，Sobel 提出了一种将方向差分运算同局部平均相结合的方法. 该方法在 3×3 的邻域上计算一阶差分. 设沿 X 方向、Y 方向、45°对角线方向和 135°对角线方向的 Sobel 算子分别用 Δ_{sx}，Δ_{sy}，Δ_{s+} 和 Δ_{s-} 表示，则相应的四个模板为：

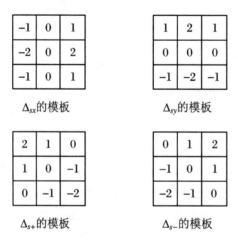

Priwitt 也提出了一种类似的方法. 该方法也是在 3×3 的邻域上计算一阶差分. 若沿 X 方向、Y 方向、45°对角线方向和 135°对角线方向的 Priwitt 算子分别用 Δ_{px}，Δ_{py}，Δ_{p+} 和 Δ_{p-} 表示，则相应的四个模板为：

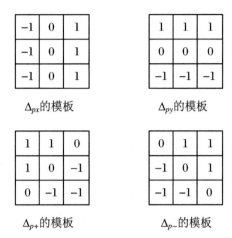

<table>
</table>

Δ_{px}的模板　　　　Δ_{py}的模板

Δ_{p+}的模板　　　　Δ_{p-}的模板

从上面给出的几个差分算子的定义不难看出,差分运算(也即微分运算)是一种有方向性的运算,其运算结果与所取的具体差分方向有关.差分运算的这个性质使得我们可以用它测量相应差分方向上像素灰度值的变化.但是,这个性质使得我们利用差分运算来检测图像边缘时会遇到一些麻烦.为了获得好的边缘检测性能,要求所进行差分运算的差分方向与边缘方向保持垂直.这一点增加了实际应用时的烦琐性.因为事先我们并不知道边缘的实际方向,这样,为了检测出图像上所有的边缘点,必须沿不同方向进行相应的差分运算,并选择差分输出的绝对值大于给定阈值的点作为边缘点.这是运用差分算子法检测图像边缘的不足之处.

2. 梯度算子法

为了克服一阶差分算子法存在的缺点,希望能找到一种没有方向性(即各向同性)的运算,并且能够根据施行该运算得到的结果检测出图像中的边缘.满足上述要求的算子有梯度算子.

设 $f(x,y)$ 是图像灰度函数,则其梯度由下式定义:

$$\nabla f(x,y) = \frac{\partial f(x,y)}{\partial x}i + \frac{\partial f(x,y)}{\partial y}j \tag{1.3.7}$$

这里,i 和 j 分别是 X 和 Y 方向上的单位向量,$\nabla = \partial/\partial x i + \partial/\partial y j$ 为哈密顿算子.

根据定义可知梯度是一个向量,其幅度和方向角分别为

$$|\nabla f(x,y)| = \sqrt{\left(\frac{\partial f(x,y)}{\partial x}\right)^2 + \left(\frac{\partial f(x,y)}{\partial y}\right)^2} \tag{1.3.8}$$

$$\theta = \tan^{-1}\left(\frac{\partial f(x,y)}{\partial y} / \frac{\partial f(x,y)}{\partial x}\right) \tag{1.3.9}$$

其中,θ 定义为梯度方向和 X 轴之间的夹角.

可以证明:上面定义的梯度幅度是一个各向同性的微分算子,且其值等于 $f(x,y)$ 沿梯度方向上的最大变化率.

为了证明梯度幅度具有各向同性特性,如图 1.3.2 所示,将图像坐标系 OXY 旋转一个任意的角度 θ,使产生一个新的图像坐标系 $O'X'Y'$.

由图可知,新旧两个坐标系之间满足如下关系:

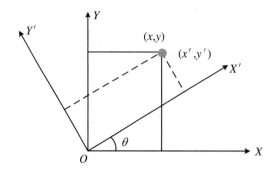

图 1.3.2 旋转图像坐标系 OXY

$$\begin{cases} x = x'\cos\theta - y'\sin\theta \\ y = x'\sin\theta + y'\cos\theta \end{cases} \tag{1.3.10}$$

利用上式,求灰度函数 $f(x,y)$ 关于 x' 和 y' 的偏导数,有

$$\frac{\partial f}{\partial x'} = \frac{\partial f}{\partial x}\frac{\partial x}{\partial x'} + \frac{\partial f}{\partial y}\frac{\partial y}{\partial x'} = \frac{\partial f}{\partial x}\cos\theta + \frac{\partial f}{\partial y}\sin\theta \tag{1.3.11}$$

$$\frac{\partial f}{\partial y'} = \frac{\partial f}{\partial x}\frac{\partial x}{\partial y'} + \frac{\partial f}{\partial y}\frac{\partial y}{\partial y'} = \frac{\partial f}{\partial x}(-\sin\theta) + \frac{\partial f}{\partial y}\cos\theta \tag{1.3.12}$$

因此

$$\left(\frac{\partial f}{\partial x'}\right)^2 + \left(\frac{\partial f}{\partial y'}\right)^2 = \left(\frac{\partial f}{\partial x}\cos\theta + \frac{\partial f}{\partial y}\sin\theta\right)^2 + \left(\frac{\partial f}{\partial x}(-\sin\theta) + \frac{\partial f}{\partial y}\cos\theta\right)^2$$
$$= \left(\frac{\partial f}{\partial x}\right)^2 + \left(\frac{\partial f}{\partial y}\right)^2 \tag{1.3.13}$$

下面再证明梯度幅度在一点的取值等于 $f(x,y)$ 在该点沿梯度方向上的最大变化率.

参考图 1.3.2 可知,$f(x,y)$ 在任意方向 θ(即图中新坐标系的 X' 轴方向)上的变化率由式(1.3.13)给出,它是 θ 的函数.记 $f(x,y)$ 最大变化率所在的方向为 θM,则 θM 可用求 $\partial f/\partial x'$ 的极值的方法得到.

事实上,对 $\frac{\partial f}{\partial x'}$ 关于 θ 求导,并令之等于 0,有

$$\frac{\mathrm{d}}{\mathrm{d}\theta}\left(\frac{\partial f}{\partial x'}\right) = -\sin\theta + \cos\theta = 0 \tag{1.3.14}$$

解之,得到

$$\theta_M = \tan^{-1}\left(\frac{\partial f(x,y)}{\partial y}\Big/\frac{\partial f(x,y)}{\partial x}\right) \tag{1.3.15}$$

这就是 $f(x,y)$ 最大变化率所在方向的表达式.对照梯度的定义式可知这个方向就是梯度方向.

又根据三角公式,知

$$\cos\theta_M = \frac{1}{\sqrt{1+\tan^2\theta_M}} = \frac{\frac{\partial f}{\partial x}}{\sqrt{\left(\frac{\partial f}{\partial x}\right)^2 + \left(\frac{\partial f}{\partial y}\right)^2}} \tag{1.3.16}$$

$$\sin \theta_M = \sqrt{1 - \cos^2 \theta_M} = \frac{\dfrac{\partial f}{\partial y}}{\sqrt{\left(\dfrac{\partial f}{\partial x}\right)^2 + \left(\dfrac{\partial f}{\partial y}\right)^2}} \tag{1.3.17}$$

因此,$f(x,y)$ 的最大变化率由下式给出:

$$\left(\frac{\partial f}{\partial x'}\right)_{\max} = \frac{\partial f}{\partial x'}\bigg|_{\theta = \theta_M} = \frac{\partial f}{\partial x}\cos \theta_M + \frac{\partial f}{\partial y}\sin \theta_M \tag{1.3.18}$$

综合以上的推导可知,梯度幅度在一点的取值就等于 $f(x,y)$ 在该点沿梯度方向上的最大变化率.

和前面一样,对于数字图像,可用一阶差分运算代替相应的一阶微分运算.设沿相互正交的两个方向的一阶差分分别由 Δu 和 Δv 表示,则我们可以如下定义三种数字梯度幅度:

$$\nabla_1 f = \sqrt{\Delta u f^2 + \Delta v f^2} \tag{1.3.19}$$

$$\nabla_2 f = |\Delta u f| + |\Delta v f| \tag{1.3.20}$$

$$\nabla_3 f = \max\{|\Delta u f|, |\Delta v f|\} \tag{1.3.21}$$

可以证明,上述三种表达式之间存在如下的关系式:

$$\nabla_3 f \leqslant \nabla_2 f \leqslant \nabla_1 f \tag{1.3.22}$$

及

$$\nabla_2 f / \sqrt{2} \leqslant \nabla_1 f \leqslant \sqrt{2}\, \nabla_3 f \tag{1.3.23}$$

实际中,可根据需要从上面三种定义中选用一种.

将上述定义的三种数字梯度幅度和各种一阶差分算子进行组合,可以得到不同的边缘梯度算子.

一旦计算出图像 $f(i,j)$ 的梯度幅度 $G_t(i,j)$,可将 $G_t(i,j)$ 各点处的幅度值同某个已知的阈值进行比较以判断该点是否为边缘点.判决规则如下:

$$G_t(i,j) = \begin{cases} \nabla_n f(i,j), & \text{当} \nabla_n f(i,j) \geqslant T \\ 0, & \text{否则} \end{cases} \tag{1.3.24}$$

这里,∇_n 为梯度算子,$\nabla_n f(i,j)$ 为根据梯度算子 ∇_n 计算得到的 (i,j) 像素位置处的梯度幅度,而 T 为用户设定的阈值.显然,正确地检测出图像中的边缘,阈值的选择是非常重要的.一方面,阈值选得过大,容易造成图像中有效边缘的丢失;另一方面,阈值选得过小,又容易造成图像中错误边缘的出现.通常,需要根据实际对这两类错误的容忍程度作出选择.

3. 二阶微分算子法

前面已述及,边缘检测也可以利用图像的二阶微分来进行.基于和梯度算子法中所描述的同样理由,所选的二阶微分算子也应该是各向同性的,并且应对像素灰度值的突变敏感.拉普拉斯算子 $\nabla_n^2 = \partial^2/\partial x^2 + \partial^2/\partial y^2$ 是满足上述条件的二阶微分算子.它作用于图像的结果由下式表示:

$$\nabla^2 f(x,y) = \frac{\partial^2 f(x,y)}{\partial x^2} + \frac{\partial^2 f(x,y)}{\partial y^2} \tag{1.3.25}$$

这是一个标量.其差分近似由下式给出:

$$\begin{aligned} \nabla^2 f(i,j) = &((f(i+1,j) - f(i,j)) - (f(i,j) - f(i-1,j))) \\ &+ ((f(i,j+1) - f(i,j)) - (f(i,j) - f(i,j-1))) \end{aligned}$$

$$= f(i+1,j) + f(i-1,j) + f(i,j+1) + f(i,j-1) - 4f(i,j) \qquad (1.3.26)$$

相应的模板为

0	1	0
1	-4	1
0	1	0

根据前面给出的边缘的判据 2 可知,图像中的边缘点可通过检测 $\nabla^2 f$ 中的过零点得到. 但是,这种方法在采用拉普拉斯算子的差分形式时,会遇到一些麻烦.此时,在实际图像边缘,例如阶跃型边缘,由于数字图像的离散特性,并没有出现所期望的零值.尽管可以利用边缘点的过零特性,通过检测其两侧的正、负峰值来定出实际的边缘位置,但是处理起来显得较烦琐.在实际处理过程中,经常采用将 ∇f 的绝对值与给定阈值 T 进行比较的方法来定出图像中的边缘点,即把 $|\nabla^2 f| > T$ 的像素看作边缘点.但是,这样做所付出的代价是显而易见的.因此,我们只得接受双像素宽的边缘.而且,由于 $|\nabla^2 f|$ 对孤立噪声点等高频噪声很敏感,这使得该方法的抗干扰能力较差,边缘检测的效果不如梯度算子法好.

4. LOG 算子法

由于前述的拉普拉斯算子法需要求二阶微分,图像中的高频噪声得以增强,因此,该方法的抗干扰能力较差.为了获得好的边缘检测性能,在实际进行边缘检测之前,需要先对图像进行平滑滤波处理以抑制掉图像中的噪声分量.

设输入图像为 $f(x,y)$,所使用的平滑滤波器的点扩展函数为 $h(x,y)$,则输入图像经该平滑滤波器滤波后的输出可表示为

$$s(x,y) = f(x,y) * h(x,y) \qquad (1.3.27)$$

式中的 $*$ 表示卷积运算.

对式(1.3.27)的两端施加拉普拉斯运算,有

$$\begin{aligned}
\nabla^2 s(x,y) &= \nabla^2 (f(x,y) * h(x,y)) \\
&= \nabla \left(\iint f(s,t) h(x-s, y-t) \mathrm{d}s \mathrm{d}t \right) \\
&= \iint f(s,t) \nabla^2 h(x-s, y-t) \mathrm{d}s \mathrm{d}t \\
&= f(x,y) * \nabla^2 h(x,y)
\end{aligned} \qquad (1.3.28)$$

首先,和引入平滑滤波的初衷一致,所选用的点扩展函数应该能够起到抑制高频噪声的作用.其次,由式(1.3.28),所选用的点扩展函数应该至少是二次可微的.另外,还要求所选用的点扩展函数的滤波功能是可调的,并能保证灰度图像经滤波后,其均值保持不变等.可以证明,当平滑滤波器的点扩展函数取高斯函数的形式,即取

$$h(x,y) = G(x,y,\sigma) = \frac{1}{2\pi\sigma^2} \exp\left(-\frac{1}{2\sigma^2}(x^2 + y^2) \right) \qquad (1.3.29)$$

时,可以满足上述要求.这里,$G(x,y,\sigma)$ 是一个圆对称函数,其平滑作用可通过方差 σ 进行控制. σ 越大,平滑效果越显著.

将式(1.3.29)代入式(1.3.28)中,有

$$\nabla^2 s(x,y) = f(x,y) * \nabla^2 G(x,y,\sigma) \tag{1.3.30}$$

这里

$$\nabla^2 G(x,y,\sigma) = \frac{\partial^2 G(x,y,\sigma)}{\partial x^2} + \frac{\partial^2 G(x,y,\sigma)}{\partial y^2}$$

$$= \frac{1}{\pi \sigma^4}\left(\frac{x^2 + y^2}{2\sigma^2} - 1\right)\exp\left(-\frac{1}{2\sigma^2}(x^2 + y^2)\right) \tag{1.3.31}$$

上式中的 $\nabla^2 G$ 称为 LOG 算子,相应的滤波器称为 LOG 滤波器.

这样,根据上面的讨论,若记图像中边缘点的集合为 $E(x,y)$,则 $E(x,y)$ 可表示为

$$E(x,y) = \{(x,y,\sigma) \mid \nabla^2(f(x,y) * G(x,y,\sigma)) = 0\}$$

$$= \{(x,y,\sigma) \mid f(x,y) * \nabla^2 G(x,y,\sigma) = 0\} \tag{1.3.32}$$

上述 LOG 滤波器中的 σ 是一个可调因子.选用不同的 σ,可检测图像中以不同尺度出现的强度变化.σ 选得越大,检测到的边缘点越少,定位精度也越低.反之,σ 选得越小,检测到的边缘点越多,定位精度也越高.这一点可用 LOG 滤波器的频率特性进行说明.为简单起见,考虑一维的情形.此时,具有不同 σ 值的高斯函数及其频率特性分别如图 1.3.3(a) 和图 1.3.3(b) 所示.

可见,σ 越大,通频带越窄,对高频噪声的抑制作用也越大,从而可以避免由噪声引起的虚假的边缘点,但同时因信号边缘处也被平滑,从而使得或是某些边缘点检测不出来,或是检测到的边缘点的定位精度变差.另外,σ 越小,通频带越宽,对高频噪声的抑制能力也越弱,虽然可检测出对应于图像细节的边缘点,但也有可能在图像中引入虚假的边缘.实际中,为了得到较好的边缘检测性能,可考虑采用多尺度的滤波处理,并对处理结果进行综合.一方面,尽可能消除虚假的边缘点;另一方面,尽可能提高边缘点的定位精度.

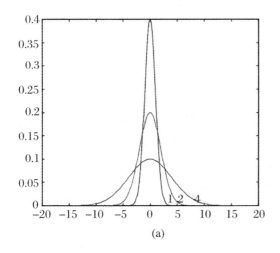
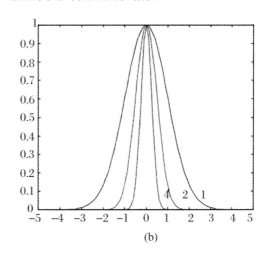

图 1.3.3　具有不同 σ 值的高斯函数及其频率特性

5. 图像的锐化

利用上面描述的边缘检测方法可以对图像进行锐化处理以达到强调图像细节的目的.例如,将原图像减去 $\alpha \Delta^2 f(i,j)$ 就可以得到经过锐化处理的图像 $g(i,j)$,即

$$g(i,j) = f(i,j) - \alpha \Delta^2 f(i,j)$$

$$= f(i,j) - \alpha(f(i+1,j) + f(i-1,j) + f(i,j+1) + f(i,j-1) - 4f(i,j))$$

$$= f(i,j) + 4\alpha(f(i,j) - \frac{1}{4}\sum\sum f(i,j)) \qquad (1.3.33)$$

式中, α 为可选择的用于控制锐化程度的因子. 其中, $\frac{1}{4}\sum\sum f(i,j)$ 是被锐化处理点处的周围 4 邻点灰度的平均值. 由式可以看出, 当 $f(i,j)$ 的灰度值与上述 4 邻点灰度平均值相等时, $g(i,j)$ 等于 $f(i,j)$；作为锐化的结果, 该点的灰度值保持不变. 当 $f(i,j)$ 的灰度值大于 4 邻点灰度平均值时, 括弧中的项大于 0；此时, $g(i,j)$ 等于在 $f(i,j)$ 的基础上再加上一个正数项；结果, 该点的灰度值大于 $f(i,j)$. 而当 $f(i,j)$ 的灰度值小于 4 邻点灰度平均值时, 括弧中的项小于 0；此时, $g(i,j)$ 等于在 $f(i,j)$ 的基础上再减去一个正数项；结果, 该点的灰度值小于 $f(i,j)$. 总的来说, 原图像经过锐化处理后, 灰度变化较平缓的区域, 变化不大；但是在包括轮廓边缘点在内的灰度变化较剧烈的区域, 经过锐化处理后, 灰度差别加大, 即图像细节得到增强.

相应于上述锐化处理的模板为

0	$-\alpha$	0
$-\alpha$	$1+4\alpha$	$-\alpha$
0	$-\alpha$	0

以上介绍的是在空域进行图像锐化的例子. 和图像的平滑处理一样, 图像的锐化处理也可在频域进行. 相应的滤波器为高通滤波器, 常用的有理想高通滤波器、巴特沃思高通滤波器、指数高通滤波器和梯形高通滤波器等. 其中, 以巴特沃思高通滤波器的性能较好. 限于篇幅, 在此不一一赘述.

1.3.2　霍夫变换与曲线检测

上一小节介绍了边缘检测的若干方法. 有时候, 只是从图像中抽取出边缘点是远远不够的, 还需要根据检测出来的边缘点进一步确认存在于图像中的直线或曲线. 但是, 由于图像中存在噪声的干扰, 或者所获得的边缘点的位置存在扰动, 或者干脆检测不到实际的边缘点的存在. 结果使得在应有的直线或曲线位置上出现不应有的间隙. 另外, 实际的直线或曲线段之间也可能在图像中出现相互交叉的现象. 这些干扰因素均会对从边缘信息出发检测图像中存在的直线或曲线段的工作产生不良影响.

利用霍夫变换技术可以克服上述困难. 狭义地说, 这里所谓的霍夫变换是一种为了寻求边缘图像和变换空间之间的某种内在关系, 而对边缘图像进行坐标变换的过程. 它将原始边缘图像中给定形状的曲线或直线与变换空间中的某个点之间建立起一种对应关系. 注意：霍夫变换不是把边缘图像中给定形状的曲线或直线变换到变换空间中的一个点. 恰恰相反, 霍夫变换是把图像中的一个边缘点变换到变换空间的一条曲线或直线, 并且处在给定形状的直线或曲线上的所有边缘点经过变换后在变换空间中均通过某个特殊点. 换句话说, 对图像中给定形状的曲线或直线上的所有边缘点进行霍夫变换的结果, 将会导致在变换空间的相应的特殊点处形成一个峰值. 为方便起见, 我们把上述变换过程称为从边缘图像空间到变换空间的投票.这样,经过上述处理之后,我们能够把原始边缘图像中给定形状的直线或曲线的检测问题转化为变换空间中相应的峰值检测问题进行求解.这样做的好处是不言而喻的,它将一个检测图像中整体特性的问题转化为检测变换空间中局部特性的问题,而求解后一个问题要比求解前一个问题简单得多.由于该方法是建立在图像的整体特性的基础上的,因此,其抗干扰能力非常强,用它可以实现高精度的曲线检测.下面,通过举例由浅入深地来说明霍夫变换的工作原理.

1. 过给定点的直线检测

为简单起见,先考虑图像中过给定点 P 的直线检测问题.设我们已经根据某种方法得到了图像的边缘信息,并根据取阈值操作将图像分割成两个部分:一部分由边缘点组成,其像素值为 1,另一部分由所有其他非边缘像素点组成,其像素值为 0.现在我们希望从给定的边缘图像中检测出 P 点的、具有任意空间取向的直线段.

下面给出具体的求解方法.通常,把 P 点作为坐标系的原点.此时,如图 1.3.4 所示,过 P 点的直线方程可表为 $y = kx$.另外,设在图像空间中,边缘点的集合由 $\{P_n, n = 1, 2, 3, \cdots\}$ 给出,其中 P_n 点的坐标为 (x_n, y_n).

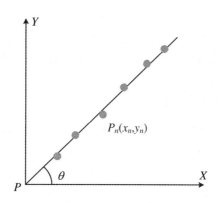

图 1.3.4　过给定点的直线检测一般方法示意

现构造一个用于存放投票结果的一维数组 $V(i), i = 0, 1, \cdots, I_{\max}$,其指标 i 与过 P 点(即坐标原点)的直线以及直线和 X 轴之间的夹角 $\theta(i)$ 相对应.这样,图像中若存在某个斜率的直线,则用于存放投票结果的一维数组 V 中相应位置处的投票值将较大;反之,相应位置处的投票值将较小.因此,可根据一维数组 V 中各元素的投票值来确定图像空间中是否存在具有一定斜率的直线.角度的采样间隔可根据对直线的角度检测精度的要求而定.例如,各相邻 $\theta(i)$ 之间的采样间隔取为 $1°$.此时,为了覆盖 $0° \sim 180°$ 的角度范围,数组 $V(i)$ 应有 180 个分量,即 $V(i), i = 0, 1, \cdots, 179$.

我们可采用霍夫变换技术来检测图像中可能存在的过原点的直线.方法是:

(1) 将数组 $V(i), i = 0, 1, \cdots, I_{\max}$ 清零.

(2) 对图像中数值为 1 的所有边缘点,逐个计算相应的边缘点和 P 点之连线与 X 轴之间的夹角 θ.然后,根据 θ 的计算值,在变换空间的一维数组 V 上进行投票.规则是若一个边缘点对应的 θ 值为 $\theta(i)$,则将数组 V 的第 i 个单元的内容加 1.进行阈值操作,把 $V(i), i = 0, 1, \cdots, I_{\max}$ 中所有过阈值的单元检测出来,并判决图像中存在与这些单元相对应的过原点的直线.

下面举一个例子具体说明在该情形下如何利用霍夫变换技术来检测图像中存在的过原点的直线.

如图 1.3.5(a)所示，给定的输入边缘图像中存在一条倾斜角等于 45° 的直线.为了说明整个霍夫变换的过程，对该输入图像进行霍夫投票前后的 V 数组的状态被分别表示为图 1.3.5(b)和图 1.3.5(c).这里，θ 角的采样间隔为 15°.从图中可以看到，和初始状态相比，终了状态下 V 中各单元的内容发生了变化.很明显，在 $\theta(i)=45°$ 处出现一个峰值.该峰值可以用一个适当选择的阈值(例如 5)通过简单的阈值操作容易地检出.这样，通过霍夫变换，在不需要做很复杂的处理的情况下，很容易地实现了从图像中检测过原点直线的目的.

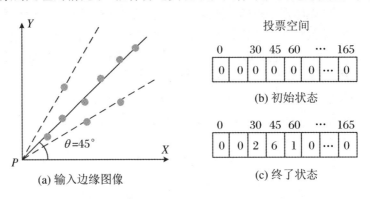

图 1.3.5　用霍夫变换检测图像中过原点的直线

2. 任意方向和任意位置的直线检测

下面讨论待测直线的位置和取向均为未知情况下的直线检测问题.此时，在图像空间中，相应的待测直线可以表示为

$$y = ux + v \tag{1.3.34}$$

这里，u 为直线的斜率，v 为直线对 Y 轴的截距.显然，u,v 两个参数包含了待测直线的全部信息.如果能从已知的图像边缘点出发确定这两个参数，事实上也就达到了从图像中检测出待测直线的目的.

为了做到这一点，参照式(1.3.34)，定义如下的变换：

$$v = -x_n u + y_n \tag{1.3.35}$$

这里，(x_n, y_n) 表示 X-Y 图像平面上的一个边缘点，而 (u,v) 可理解为 U-V 变换空间中的一个动点.这样，式(1.3.35)定义了从 X-Y 图像平面到 U-V 变换空间的一个变换.它把图像平面上的一个边缘点 (x_n, y_n) 映射到 U-V 变换空间中斜率为 $-x_n$、截距为 y_n 的一条直线，(u,v) 是该直线上的一个动点.基于同样的理由，对于 U-V 变换空间的一个固定点 (u_t, v_t)，我们也可以定义形如式(1.3.36)，从 U-V 变换空间到 X-Y 图像平面的逆变换：

$$y = u_t x + v_t \tag{1.3.36}$$

它把 U-V 变换空间中的一个固定点 (u_t, v_t) 映射到图像平面上斜率为 u_t、截距为 v_t 的一条直线.这样，综合上面的讨论可知，当把属于图像平面上斜率为 u_t、截距为 v_t 的直线上的边缘点依据式(1.3.35)变换到 U-V 变换空间时，它们必通过点 (u_t, v_t).上述两个变换的图示由图 1.3.6 给出，图中，$\{P_n = (x_n, y_n), n = 1,2,3,\cdots\}$ 为图像平面中位于同一条直线上的所有边缘点的集合，而 (u_t, v_t) 为 U-V 变换空间中的一个固定点.由图可以看到，由 P_n，n

=1,2,3,…确定的直线均通过固定点(u_t,v_t);而由固定点(u_t,v_t)确定的直线则穿过集合$\{P_n,n=1,2,3,\cdots\}$中的所有边缘点.

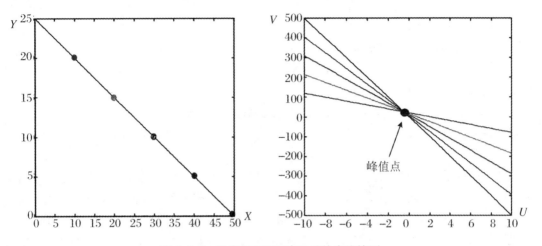

图 1.3.6　任意方向和任意位置的直线检测

现在,我们来看一下如何根据变换式(1.3.35)确定一条待测直线的相应参数.设给定图像平面上属于待测直线的一些点,这些点在图像中以边缘点的形式出现.为了定出该待测直线的相应参数,对这些边缘点依据式(1.3.35)进行霍夫投票.为了对投票结果进行计数,作为投票空间的 U-V 变换空间上的各点分别被赋予一个计数器.事实上,这样一个二维计数器阵列可以用一个二维图像来实现.各像素的灰度值与投票空间中各点处的计数值相对应.我们知道,依据式(1.3.35),每一个边缘点在 U-V 变换空间中确定一条直线.根据上面的讨论,每一条这样的直线虽然各不相同,但是它们在投票空间中必交于一点(u_t,v_t).如果每确定一条这样的直线,即将上述计数器阵列相应于该直线上的各点处的计数器的内容加1,那么,当投票过程结束的时候(u_t,v_t)处的投票值将出现峰值.因此,只要在投票结束后对投票结果进行峰值检测,即可完成相应的直线检测任务.注意:由此检出的峰点的位置给出了待测直线在图像空间中的斜率和截距两个参数,而峰点的投票值则反映了该待测直线上边缘点的数目.

上述基于斜率-截距的变换方式,存在待处理直线斜率为无限大的问题.这给实际应用带来麻烦.采用极坐标表现形式可以避免这个问题.如图 1.3.7 所示,图像平面中一条具有任意位置和取向的直线可由坐标原点到该直线的距离 r 以及该直线的正交方向和X轴之间的夹角 q 两个参数完全确定.

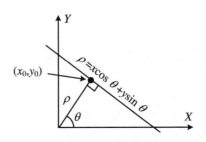

图 1.3.7　极坐标表现形式

下面给出相应直线方程的表示式. 因所述直线过点 $(x_0, y_0) = (\rho\cos\theta, \rho\sin\theta)$，故由点斜式，所述直线方程可表示为

$$y - \rho\sin\theta = k(x - \rho\cos\theta) \tag{1.3.37}$$

这里，k 为直线的斜率.

又由两直线相互正交的条件，知

$$k\tan\theta = -1$$

解出 k，并代入式 (1.3.37) 中，有

$$y - \rho\sin\theta = -\cot\theta(x - \rho\cos\theta) \tag{1.3.38}$$

整理之，得到

$$\rho = x\cos\theta + y\sin\theta \tag{1.3.39}$$

式 (1.3.39) 即是以 ρ 和 θ 为参数的相应直线方程的表示式. 可以将式 (1.3.39) 作为进行霍夫投票用的变换式. 此时，ρ-θ 空间为相应的投票空间. 与前类似，变换式 (1.3.39) 把图像平面上的一个边缘点变换到投票空间中的一条正弦曲线，而在图像平面中共线的所有边缘点经过变换后，其在投票空间中对应的正弦曲线将交于一固定点. 这样，通过在投票空间中对投票结果进行峰值检测，即可完成相应的直线检测任务. 设投票空间中相应的峰值点为 (ρ_t, θ_t)，则由 ρ_t 和 θ_t 可确定图像平面上的待检测直线为

$$y = -\cot\theta_t x + \rho_t\csc\theta_t y \tag{1.3.40}$$

上述以 ρ-θ 空间为投票空间的霍夫变换的图示由图 1.3.8 给出.

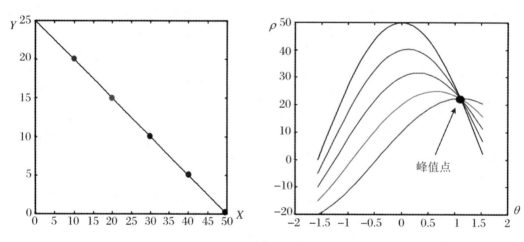

图 1.3.8　以 ρ-θ 空间为投票空间的霍夫变换图示

3. 直线的高精度检测

前已述及，霍夫变换技术是一种具有高度抗干扰能力的直线或曲线检测技术. 它可以在有噪声存在的情况下准确检测出直线或曲线在图像中出现的位置. 但是，我们同时应该看到的是，霍夫变换本身也有一定的局限性. 以直线检测为例，主要表现在图像中强直线段的存在可能对其他相对较弱的直线段的检测带来负面影响. 造成这种情况的原因是霍夫变换并不是由图像平面上的直线到变换空间中的点的变换，而是由图像平面上的点到变换空间中的直线（或是由变换式所规定的其他形式的曲线）的变换. 换句话说，对于图像平面给定直线上的某个点而言，进行霍夫变换的结果，除了在变换空间对应于解的固定点处产生投票值

外,在过该固定点的某条直线或曲线上也将产生投票值.这样,图像平面上的一个较强的直线段除了在变换空间对应于解的固定点处产生一个峰值之外,在其他的一些地方,也将给出较大的投票值.如果图像中除了该较强的直线段外,还存在若干相对较弱的直线段,那么这些直线段在变换空间中的投票值的峰点很可能被淹没在由图像中较强的直线段所给出的峰点之外的投票值中或者出现挪位现象,从而造成较弱直线段的错误检测.

为了避免这个问题、实现直线段的准确检测,可采用二次反投票的手法.具体步骤如下:

步骤 1　按照前述的投票方法,对图像中各边缘点在变换空间中产生的投票值进行累计.

步骤 2　在整个变换空间范围内,找出最大的峰值.如果该峰值小于某个阈值,处理结束.否则,继续步骤 3.

步骤 3　在图像平面上检测出该峰值所对应的直线段.

步骤 4　从变换空间各点的投票值中减去由前述直线段上的边缘点所给出的投票值.然后,回到步骤 2.

4. 霍夫变换的高速算法

霍夫变换是一种费时的直线或曲线检测方法.以任意方向和位置的直线段检测为例,为了完成检测,需要对图像中每一个边缘点 (x,y) 就所有可能的 θ 取值计算相应的 ρ 值:

$$\rho = x\cos\theta + y\sin\theta = + q$$

显然,整个计算量与对 ρ 和 θ 两个空间变量在一定范围内的采样间隔有关.采样间隔越小,直线的检测精度越高,但同时为此付出的计算代价也越大.那么,我们自然会提出这样一个问题,即是否存在一种方法使在既能满足对检测精度的要求的前提下,又可以显著地减少所需要的运算量呢?答案是肯定的.一种方法是利用边缘点的梯度方向信息来减少运算量.如图 1.3.9(a)所示,直线上边缘各点的梯度方向应与待求的 θ_0 保持一致.考虑到图像中噪声的影响可适当加大 q 的取值范围.例如,在噪声不太大的情况下,可取 θ 落在区间 $[\theta_0 - \Delta\theta, \theta_0 + \Delta\theta]$ 内.这里,$\Delta\theta$ 等于 5°左右.这样,在和一般的运算方法具有相同的检测精度的情况下,可望提高运算速度 $180/10 = 18$ 倍左右.利用边缘点的梯度方向信息减少运算量的示例如图 1.3.9(b)所示.

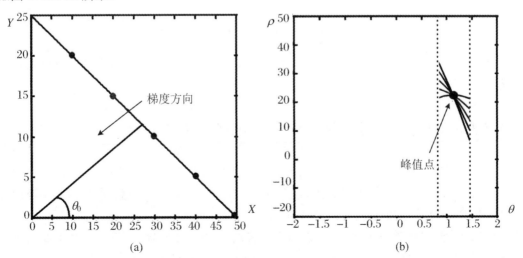

图 1.3.9　利用边缘点的梯度方向信息来减少运算量图示

更进一步，如果引入对边缘梯度方向的预检查处理手法，则用于进行霍夫投票的运算量还可望得到改善.方法是对于那些远离 θ 可能取值范围的边缘点将其视为噪声而不予考虑.

这样，图像中具有任意方向和位置的直线的检测可通过以下步骤进行：

步骤 1 如图 1.3.10 所示，首先对边缘点的梯度方向信息进行统计.将那些超过给定阈值的梯度方向作为图像中实际直线的梯度方向.

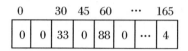

0		30	45	60	$\cdots$	165
0	0	33	0	88	0	$\cdots$	4

图 1.3.10   对边缘点的梯度方向信息进行统计

步骤 2 对每一个候补的梯度方向，执行前述霍夫变换的高速算法，并根据投票结果检测出相应直线所对应的 ρ 和 θ 的取值.

5. 一般曲线的检测

如上所述，霍夫变换可用来检测直线.不仅如此，它也可以用来检测图像中的圆、椭圆和抛物线等参数曲线.下面，以图像中圆线条的检测为例，说明其检测原理.

在图像空间中，以 (a, b) 为圆心、以 r 为半径的圆由下述方程给出：

$$(x - a)^2 + (y - b)^2 = r^2 \tag{1.3.41}$$

为了用霍夫变换技术从边缘图像中检测出相应的圆线条，可以考虑选择 A-B-R 空间作为投票空间.如图 1.3.11 所示，图像平面上的一个边缘点 $P_i = (x_i, y_i)$ 在霍夫变换下被变换到 A-B-R 三维空间中的一个圆锥面.当 r 为已知时，相应问题可得到简化.

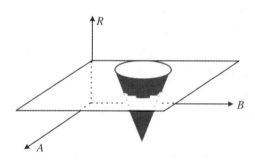

图 1.3.11   霍夫变换技术从边缘图像中检测出相应的圆线条

此时，A-B-R 三维空间退化为一个二维空间.边缘点 $P_i = (x_i, y_i)$ 在霍夫变换下被变换到该二维空间上的一个圆：

$$(a - x_i)^2 + (b - y_i)^2 = r^2 \tag{1.3.42}$$

这样，当根据式(1.3.42)将图像平面上所有满足方程的边缘点变换到

$$(x - a_t)^2 + (y - b_t)^2 = r^2 D \tag{1.3.43}$$

A-B 投票空间时，它们必交于点 (a_t, b_t).图 1.3.12 示出了从边缘点到投票空间的投票情况.从图中可以看到，作为投票的结果，在点 (a_t, b_t) 处将出现一个峰值.这样，只要检测出投票空间中相应峰值出现的位置，即可确定待检测的圆.

和直线检测的情形一样，可以考虑利用边缘的梯度信息来减少运算量.在上面的例子中，如果没有梯度信息，需要对位于由 $(x - a)^2 + (y - b)^2 = r^2$ 确定的圆上的所有 a, b 进行

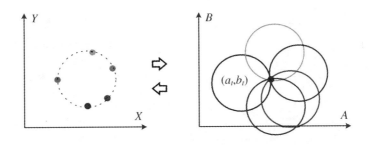

图 1.3.12　从边缘点到投票空间的投票情况

投票.但是,如果边缘的梯度信息是可利用的,则需要投票的范围将得到限制,从而达到减少运算量的目的.事实上,采用参数表示,所述圆的方程由下式给出:

$$\begin{cases} a = x - r\sin\theta \\ b = y + r\cos\theta \end{cases} \tag{1.3.44}$$

这里,θ 为相应的边缘点处的梯度角.考虑到噪声的影响,θ 的实际的取值范围可限制在区间 $[\theta_0 - \Delta\theta, \theta_0 + \Delta\theta]$ 内.这样,通过限定 θ 的取值范围,可以达到削减运算量的目的.

6. 广义霍夫变换

利用霍夫变换原理,可实现对具有任意形状的曲线的检测.下面以给定形状、大小和取向,但位置未知的曲线检测问题为例来说明其检测过程.首先,就一般意义下的曲线的表示问题进行讨论;然后,讨论如何根据所得到的曲线的表示手段,通过广义霍夫变换来求解相应的曲线检测问题.

对于曲线检测问题而言,如何实现对于曲线的描述是非常重要的.由于在现在的情况下曲线的形状一般较复杂,很难用解析的方法对其进行表示,因此,希望能有其他的表示手段.下面介绍一种利用所谓的相对位置关系表实现对曲线的描述的方法.

首先,如图 1.3.13(a)所示,在已知形状物体的内部确定一个点 (x_c, y_c)(例如,该物体的形心)作为参考点,并通过该点与边界上的点作连线.对各个边界点 (x, y),计算其梯度方向 φ,并以该 φ 为索引,将参考点和边界点的相对位置信息存储起来.有关相对位置信息可由相应连线的长度 $r(\varphi)$ 和方向 $\alpha(\varphi)$ 两个参量给出.我们可以把这些边界点的相对位置信息作成一个如图 1.3.13(b)所示的关系表.表中,各边界点的有关信息按梯度角 φ 的大小顺序进行排列.

显然,上述关系表构成了对于给定曲线的一个描述.注意:对于每一个边界点 (x, y) 而言,它和参考点 (x_c, y_c) 之间满足如下的关系,即

$$x_c = x + r(\varphi)\cos(\alpha(\varphi)) \tag{1.3.45}$$

$$y_c = y + r(\varphi)\sin(\alpha(\varphi)) \tag{1.3.46}$$

上两式是进行广义霍夫变换的基础.事实上,如果用上两式作为变换式,则图像平面上属于待检测曲线的所有边缘点将被变换到投票空间中的同一点,即参考点的位置.这样,投票的结果将在参考点处形成一个峰值.因此,通过峰值检测可以解决相应的曲线检测问题.

形成上述关系表的一个算法如下所示:

步骤 1　在已知物体的内部确定一个参考点 (x_c, y_c),并建立形如 1.3.13(b)所示的关系表.

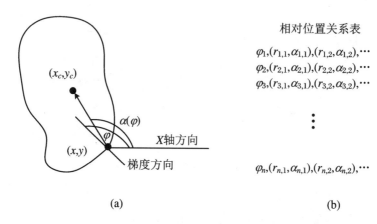

图 1.3.13 利用相对位置关系表描述给定的任意曲线

步骤2 扫描边界.对遭遇到的边界点(x,y),作如下处理：

① 计算该点的梯度角 φ 和 $r(\varphi),\alpha(\varphi)$ 两个参量.

② 若关系表的第一列无相应的 φ 指标,则将相应的 φ 值和$(r(\varphi),\alpha(\varphi))$按 φ 的大小顺序插入关系表中；否则,将$(r(\varphi),\alpha(\varphi))$同表中具有相同 φ 指标的行中已有的二元组进行比较,若相应行中无此二元组,则将其在该行的剩余位置处进行登录.

步骤3 重复步骤2直到所有的边界点被处理完毕为止.

显然,当待检测曲线含有孔洞或其边界呈凹状时,对应于同一个 φ 指标,可能有多个二元组$(r(\varphi),\alpha(\varphi))$存在.

一旦获得了所述曲线的关系表,就可以据此通过对输入图像施行广义霍夫变换来确定图像中是否存在相同的曲线.具体步骤如下：

步骤1 设置参考点位置投票计数器阵列 A,并将其清零.

步骤2 对于输入图像中的所有边缘点(x,y),作如下处理：

① 获得其梯度角 φ 的值.

② 以梯度角 φ 为指标,通过查询待检测曲线的关系表,取得相应 $r(\varphi)$ 和 $\alpha(\varphi)$ 的值.

③ 对所有可能的二元组$(r(\varphi),\alpha(\varphi))$,依据式(1.3.45)和式(1.3.46)计算参考点的可能位置(x_c,y_c),并完成投票操作：$A(x_c,y_c)$数值加 1.

步骤3 找出 A 中的极大值,并将其同某个给定的阈值进行比较.若相应的极大值大于给定的阈值,则判定图像中存在待检测曲线,并且待检测曲线的参考点由该极大值处的(x,y)所给出.

当待检测物体存在旋转和比例变化时,虽然仍可以用广义霍夫变换来检测图像中存在的曲线,但是,相应的公式应作如下修正：

$$x_c = x + r(\varphi)s\cos(\alpha(\varphi)+\beta) \tag{1.3.47}$$
$$y_c = y + r(\varphi)s\sin(\alpha(\varphi)+\beta) \tag{1.3.48}$$

这里,s 和 β 分别为反映物体尺寸和取向变化的比例因子和旋转角.

1.3.3 图像的领域分割

在前面几小节的讨论中,我们已经在一定程度上涉及了图像的分割技术.例如,边缘检测把图像点集分解成边缘点集和非边缘点集两大类.霍夫变换把经边缘检测检测到的边缘点集进一步分解成属于直线(或曲线)的边缘点集和不属于直线(或曲线)的边缘点集两大类.而根据图像的灰度直方图对图像进行的二值化处理则把图像点集分解成物体点集和背景点集两大类.但是,应该说上面所涉及的对图像的分割处理是非常初步的,它们在后续处理过程常常不能够提供所需要的足够的或合理的信息.比如,由边缘检测所得到的结果并不能说明图像中的哪些边缘点构成了图像中哪些物体的边界这样的问题.同样,对图像进行二值化处理的结果也不提供诸如物体点集由哪些领域所构成这样的细节说明.因此,为了把图像划分成若干个在空间上具有某种一致性的领域,有时候需要对图像作进一步的分割处理.下面依次介绍若干种进行领域分割的技术.

1. 标号图像和连通区域的标记

假定使用某种技术(例如,基于灰度直方图的二值化技术)已把一幅图像 $f(i,j)$ 变为相应的二值图像 $\lambda(i,j)$.所谓二值图像 $\lambda(i,j)$ 的标号图像 $L(i,j)$ 是根据物体点之间的连通性对二值图像 $\lambda(i,j)$ 实施标记之后得到的结果,定义为

$$L(i,j) = \begin{cases} \text{表示像素}(i,j)\text{所属连通区域的标号,} & \text{当}\lambda(i,j)\text{是一个物体点时} \\ 0, & \text{否则} \end{cases}$$

这里,(i,j) 的所属领域是在 4 邻连通或 8 邻连通的定义下,由与 (i,j) 互为连通的物体点所组成的集合.

4 邻连通和 8 邻连通的定义如下:如图 1.3.14 所示,设 A 和 B 是 2 个物体点,如果 B 点处在 A 点的 4 个相邻像素中的某一位置,则我们说 B 和 A 在 4 邻连通的意义下是相互连通的.

图 1.3.14　4 邻连通和 8 邻连通的定义

相应地,如果 B 点处在 A 点的 8 个相邻像素中的某一位置,则我们说 B 和 A 在 8 邻连通的意义下是相互连通的.为叙述方便起见,4 邻连通和 8 邻连通也称为 4 连通和 8 连通.另外,设 B 是 A 的邻域之外的一个像素,在 4 连通或 8 连通的意义下,如果存在一条由 B 到 A 的连通路径,其中路径上的各点均为物体点,则表示 B 和 A 在 4 连通或 8 连通的意义下是互为连通的.由互为连通的物体点所形成的集合构成一连通的区域.图 1.3.15 给出了 4 连通和 8 连通领域的例子.其中,灰点表示背景点,黑点表示物体点,而方形区域表示由物体点组成的连通区域.

从一幅二值图像 $\lambda(i,j)$ 出发得到其相应的标号图像 $L(i,j)$ 的过程称为对二值图像进行标记,也称为贴标号.贴标号的方法很多.其中一种 8 连通意义下的贴标号算法如图 1.3.15 所示.

算法 1
输入图像:二值图像 $\lambda(i,j)$,$1 \leq i \leq I$,$1 \leq j \leq J$.

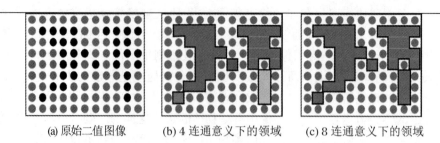

(a) 原始二值图像   (b) 4 连通意义下的领域   (c) 8 连通意义下的领域

图 1.3.15   连通领域的例子

输出图像:标号图像 $L(i,j)$,$1 \leqslant i \leqslant I$,$1 \leqslant j \leqslant J$.

若干标记:

i:图像的行指标;

j:图像的列指标;

nl:用于存储现时刻图像中连通区域个数的变量;

$T(k)$:用于记录贴标号算法中间结果(反映合并过程的有关信息)的一维标号表.

算法步骤:

步骤 1   完成初始化操作:将 $L(i,j)$,$T(k)$ 和 nl 清零,并置 $i=1$ 和 $j=1$.以下,从像素 $\lambda(1,1)$ 处开始,如图 1.3.16(a)所示,按自上而下、从左到右的顺序逐行处理每一个像素.

步骤 2   假设现时刻的待处理像素为 $\lambda(i,j)$.

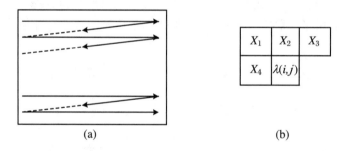

(a)   (b)

图 1.3.16   贴标号算法 1 按自上而下、从左到右的顺序扫描整幅图像

如果 $\lambda(i,j)=1$,去步骤 3,否则置 $L(i,j)=0$,去步骤 4.

步骤 3   如图 1.3.16(b)所示,将现时刻待处理像素 $\lambda(i,j)$ 的邻域中已处理完毕的像素依次记为 X_p,$p=1,2,3,4$,相应的标号值记为 l_p,$p=1,2,3,4$.假定在 $\{T(l_p),l_p \neq 0,p=1,2,3,4\}$ 中共有 n 个不同的标号值出现.它们按升序重新被排列后变为 $L_1,\cdots,L_n$.易证 $n \leqslant 2$.事实上,此时仅有 $X_1X_2X_3$,$X_1X_2X_4$,$X_1X_3X_4$,$X_2X_3X_4$ 和 $X_1X_2X_3X_4$ 等几种可能情况.用穷举法可证不论是哪一种情况,均可推出 $n \leqslant 2$ 的结论成立.例如,对于 $X_1X_2X_3$ 中各个像素的值均不为零的情形,此时,因 X_1,X_2 和 X_3 是互为连通的,故在前面的处理中已被赋予同一个标号,即有 $n=1$ 成立.

当 $n=0$ 时,去步骤 3-1.

当 $n=1$ 时,去步骤 3-2.

当 $n=2$ 时,去步骤 3-3.

步骤 3-1   此时,待处理像素属于一个新的连通区域.

置 $nl \leftarrow nl+1$,$T(nl) \leftarrow nl$,$L(i,j) \leftarrow nl$ 后,去步骤 4.

步骤 3-2　此时,待处理像素和一个已知区域相连通.

置 $L(i,j) \leftarrow L_1$ 后,去步骤 4.

步骤 3-3　此时,待处理像素和两个已知区域相连通.

置 $L(i,j) \leftarrow L_1$,并对满足 $T(k)=L_2, 2 \leqslant k \leqslant nl$ 的所有 $T(k)$,置 $T(k) \leftarrow L_1$,即用较小的标号值合并和待处理像素相连通的所有已知像素.然后,去步骤 4.

步骤 4　如果全部像素被处理完毕,去步骤 5;否则,像素指针加 1,去步骤 2.

步骤 5　更新标号表.即在不变动原有排列顺序的前提下,将 $T(k), k=1,2,\cdots,nl$ 中的值按照标号不间断的原则重新赋值.

步骤 6　根据新的标号表,更新标号图像 $L(i,j), 1 \leqslant i \leqslant I, 1 \leqslant j \leqslant J$.即对所有 $L(i,j)$,若 $L(i,j) > 0$,则置 $L(i,j) \leftarrow T(L(i,j))$.

算法 2

上述算法 1 对于每一个物体点均要执行规定的操作.有时候,这会显得很烦琐,也没有必要.事实上,在同一个扫描行上彼此相邻的目标像素之间肯定应具有同一个标号值.因此,引入游程的概念后,可以简化贴标号的操作.

所谓游程,或称目标始末点对,是由一行中彼此相邻的物体点中具有最小列指标和最大列指标的两个像素所组成的一个像素点对.用这样的两个像素点可以很好地刻画物体点之间的连通性质.下面给出基于游程概念的贴标号算法.

输入图像:二值图像 $\lambda(i,j), 1 \leqslant i \leqslant I, 1 \leqslant j \leqslant J$.

输出图像:标号图像 $L(i,j), 1 \leqslant i \leqslant I, 1 \leqslant j \leqslant J$.

若干标记:

i:图像的行指标;

j:图像的列指标;

nl:用于存储现时刻图像中连通区域个数的变量;

$T(k)$:用于记录贴标号算法中间结果(反映合并过程的有关信息)的一维标号表;

$LB(m)$:用于存储上一行中第 m 个游程的起始点的列指标;

$LE(m)$:用于存储上一行中第 m 个游程的终止点的列指标;

$CB(n)$:用于存储现行行中第 n 个游程的起始点的列指标;

$CE(n)$:用于存储现行行中第 n 个游程的终止点的列指标.

算法步骤:

步骤 1　完成初始化操作:将 $L(i,j)$, $T(k)$, $LB(m)$, $LE(m)$ 和 nl 清零,并置 $i=1$.

步骤 2　获取现行第 i 行中所有的目标游程 $(CB(n), CE(n))$, $n=1,\cdots,N_c$.其中,N_c 为现行行中目标游程的个数.在该步结束的时候,如果 $\lambda(i,j)=0$,则置 $L(i,j)=0$.

步骤 3　对每一个待处理目标游程 $(CB(n), CE(n))$, $n=1,\cdots,N_c$,检查它与上一行中目标游程的连通情况.若 $CB(n) \leqslant LB(m) \leqslant CE(n)$ 或 $CB(n) \leqslant LE(m) \leqslant CE(n)$,则判定现行行中的第 n 个游程和上一行中的第 m 个游程相连通.当该目标游程和上一行中所有的目标游程均不连通时,去步骤 3-1;否则,去步骤 3-2.

步骤 3-1　此时,待处理目标游程属于一个新的连通区域.

置 $nl \leftarrow nl+1$, $T(nl) \leftarrow nl$, $L(i,j) \leftarrow nl$(这里 (i,j) 为 $(CB(n), CE(n))$)后,去步骤 4.

步骤 3-2　此时,待处理目标游程和一个以上已知区域相连通.

将上一行中与该目标游程相连通的 nl 个游程所具有的标号值按升序重新进行排序使

其变为 $L_1, L_2, \cdots, L_{nl}$.

置 $L(i,j) \leftarrow L_1$, 这里, (i,j) 为 $\hat{I}(CB(n), CE(n))$. 同时, 当 $nl \geqslant 2$ 时, 对满足 $T(k) = L_2, L_3, \cdots, L_{nl}, 2 \leqslant k \leqslant nl$ 的所有 $T(k)$, 置 $T(k) \leftarrow L_1$, 即用较小的标号值合并和待处理目标游程相连通的所有已知的目标游程. 然后, 去步骤 4.

步骤 4 若所有处理已执行完毕, 去步骤 5.

否则, 置 $i = i + 1, LB(n) \leftarrow CB(n), LE(n) \leftarrow CE(n), n = 1, \cdots, N_c$ 以及 $N_c = n_l$ 后, 去步骤 2.

步骤 5 更新标号表. 即在不更动原有排列顺序的前提下, 将 $T(k), k = 1, 2, \cdots, nl$ 中的值按照标号不间断的原则重新赋值.

步骤 6 根据新的标号表, 更新标号图像 $L(i,j), 1 \leqslant i \leqslant I, 1 \leqslant j \leqslant J$. 即对所有 $L(i,j)$, 若 $L(i,j) > 0$, 则置 $L(i,j) \leftarrow T(L(i,j))$.

2. 用边界跟踪的方法获取领域的边界

对于一幅二值图像的某个领域而言, 其边界包含了它所具有的全部信息. 因此, 有时候就用一个领域的边界来代表该领域本身. 那么, 如何来抽取一个领域的边界呢？一种做法是通过跟踪领域的边界来达到目的.

边界跟踪可以分两步来进行. 首先, 在待处理领域的边界上任选一种子点, 将其作为边界跟踪的起始点. 然后, 按照给定的算法沿领域的边界进行跟踪, 直到回到起始点为止. 此时, 跟踪过程中所经历的边界点的集合就给出了所需领域的边界. 下面给出一个能够获取给定领域 8 连通边界的跟踪算法. 如图 1.3.17(a) 所示.

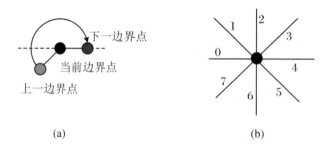

(a)   (b)

图 1.3.17 获取给定领域 8 连通边界的跟踪算法

考虑如何从当前边界点出发确定领域中与该边界点相邻的下一个边界点. 为叙述方便起见, 把当前边界点和由跟踪算法给出的与当前边界点相邻的上一个边界点之连线方向称为当前边界点的上走向. 类似地, 把当前边界点和与之相邻的下一个边界点之连线方向称为当前边界点的下走向. 这样, 一个边界点的上、下走向可取图 1.3.17(b) 所示 8 个方向中的一个. 规定 0 方向为起始点的上走向的初始值. 算法的具体步骤如下：

步骤 1 置 $k = 1$, 这里, k 为用来指示已检测边界点数目的变量.

用行扫描方式寻找待处理领域的边界点, 并将最先找到的一个边界点作为跟踪算法中的起始点使用, 将其在图像中的 X, Y 坐标值分别存入边界点数组 $CPX(k)$ 和 $CPY(k)$ 中.

步骤 2 在当前边界点的 8 个相邻点中, 从上走向开始沿顺时针方向寻找下一个最先遇到的边界点. 若这样的边界点不存在, 表明当前边界点是一个孤立点, 算法结束；否则, 将该边界点作为给定领域的下一个边界点, 控制处理去步骤 3.

步骤3　检查该边界点是否为起始点.如果是起始点,则算法结束;否则,置 $k = k + 1$,并将该边界点在图像中的 X,Y 坐标值分别存入边界点数组 $CPX(k)$ 和 $CPY(k)$ 中.同时,令该边界点为当前边界点,并将原当前边界点的下走向定为该边界点的上走向.控制处理去步骤2.

显然,算法结束时,k 中存放着给定领域的边界点数目,而 $CPX(k)$ 和 $CPY(k)$ 中则依次存放着各边界点的 X,Y 坐标值.注意:由以上算法所找到的是一个领域的外边界.当一个领域内部存在空穴时,可用一类似的方法定出其内边界.

3. 区域增长

前面两种领域分割技术所描述的方法适用于二值图像.如果图像本身不是一个二值图像,虽然上述方法修改后仍可用于图像的领域分割,但处理本身可能非常复杂.

在一般灰度图像的情况下,可以考虑其他方法.最简单的一种方法是区域增长.基本概念如下:首先,根据一定的检测标准,选择一组图像点或一组图像区域作为种子点或种子区域.这些点或区域用 $S_i, i = 1, 2, \cdots, N$ 进行标记(此处,N 是图像中包含领域的个数).然后,从每个 S_i 开始,种子区域将根据设计的跟踪标准向所有的方向生长.具体说来,从种子区域 S_i 开始,检查 S_i 的所有可接受相邻点,将符合跟踪准则的候选点连接到 S_i,形成新的种子区域.重复上述过程,直到再没有新的可接受的邻点为止.当一个图像点可以根据给定的跟踪准则合并到多个种子区域时,可以选择将它合并到最合适的种子区域中.

从上段的陈述可以看出,区域增长法作为图像分割技术之一,虽然简单,但也存在一些问题.第一个问题:为了进行准确的领域分割,需要正确选择合适的种子点或种子区域,并且还要有适合给定图像的正确检测准则.第二个问题:为了在跟踪过程中将每个像素点准确地合并到最合适的种子区域,需要正确选择跟踪准则.

检测准则和跟踪准则的选取都取决于对图像的理解.对于跟踪准则尤其如此.它与候选点的性质和空间位置有关.灰度、颜色、纹理和梯度等图像特征可作为跟踪准则的依据.例如,当跟踪对象是灰度有明显差异的区域时,可以使用候选点的灰度值和种子区域 S_i 的平均灰度水平的接近度来确定该候选点是否属于种子区域 S_i.当跟踪对象是某些不同纹理的区域时,所选的跟踪准则应基于纹理特征而不是其他图像特征.

第 2 章　模式识别理论基础

"模式"是什么？广义上来说，能够被观察和区分的任何事物都可以被称为"模式"．狭义上来说，观测具体的事物所得到的时空上的信息特征被称为"模式"；具有相似特征的模式的集合被称为"模式类"．模式识别技术就是根据样本的特征将样本划分到一定的类别中去，即通过计算机用数学方法来研究模式的自动处理和判读．图 2.1.1 为模式识别系统的系统图．

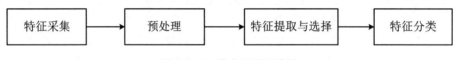

图 2.1.1　模式识别系统图

特征采集以及部分预处理方法已在上一章中进行了讨论，本章不再赘述．在本章中，我们将引入模式识别过程中的特征提取方法和特征选择方法，进而介绍特征分类中几种常用的分类方法．

2.1　特　征　提　取

特征提取是指对原始特征的发掘和变换．原始特征是指通过图像测量得到的特征量．原始特征数量庞大，需要通过变换以获得和解释成有意义的信息．这个通过变换（映射）对高维数据进行降维使其成为低维数据的过程就是特征提取．

特征的维数和"好坏"对分类器的性能和设计有着很大影响．"好"的特征是指容易进行分类，表示误差较小的特征，"坏"的特征则与之相反．因此，特征提取在图像数据处理中有巨大的意义．

特征提取常用的方法有主成分分析（PCA）、独立成分分析（ICA）、线性判别分析（LDA）三种方法．下面将分别介绍这三种方法．

2.1.1　主成分分析

PCA 是一种使用广泛的特征提取方法．PCA 的基本思想是将原始特征映射为一组依重要性降序排列的正交向量，它们是原始特征的线性组合，新的样本则为原始特征在新特征上的映射．

即设样本集为已经经过中心化后的数据 $X = \{x^1, x^2, \cdots, x^n\}$，其中 x^i 为有 n 个样本的

p 维列向量且满足 $\sum\limits_{i=1}^{n} x^i = 0$.

设矩阵 A 为一正交列向量组,并且为了归一化,令 $a_i^{\mathrm{T}} a_i = 1$,且 $a_i^{\mathrm{T}} a_j = 0, i \neq j$.

令原向量 $x^i = \{x_1^i, x_2^i, \cdots, x_p^i\}$,则经过变换后得到新的样本向量 $\xi^i = A^{\mathrm{T}} x^i$,展开即为

$$\xi_j^i = a_j^{\mathrm{T}} x^i = \sum_{t=1}^{p} a_{jt} x_t^i \tag{2.1.1}$$

1. 矩阵 A 的计算方法

1) 计算 a_1 的方法

让我们先考虑第一个新特征上的值 ξ_1^i,由式(2.1.1)可知

$$\xi_1^i = \sum_{j=1}^{p} a_{1j} x_j^i \tag{2.1.2}$$

式(2.1.2)表示的是将原向量 x^i 投影到向量 $a_1 = (a_{11}, a_{12}, \cdots, a_{1p})$ 上得到第一个新特征上的值 ξ_1^i.

最大化样本集 X 在向量 a_1 上的投影值 ξ_1 的方差就是我们的目标.

其中样本集 $X = \{x^1, x^2, \cdots, x^n\}$,投影值 $\xi_1 = \{\xi_1^1, \xi_1^2, \cdots, \xi_1^n\}$.

即将样本集 X 投影到向量 a_1 上后,不同样本间的区分度最大,使得不同样本在该向量上可分.

ξ_1 的方差:

$$
\begin{aligned}
\mathrm{var}(\xi_1) &= E(\xi_1^2) - E(\xi_1)^2 \\
&= E(a_1^{\mathrm{T}}) - E(a_1^{\mathrm{T}} x x^{\mathrm{T}} a_1) E(x^{\mathrm{T}} a_1) \\
&= a_1^{\mathrm{T}} \Sigma a_1
\end{aligned} \tag{2.1.3}
$$

因样本已中心化,故有

$$E(a_1^{\mathrm{T}} x) = a_1^{\mathrm{T}} E(x) = 0$$

其中 Σ 为样本集的协方差矩阵,$\Sigma = \dfrac{1}{n} X X^{\mathrm{T}}$.

现在问题转化为一个优化问题,即

$$
\begin{cases}
\max\ a_1^{\mathrm{T}} \Sigma a_1 \\
\mathrm{s.t.}\ a_1^{\mathrm{T}} a_1 - 1 = 0
\end{cases} \tag{2.1.4}
$$

这是一个带约束的极值问题,将其转换为拉格朗日对偶问题:

$$f(a_1) = a_1^{\mathrm{T}} \Sigma a_1 - v_1 (a_1^{\mathrm{T}} a_1 - 1) \tag{2.1.5}$$

上式对 a_1 求偏导,得

$$\frac{\partial f(a_1)}{\partial a_1} = (\Sigma + \Sigma^{\mathrm{T}}) a_1 - 2 v_1 a_1 = 0 \Rightarrow \Sigma a_1 = v_1 a_1 \tag{2.1.6}$$

由式(2.1.6)可知,a_1 是矩阵 Σ 的特征向量,v_1 为对应的特征值.故可得

$$\mathrm{var}(\xi_1) = a_1^{\mathrm{T}} v_1 a_1 = v_1 \tag{2.1.7}$$

由式(2.1.7)可得,为使 $\mathrm{var}(\xi_1)$ 最大,将 v_1 作为协方差矩阵 Σ 最大的特征值.

对协方差矩阵 Σ 的 p 个特征值排序,$\lambda_1 \geqslant \lambda_2 \geqslant \cdots \geqslant \lambda_p$,且有 $v_1 = \lambda_1$.

那么在已知 a_1 的情况下,则根据式(2.1.1)就可以得到原样本 x 在 a_1 上的投影值,即对应的 ξ_1.

2) 计算 a_2 的方法

在一般情况下，我们降维时通常不会仅仅保留一维特征. 因此我们计算 a_2，为了得到变换向量 a_i 的一般规律. 我们通过计算 a_2 就可得到原向量在第二个主成分特征上的值 ξ_2.

同计算 a_1 时的思路，我们的目标是使得样本集 X 中所有原向量在第二个主成分特征上的值 $\xi_2 = \{\xi_2^1, \xi_2^2, \cdots, \xi_2^n\}$ 方差最大.

同式(2.1.3)可得 ξ_2 的方差：

$$\mathrm{var}(\xi_2) = a_2^{\mathrm{T}} \Sigma a_2 \tag{2.1.8}$$

转换为优化问题：

$$\begin{cases} \max \ a_1^{\mathrm{T}} \Sigma a_1 \\ \mathrm{s.\,t.} \ \ a_1^{\mathrm{T}} a_1 - 1 = 0 \\ \quad\quad a_2^{\mathrm{T}} a_1 = 0 \end{cases} \tag{2.1.9}$$

转换为拉格朗日对偶问题：

$$f(a_2) = a_2^{\mathrm{T}} \Sigma a_2 - v_2(a_2^{\mathrm{T}} a_2 - 1) - \beta a_2^{\mathrm{T}} a_1 \tag{2.1.10}$$

$f(a_2)$ 对 a_2 求偏导，得

$$\frac{\partial f(a_2)}{\partial a_2} = (\Sigma + \Sigma^{\mathrm{T}}) a_2 - 2v_2 a_2 - \beta a_1 = 0 \tag{2.1.11}$$

$$\Rightarrow 2a_1^{\mathrm{T}} \Sigma a_2 - 2a_1^{\mathrm{T}} v_2 a_2 - \beta a_1^{\mathrm{T}} a_1 = 0 \quad (\text{左乘 } a_1^{\mathrm{T}})$$

$$\Rightarrow a_1^{\mathrm{T}} \Sigma a_2 = 0, a_1^{\mathrm{T}} a_2 = 0 \quad (\text{取转置})$$

$$\Rightarrow \beta a_1^{\mathrm{T}} a_1 = 0, a_1^{\mathrm{T}} a_1 = 1$$

由此可知

$$\beta = 0$$

所以

$$\frac{\partial f(a_2)}{\partial a_2} = 0$$

$$\Sigma a_2 = v_2 a_2$$

因此协方差矩阵 Σ 的特征值为 v_2，其相应的特征向量为 a_2. 且

$$\mathrm{var}(\xi_2) = a_2^{\mathrm{T}} v_2 a_2 = v_2$$

所以，为使 $\mathrm{var}(\xi_2)$ 最大，即使 v_2 最大即可.

对协方差矩阵 Σ 的 p 个特征值排序，$\lambda_1 \geqslant \lambda_2 \geqslant \cdots \geqslant \lambda_p$.

又已知有 $v_1 = \lambda_1$，所以选择 $v_2 = \lambda_2$ 即为最优解.

可以从理论上证明，协方差矩阵 Σ 的特征值按照大小降序排列后 λ_k 对应的特征向量就是第 k 个主成分方向.（证明略.）

2. PCA 算法的实现流程

设输入数据 $X = \{x^1, x^2, \cdots, x^n\}_{p \times n}$ 为 n 个 p 维的列向量.

(1) 数据中心化：$\mu = \frac{1}{n} \sum_{i=1}^{n} x^i, x^{i\prime} = x^i - \mu, i = 1, 2, \cdots, n$；

(2) 计算协方差矩阵 $\Sigma = \frac{1}{n} XX^{\mathrm{T}}$（$X$ 为中心化后的数据），其中 Σ 为 $p \times p$ 维对称矩阵；

(3) 通过对协方差矩阵 Σ 进行特征值分解得到特征值 $\lambda_1 \geqslant \lambda_2 \geqslant \cdots \geqslant \lambda_p$，选择前 k 个特

征值所对应的特征向量,构成投影矩阵 $A = (a_1, a_2, \cdots, a_k)$($a_i$ 为 p 维列向量);

(4) 将原样本投影到新的特征空间,得到新的降维样本 $X' = W^{\mathrm{T}} X$(其中 X' 为 $p \times n$ 维矩阵).

3. k 的选择

当我们使用 PCA 时,都是希望将数据尽可能地降维以方便后续处理.但是过度地降低维度会使数据失真.因此选择一个合适的 k 值是必要的.

假设取前 k 个主成分,其所占数据全部方差的比例为

$$\alpha_k = \frac{\sum_{i=1}^{k} \lambda_i}{\sum_{i=1}^{p} \lambda_i}, \quad i = 1, 2, \cdots, p \tag{2.1.12}$$

α_k 称为累计贡献率.实际情况中,我们可以先对累计贡献率进行粗略判断,一般取 $85\% \sim 95\%$,然后再依据累计贡献率决定对应的 k 值.一般而言,数据中的前几个主成分包含了大部分信息.

例 2.1.1　M 市为了全面分析 14 个机械类企业的经济效益,选择了 7 个不同的利润指标,14 个企业关于这 7 个指标的统计数据如表 2.1.1 所示,试比较这 14 个企业的经济效益.

表 2.1.1　利润指标统计表

企业序号	净产值利润率(%) x_{i1}	固定资产利润率(%) x_{i2}	总产值利润率(%) x_{i3}	销售收入利润率(%) x_{i4}	产品成本利润率(%) x_{i5}	物耗利润率(%) x_{i6}	人均利润率(万元/人) x_{i7}
1	40.4	24.7	7.2	6.1	8.3	8.7	2.442
2	25.0	12.7	11.2	11.0	12.9	20.2	3.542
3	13.2	3.3	3.9	4.3	4.4	5.5	0.578
4	22.3	6.7	5.6	3.7	6.0	7.4	0.176
5	34.3	11.8	7.1	7.1	8.0	8.9	1.726
6	35.6	12.5	16.4	16.7	22.8	29.3	3.017
7	22.0	7.8	9.9	10.2	12.6	17.6	0.847
8	48.4	13.4	10.9	9.9	10.9	13.9	1.772
9	40.6	19.1	19.8	19.0	29.7	39.6	2.449
10	24.8	8.0	9.8	8.9	11.9	16.2	0.789
11	12.5	9.7	4.2	4.2	4.6	6.5	0.874
12	1.8	0.6	0.7	0.7	0.8	1.1	0.056
13	32.3	13.9	9.4	8.3	9.8	13.3	2.126
14	38.5	9.1	11.3	9.5	12.2	16.4	1.327

解　样本均值向量为

$$x = (27.979, 10.950, 9.100, 8.543, 11.064, 14.614, 1.552)$$

样本协方差矩阵 S 为

$$
\begin{bmatrix}
185.71 & 68.913 & 43.864 & 86.469 & 136.07 & 85.516 & 57.216 & 185.83 & 97.973 & 73.729 & 50.373 & 5.4571 & 120.50 & 132.05 \\
68.913 & 48.041 & 24.605 & 43.009 & 60.925 & 72.125 & 46.133 & 88.859 & 88.671 & 50.683 & 22.582 & 3.5855 & 59.003 & 74.398 \\
43.863 & 24.605 & 15.331 & 26.787 & 39.738 & 37.517 & 24.091 & 57.496 & 42.031 & 28.029 & 12.332 & 2.0260 & 35.697 & 45.610 \\
86.469 & 43.009 & 26.787 & 48.929 & 73.205 & 62.530 & 40.357 & 104.38 & 70.751 & 48.352 & 23.857 & 3.4938 & 65.644 & 80.676 \\
136.07 & 60.924 & 39.738 & 73.205 & 112.13 & 85.828 & 55.927 & 158.15 & 94.687 & 68.692 & 36.496 & 5.0244 & 98.851 & 118.80 \\
85.516 & 72.125 & 37.517 & 62.530 & 85.828 & 117.37 & 73.760 & 128.29 & 142.59 & 79.184 & 29.026 & 5.5495 & 83.386 & 112.69 \\
57.216 & 46.133 & 24.091 & 40.357 & 55.927 & 73.760 & 46.677 & 83.206 & 89.419 & 50.320 & 19.310 & 3.5459 & 54.243 & 72.199 \\
185.83 & 88.859 & 57.496 & 104.38 & 158.15 & 128.29 & 83.206 & 225.24 & 141.36 & 100.83 & 50.065 & 7.3431 & 139.94 & 172.05 \\
97.972 & 88.671 & 42.031 & 70.751 & 94.687 & 142.59 & 89.419 & 141.36 & 180.29 & 94.089 & 36.072 & 6.5273 & 95.996 & 127.45 \\
73.729 & 50.683 & 28.029 & 48.352 & 68.692 & 79.184 & 50.320 & 100.83 & 94.089 & 55.960 & 22.990 & 3.9685 & 64.741 & 84.265 \\
50.373 & 22.582 & 12.332 & 23.857 & 36.496 & 29.026 & 19.310 & 50.065 & 36.072 & 22.990 & 15.143 & 1.6784 & 34.040 & 37.122 \\
5.4571 & 3.5855 & 2.0260 & 3.4938 & 5.0244 & 5.5495 & 3.5459 & 7.3431 & 6.5273 & 3.9685 & 1.6784 & 0.2833 & 4.6953 & 6.0569 \\
120.50 & 59.003 & 35.697 & 65.644 & 98.851 & 83.386 & 54.243 & 139.94 & 95.996 & 64.741 & 34.040 & 4.6953 & 89.403 & 107.28 \\
132.05 & 74.398 & 45.610 & 80.676 & 118.80 & 112.69 & 72.199 & 172.05 & 127.45 & 84.265 & 37.122 & 6.0569 & 107.28 & 136.89
\end{bmatrix}
$$

由于矩阵 S 的主对角线元素存在很大的差别，因此由样本相关矩阵 R 出发进行主成分分析. 样本相关矩阵 R 为

$$
\begin{bmatrix}
1 & 0.76266 & 0.70758 & 0.64280 & 0.59616 & 0.54426 & 0.62178 \\
 & 1 & 0.55341 & 0.51434 & 0.51538 & 0.46888 & 0.73561 \\
 & & 1 & 0.98792 & 0.97760 & 0.97408 & 0.68282 \\
 & & & 1 & 0.98070 & 0.97979 & 0.69735 \\
 & & & & 1 & 0.99234 & 0.62663 \\
 & & & & & 1 & 0.63029 \\
 & & & & & & 1
\end{bmatrix}
$$

矩阵 R 的特征值及相应的特征向量如表 2.1.2 所示.

表 2.1.2　矩阵 R 的特征值及相应的特征向量

特征值	特　征　向　量
5.3945	$(0.33521, 0.43086, 0.66005, 0.44956, 0.18800, -0.15952, -0.058354)$
1.0194	$(0.30775, 0.62486, -0.038960, -0.69613, -0.030952, 0.14467, 0.082574)$
0.38259	$(0.41896, -0.20325, 0.12920, 0.084752, -0.62609, 0.49492, -0.34976)$
0.18621	$(0.41428, -0.25332, -0.011412, 0.10130, 0.10739, 0.24952, 0.82462)$
0.0092729	$(0.40702, -0.29836, 0.041451, -0.23956, -0.27557, -0.78116, 0.0061219)$
0.0067205	$(0.40103, -0.34705, -0.05346, -0.18186, 0.69582, 0.14567, -0.421192)$
0.0012258	$(0.15960, -0.061134, -0.53966, 0.046606, 0.76090, -0.27809, 0.062030)$

特征值及对应的贡献率如表 2.1.3 所示.

表 2.1.3 特征值及对应的贡献率

特征值	贡献率	累计贡献率
5.3945	0.76708	0.76708
1.0194	0.13027	0.89735
0.38259	0.054494	0.95184
0.18621	0.027547	0.97939
0.0092729	0.018988	0.99838
0.0067205	0.0011034	0.99948
0.0012258	0.00037030	1.00000

前 3 个标准化样本主成分累计贡献率已达到 95.184%,故只需取前三个主成分即可.

$$y_1 = 0.33521x_1^* + 0.43086x_2^* + 0.66005x_3^* + 0.44956x_4^* + 0.188x_5^*$$
$$- 0.15952x_6^* - 0.058354x_7^*$$
$$y_2 = 0.30775x_1^* + 0.62486x_2^* - 0.03896x_3^* - 0.69613x_4^* - 0.030952x_5^*$$
$$+ 0.14467x_6^* + 0.082574x_7^*$$
$$y_3 = 0.41896x_1^* - 0.20325x_2^* + 0.1292x_3^* + 0.084752x_4^* - 0.62609x_5^*$$
$$+ 0.49492x_6^* - 0.34976x_7^*$$

注意到,y_1 近似是 7 个标准化变量的等权重之和. y_1 的值越大,企业的效益越好,它是反映各企业总效应大小的综合指标. 由于 y_1 的贡献率高达 76.708%,所以若用 y_1 的得分值对各企业进行排序,能从整体上反映企业之间的效应差别. 将矩阵 S 中对角线上的值以及各企业关于 x_i 的观测值代入 y_1 的表达式中,可求得各企业的得分以及按其得分由大到小的排序结果(表 2.1.4).

表 2.1.4 各企业得分

企业序号	得分	企业序号	得分
12	− 0.97354	5	0.016879
4	− 0.64856	8	0.17711
3	− 0.62743	13	0.18925
11	− 0.48558	1	0.29351
10	− 0.21949	2	0.65315
7	− 0.18900	6	0.85566
14	− 0.0048030	9	0.96285

所以,第 9 家企业的效益最好,第 12 家企业的效益最差.

4. 总结

主成分分析仅需要使用特征值即可对数据进行降维. 原始数据经过主成分分析后可选择较少的主成分来表示,以此有效减少后续工作量,节省计算资源,因此主成分分析算法有着广泛应用.并且主成分分析法本质是按数据离散程度最大的方向对基组进行旋转,因此不要求数据呈正态分布,这也是主成分分析法应用广泛的原因之一.但主成分分析法并非对数据完全没有要求,其需要数据变量间有较强相关性.从上面介绍的内容中,我们能够看出,由于整个过程中并未使用样本的类别信息,所以主成分分析算法是一个非监督算法.

2.1.2 独立成分分析

在本小节中我们将简要介绍独立成分分析(Independent Components Analysis,简称ICA).该算法和上节所介绍的主成分分析算法(PCA)思路相似,即使用一组新的特征向量来表征原始数据.但是这两种方法的使用场景和目的都有很大的不同.

在讨论独立成分分析前,我们先考虑一个现实场景.在一场鸡尾酒会上,有 n 个人在相互谈话.如果我们在一个地点采集这些声音信号,将得到一份有 n 个人声音信号叠加的原始数据.如果我们在远近不同的 n 个地点对这些声音信号进行采集,将得到 n 份 n 个人声音信号以不同方式叠加的原始数据,那我们能否通过这 n 份数据分离出每个人的原始声音样本呢? 这就是著名的"鸡尾酒会问题".下面我们将这个问题以数学形式抽象表达出来.

首先假设有由 n 个独立的来源生成的原始数据 $s\in\mathbf{R}^n$.我们采集到的则为

$$x = As$$

上式中的 A 为混合矩阵,是一个未知的方阵.重复观察过程 m 次,可得训练集

$$\{x^{(i)};i = 1,\cdots,m\}$$

我们的目标是通过这个训练集生成这些样本 $x^{(i)} = As^{(i)}$ 的原始声音源 $s^{(i)}$.其中,$s^{(i)}$ 为一个 n 维向量,$s_j^{(i)}$ 则是第 j 个说话者在第 i 次录音时的声音信号.$x^{(i)}$ 同样也是一个 n 维向量.

设有混合矩阵 A 的逆矩阵 $W = A^{-1}$,称之为还原矩阵.若能求得还原矩阵 W,则对于给定的样本 $x^{(i)}$,可通过计算 $s^{(i)} = Wx^{(i)}$ 对声音源进行还原.为方便起见,用 W_i^T 来表示 W 的第 i 行,则可将 W 表示为

$$W = \begin{bmatrix} W_1^T \\ \vdots \\ W_n^T \end{bmatrix}$$

这样就有 $W_i\in\mathbf{R}^n$,通过计算 $s^{(i)} = W_j^T x^{(i)}$ 就可以恢复出第 j 个声源了.

上面简要介绍了独立成分分析的思想和它要解决的问题,下面将详细介绍独立成分分析算法.

1. 独立成分分析的模糊性

还原矩阵 W 恢复声源的能力能到怎样的程度呢? 如果我们预先了解了声源和混合矩阵,那就不难看出,混合矩阵 A 中存在的某些固有的模糊性,仅仅给定了 $x^{(i)}$ 可能无法将声源恢复出来.

举个例子,假设 P 是一个 $n\times n$ 的置换矩阵,现存在一个向量 z,那么 Pz 就是另外一个向量,而这个向量也包含了 z 坐标的置换版本.假如只给出了 $x^{(i)}$,是没有办法区分出 W 和 PW 的.具体来说,原始声源的排列是模糊的.不过,这并不是一个很大的问题.

进一步来说,W_i 的缩放规模也是模糊的.例如,如果把 A 替换成了 $2A$,则每个 $s^{(i)}$ 都替换成了 $0.5s^{(i)}$,那么观测到的 $x^{(i)} = 2A\cdot(0.5)s^{(i)}$ 则不会发生改变.更进一步,如果 A 当

中的某一列,都用一个参数 α 来进行缩放,那么对应的音源就被缩放到了 $1/\alpha$,观测结果同样不会发生改变.这也表明,仅仅给出 $x^{(i)}$,是没办法判断这种情况是否发生的.所以,我们无法恢复"正确"的音源.但是在实际情况中,比如我们前面所说的"鸡尾酒会问题"中,就没有这样的不确定性了.具体来说,对于一个说话者的声音信号的缩放参数 α 只影响说话者声音的大小而已.

以上是 ICA 算法模糊性的唯一来源.只要声源是非高斯分布的即可.如果是高斯分布的数据,例如一个样本中,$n=2$,而 $s \sim N(0, I)$.其中 I 是一个 2×2 单位矩阵.由于这是一个标准正态分布,其密度轮廓图是以原点为中心的圆,其密度也是旋转对称的.接着,假设我们观察到 $x = As$,A 是一个混合矩阵.这样得到的 x 服从高斯分布,均值为 0,协方差为 $E(xx^{\mathrm{T}}) = E(Ass^{\mathrm{T}}A^{\mathrm{T}}) = AA^{\mathrm{T}}$.设 R 为任意的正交矩阵,则有 $RR^{\mathrm{T}} = RR^{\mathrm{T}} = I$,然后设存在 $A' = AR$.如果使用 A' 而不是 A 作为混合矩阵,那么观测到的数据就应该是 $x' = A's'$,同样满足高斯分布,依然是均值为 0,协方差为 AA^{T}.因此,无论混合矩阵使用 A 还是 A',得到的数据都是一个以 0 为均值、AA^{T} 为协方差的正态分布.因此,无法分辨出混合矩阵是 A 还是 A'.所以,只要混合矩阵中有一个任意的旋转分量,并且不能从数据中获得,那么就不能恢复出原始数据了.

上面这些论证,是基于多元标准正态分布为旋转对称的定理.这样,ICA 在处理服从高斯分布的数据时就会束手无策,但如果数据不服从高斯分布,且数据量充足,我们还是能使用 ICA 恢复出 n 个独立的声源的.

2. 密度函数和线性变换

在开始推导 ICA 算法之前,我们将简单地介绍一下密度函数的线性转换.

假如我们有某个随机变量 s,可以根据某个密度函数 $p_s(s)$ 来绘制.为简单起见,咱们现在就把 s 当作一个实数,即 $s \in \mathbf{R}$.然后设 x 为某个随机变量,定义方式为 $x = As$(其中 $x \in \mathbf{R}, A \in \mathbf{R}$).设 p_x 是 x 的密度函数且有 $W = A^{-1}$,易知 $p_x(x) = p_s(Wx)|W|$.

推广一下,若 s 是一个向量值的分布,密度函数为 p_s 而 $x = As$,其中 A 是一个可逆的正方形矩阵,那么 x 的密度函数则为

$$p_x(x) = p_s(Wx) \cdot |W| \tag{2.1.13}$$

3. 独立成分分析算法(ICA algorithm)

现在我们就可以进行 ICA 算法的推导了.在此所介绍的算法是 Bell 和 Sejnowski 提出的,并以其为基础进行说明,作为一种最大似然估计的方法.

我们假设每个声源的分布 s_i 都是通过密度函数 p_s 给出的,然后联合分布 s 则为

$$p(s) = \prod_{i=1}^{n} p_s(s_i) \tag{2.1.14}$$

这里要注意,通过在建模中把联合分布拆解为边界分布的乘积,就可以得出每个声源都是独立的假设.利用式(2.1.13),这就表明对 $x = As = W^{-1}s$ 的密度函数为

$$p(x) = \prod_{i=1}^{n} p_s(w_i^{\mathrm{T}}x_i) \cdot |W| \tag{2.1.15}$$

剩下的就只需要去确定每个独立的声源的密度函数 p_s 了.

已知给定某个实数值的随机变量 z,其累积分布函数 F 的定义为

$$F(z_0) = P(z \leqslant z_0) = \int_{-\infty}^{z_0} p_z(z)\mathrm{d}z \tag{2.1.16}$$

对式(2.1.16)求导数,就能得到 z 的密度函数

$$p_s(z) = F'(z)$$

因此,要确定 s_i 的密度函数,首先要做的就是确定其累积分布函数.该函数必然是一个从 0 到 1 的单调递增函数.根据我们之前的讨论,这里不能选用服从高斯分布的累积分布函数,因为 ICA 不适用于高斯分布的数据.所以这里我们选择一个能够保证从 0 增长到 1 的函数就可以了,比如 s 形函数 $g(s) = \dfrac{1}{1+\mathrm{e}^{-s}}$.这样就有,$p_s(s) = g'(s)$.

已知 W 是一个方阵,是模型中的参数.给定一个训练集合 $\{x^{(i)}; i=1,\cdots,m\}$,其对数似然函数则为

$$l(W) = \sum_{i=1}^{m} \left(\sum_{j=1}^{n} \log g'(w_j^{\mathrm{T}} x^{(i)}) + \log|W| \right) \tag{2.1.17}$$

我们将根据以上的函数,找到最大的 W.通过求导和定理 $\nabla_w |W| = |W|(W^{-1})^{\mathrm{T}}$,易推导出随机梯度上升的学习规则.对于一个给定的训练样本 $x^{(i)}$,这个更新规则为

$$W := W + \alpha \left(\begin{bmatrix} 1 - 2g(w_1^{\mathrm{T}} x^{(i)}) \\ 1 - 2g(w_2^{\mathrm{T}} x^{(i)}) \\ \vdots \\ 1 - 2g(w_n^{\mathrm{T}} x^{(i)}) \end{bmatrix} x^{(i)\mathrm{T}} + (W^{\mathrm{T}})^{-1} \right) \tag{2.1.18}$$

上式中的 α 是学习率.在算法收敛之后,就能计算出 $s^{(i)} = Wx^{(i)}$,这样就能恢复出原始的音源了.

请注意,当写出数据的似然函数时,我们暗自假定这些 $x^{(i)}$ 是相互独立的(此处的意思是,对于 i 的不同数值,它们是相互独立的;但该问题并非指 $x^{(i)}$ 各个坐标是相互独立的),因此,这样对训练集的似然函数则为 $\prod_i p(x^{(i)}; W)$.很明显,这种假设对于语音数据和其他与 $x^{(i)}$ 相关的时间序列数据是错误的,但它可以用来证明,如果有足够的数据,相关的训练样本并不会对算法的性能产生任何影响.然而,若将训练样本当作一个随机序列,采用随机梯度递增,则可以加快收敛速度.

ICA 是一种有效的盲信号分析方法,同时也是一种用于计算非高斯分布数据隐含因子的方法.从以前所熟知的样本-特征的观点来看,我们采用 ICA 算法的先决条件是,认为样本数据由独立非高斯分布的隐含因子产生,隐含因子个数等于特征数.

2.1.3　线性判别分析

在本小节中,将介绍另外一种经典的降维方法——线性判别分析(Linear Discriminant Analysis,简称 LDA).LDA 在人脸识别、舰船识别等模式识别领域有着广泛的应用.在进入 LDA 的学习之前,我们先将其与自然语言处理领域的 LDA 进行区分.在自然语言处理领域,LDA 是隐含狄利克雷分布(Latent Dirichlet Allocation,简称 LDA),它是一种处理文档的主题模型.所以,后面章节中提到的 LDA 都是指线性判别分析.

1. LDA 的思想

LDA 是一种监督学习的特征提取方法.这一点,和 PCA 是完全不同的.PCA 是一种无

监督学习的特征提取方法,它不包含样本类型的输出. LDA 的思想可以概括为:"投影后类内方差最小,类间方差最大."也就是在对原始数据进行降维后,希望每一种类别数据的投影点尽量靠近,而不同类别的数据的类别中心之间尽量远离.

可能还是有点抽象,我们先看看最简单的情况.假设我们有两种不同类型的数据,分别为黑色和灰色,如图 2.1.2 所示.这些数据特征是二维的,我们想要把它们投影到一维的一条直线上,让每一种类别数据的投影点尽量靠近,而黑色和灰色数据中心之间尽量远离.

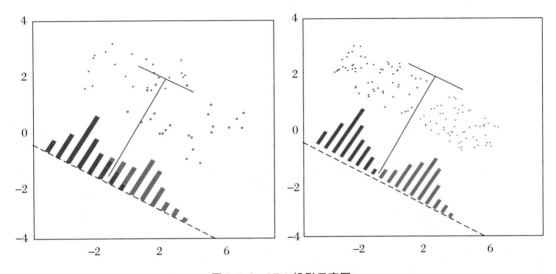

图 2.1.2　LDA 投影示意图

上面给出了两种不同的投影方式,哪种更符合我们的要求呢? 从直观上来看,右图的投影效果明显要比左图的投影效果好,因为右图的黑色数据和灰色数据较为集中,且类别之间的距离明显.左图则在边界处数据混杂.这就是 LDA 的基本思想.当然在实际应用中,我们的原始数据有多种类别,我们的原始数据通常都会超过二维,而且投影出来的也不会是一条直线,而是一种低维的超平面.

在把上述定性的内容转换成一个定量的问题之前,我们必须要学习一些基本的数学知识,这将在以后的 LDA 算法学习中使用到.

2. 瑞利商与广义瑞利商

我们首先来看看瑞利商的定义.瑞利商是指这样的函数

$$R(A,x) = \frac{x^{\mathrm{H}}Ax}{x^{\mathrm{H}}x} \tag{2.1.19}$$

其中 x 为非零向量,A 为 $n \times n$ 的 Hermitan 矩阵.所谓的 Hermitan 矩阵就是满足共轭转置矩阵和自己相等的矩阵,即 $A^{\mathrm{H}} = A$.如果我们的矩阵 A 是实矩阵,则满足 $A^{\mathrm{T}} = A$ 的矩阵即为 Hermitan 矩阵.

瑞利商 $R(A,x)$ 的最大值与矩阵 A 最大的特征值相等,它的最小值与矩阵 A 最小的特征值相等,即

$$\lambda_{\min} \leqslant R(A,x) \leqslant \lambda_{\max}$$

具体的证明这里就不给出了.当向量 x 是标准正交基,即满足 $x^{\mathrm{H}}x = 1$ 时,瑞利商退化为 $R(A,x) = x^{\mathrm{H}}Ax$,这个形式在谱聚类和 PCA 中都有出现.

这是关于瑞利商的简要介绍，下面我们来看一下广义瑞利商. 广义瑞利商是指关于 $R(A,B,x)$ 的函数：

$$R(A,B,x) = \frac{x^{\mathrm{H}}Ax}{x^{\mathrm{H}}Bx} \tag{2.1.20}$$

其中 x 为非零向量，A,B 为 $n \times n$ 的 Hermitan 矩阵. B 为正定矩阵. 它的最大值和最小值是什么呢？其实我们只要通过将其标准化就可以转化为瑞利商的格式. 我们令 $x = B^{-\frac{1}{2}} x'$，则分母转化为

$$x^{\mathrm{H}}Bx = x'^{\mathrm{H}}(B^{-\frac{1}{2}})^{\mathrm{H}}BB^{-\frac{1}{2}}x' = x'^{\mathrm{H}}x'$$

而分子转化为

$$x^{\mathrm{H}}Ax = x'^{\mathrm{H}}B^{-\frac{1}{2}}AB^{-\frac{1}{2}}x'$$

此时 $R(A,B,x)$ 转化为 $R(A,B,x')$：

$$R(A,B,x') = \frac{x'^{\mathrm{H}}B^{-\frac{1}{2}}AB^{-\frac{1}{2}}x'}{x'^{\mathrm{H}}x'} \tag{2.1.21}$$

利用瑞利商的特性，我们可以很快地得到，$R(A,B,x')$ 的最大值为矩阵 $B^{-\frac{1}{2}}AB^{-\frac{1}{2}}$ 的最大特征值，或者说矩阵 $B^{-1}A$ 的最大特征值，而最小值为矩阵 $B^{-1}A$ 的最小特征值.

3. 二类 LDA 原理

现在我们再来看 LDA 的理论. 前已述及，LDA 想要在投影后同一类型的数据投影点尽量靠近，而类别中心之间的距离越远越好，不过这仅仅是一种感性的判断. 我们先从相对简单的二类 LDA 开始，了解 LDA 的基本原理.

假设我们的数据集 $D = \{(x_1,y_1),(x_2,y_2),\cdots,(x_m,y_m)\}$，其中任意样本 x_i 为 n 维向量，$y_i \in \{0,1\}$. 我们定义 $N_j, j = 0,1$ 为第 j 类样本的个数，$X_j, j = 0,1$ 为第 j 类样本的集合，而 $\mu_j, j = 0,1$ 为第 j 类样本的均值向量，定义 $\Sigma_j, j = 0,1$ 为第 j 类样本的协方差矩阵.

μ_j 的表达式为

$$\mu_j = \frac{1}{N_j}\sum_{x \in X_j}x, \quad j = 0,1 \tag{2.1.22}$$

Σ_j 的表达式为

$$\Sigma_j = \sum_{x \in X_j}(x - \mu_j)(x - \mu_j)^{\mathrm{T}}, \quad j = 0,1 \tag{2.1.23}$$

由于是两类数据，因此我们只需要将数据投影到一条直线上即可. 假设我们的投影直线是向量 w，则对任意一个样本 x_i，它在直线 w 的投影为 $w^{\mathrm{T}}x_i$，对于我们的两个类别的中心点 μ_0，μ_1，在直线 w 的投影为 $w^{\mathrm{T}}\mu_0$ 和 $w^{\mathrm{T}}\mu_1$. 由于 LDA 需要让不同类别的数据的类别中心之间的距离尽可能大，也就是我们要最大化 $\| w^{\mathrm{T}}\mu_0 - w^{\mathrm{T}}\mu_1 \|_2^2$，同时我们期望同一种类别的数据的投影点尽可能接近，也就是要同类样本投影点的协方差 $w^{\mathrm{T}}\Sigma_{0w}$ 和 $w^{\mathrm{T}}\Sigma_{1w}$ 尽可能小，即最小化 $w^{\mathrm{T}}\Sigma_{0w} + w^{\mathrm{T}}\Sigma_{1w}$. 综上所述，我们的优化目标为

$$\underbrace{\arg\max}_{w}J(w) = \frac{\| w^{\mathrm{T}}\mu_0 - w^{\mathrm{T}}\mu_1 \|_2^2}{w^{\mathrm{T}}\Sigma_0 w + w^{\mathrm{T}}\Sigma_1 w} = \frac{w^{\mathrm{T}}(\mu_0 - \mu_1)(\mu_0 - \mu_1)^{\mathrm{T}}w}{w^{\mathrm{T}}(\Sigma_0 + \Sigma_1)w} \tag{2.1.24}$$

我们一般将 S_w 定义为类内散度矩阵：

$$S_w = \Sigma_0 + \Sigma_1 = \sum_{x \in X_0}(x - \mu_0)(x - \mu_0)^{\mathrm{T}} + \sum_{x \in X_1}(x - \mu_1)(x - \mu_1)^{\mathrm{T}} \tag{2.1.25}$$

同时将 S_b 定义为类间散度矩阵:

$$S_b = (\mu_0 - \mu_1)(\mu_0 - \mu_1)^\mathrm{T} \tag{2.1.26}$$

这样我们的优化目标重写为

$$\underset{w}{\arg\max} J(w) = \frac{w^\mathrm{T} S_b w}{w^\mathrm{T} S_w w} \tag{2.1.27}$$

式(2.1.27)即为广义瑞利商.利用前面讲到的广义瑞利商的性质,我们知道 $J(w')$ 的最大值为矩阵 $S_w^{-\frac{1}{2}} S_b S_w^{-\frac{1}{2}}$ 的最大特征值,而对应的 w' 为 $S_w^{-\frac{1}{2}} S_b S_w^{-\frac{1}{2}}$ 的最大特征值对应的特征向量! 而 $S_w^{-1} S_b$ 的特征值和 $S_w^{-\frac{1}{2}} S_b S_w^{-\frac{1}{2}}$ 的特征值相同, $S_w^{-1} S_b$ 的特征向量 w 和 $S_w^{-\frac{1}{2}} S_b S_w^{-\frac{1}{2}}$ 的特征向量 w' 满足 $w = S_w^{-\frac{1}{2}} w'$ 的关系!

注意到对于二类的时候, $S_b w$ 的方向恒平行于 $\mu_0 - \mu_1$.不妨令 $S_b w = \lambda(\mu_0 - \mu_1)$,将其代入 $(S_w^{-1} S_b) w = \lambda w$,可以得到 $w = S_w^{-1}(\mu_0 - \mu_1)$,也就是说我们要确定最佳的投影方向 w,只要求出原始二类样本的均值和方差就可以了.

4. 多类 LDA 原理

在二类 LDA 的基础上,我们再来学习多类别 LDA 的原理.

假设我们的数据集 $D = \{(x_1, y_1), (x_2, y_2), \cdots, (x_m, y_m)\}$,其中任意样本 x_i 为 n 维向量, $y_i \in \{C_1, C_2, \cdots, C_k\}$.我们定义 $N_j, j = 1, 2, \cdots, k$ 为第 j 类样本的个数, $X_j, j = 1, 2, \cdots, k$ 为第 j 类样本的集合,而 $\mu_j, j = 1, 2, \cdots, k$ 为第 j 类样本的均值向量,定义 $\Sigma_j, j = 1, 2, \cdots, k$ 为第 j 类样本的协方差矩阵.在二类 LDA 里面定义的公式可以很容易地类推到多类 LDA.

由于我们是多类向低维投影,故此时投影到的低维空间就不是一条直线,而是一个超平面了.假设我们投影到的低维空间的维度为 d,对应的基向量为 $(w_1, w_2, \cdots, w_d)$,基向量组成的矩阵为 W,它是一个 $n \times d$ 的矩阵.

此时我们的优化目标就为

$$\frac{W^\mathrm{T} S_b W}{W^\mathrm{T} S_w W} \tag{2.1.28}$$

其中 $S_b = \sum_{j=1}^{k} N_j (\mu_j - \mu)(\mu_j - \mu)^\mathrm{T}$, μ 为所有样本均值向量.

$$S_w = \sum_{j=1}^{k} S_{wj} = \sum_{j=1}^{k} \sum_{x \in X_j} (x - \mu_j)(x - \mu_j)^\mathrm{T} \tag{2.1.29}$$

但是存在一个问题,就是 $W^\mathrm{T} S_b W$ 和 $W^\mathrm{T} S_w W$ 都是矩阵,不是标量,无法作为一个标量函数来优化.所以一般我们可以用其他的一些替代优化目标来实现.

一般来说,我们最常用的一种 LDA 多类优化目标函数是

$$\underset{w}{\arg\max} J(w) = \frac{\prod_{\mathrm{diag}} W^\mathrm{T} S_b W}{\prod_{\mathrm{diag}} W^\mathrm{T} S_w W} \tag{2.1.30}$$

其中 $\prod_{\mathrm{diag}} A$ 为 A 的主对角线元素的乘积, W 为 $n \times d$ 的矩阵.

$J(w)$ 的优化过程可以转化为

$$J(w) = \frac{\prod\limits_{i=1}^{d} w_i^{\mathrm{T}} S_b w_i}{\prod\limits_{i=1}^{d} w_i^{\mathrm{T}} S_w w_i} = \prod_{i=1}^{d} \frac{w_i^{\mathrm{T}} S_b w_i}{w_i^{\mathrm{T}} S_w w_i} \qquad (2.1.31)$$

上式就是广义瑞利商的形式.则由瑞利商的性质可知,最大值是矩阵 $S_w^{-1} S_b$ 的最大特征值,最大的 d 个值的乘积就是矩阵 $S_w^{-1} S_b$ 的最大的 d 个特征值的乘积,那么这最大的 d 个特征值对应的特征向量张成的矩阵就为矩阵 W.

由于 W 是一个利用了样本的类别得到的投影矩阵,因此它降维到的维度 d 的最大值为 $k-1$.为什么最大维度不是类别数 k 呢? 因为 S_b 中每个 $\mu_j - \mu$ 的秩为1,因此协方差矩阵相加后最大的秩为 k(矩阵的秩小于等于各个相加矩阵的秩的和),但是由于如果我们知道前 $k-1$ 个 μ_j 后,最后一个 μ_k 可以由前 $k-1$ 个 μ_j 线性表示,因此 S_b 的秩最大为 $k-1$,即特征向量最多有 $k-1$ 个.

5. LDA 算法流程

LDA 降维的算法流程总结如下:

输入:数据集 $D = \{(x_1, y_1), (x_2, y_2), \cdots, (x_m, y_m)\}$,其中任意样本 x_i 为 n 维向量,$y_i \in \{C_1, C_2, \cdots, C_k\}$,降维到的维度为 d.

输出:降维后的样本集 D'.

步骤1 计算类内散度矩阵 S_w;

步骤2 计算类间散度矩阵 S_b;

步骤3 计算矩阵 $S_w^{-1} S_b$;

步骤4 计算 $S_w^{-1} S_b$ 的最大的 d 个特征值以及对应的 d 个特征向量 $(w_1, w_2, \cdots, w_d)$,得到投影矩阵 W;

步骤5 把样本集中的每一个样本特征 x_i 转化为新的样本 $z_i = W^{\mathrm{T}} x_i$;

步骤6 得到输出样本集 $D' = \{(z_1, y_1), (z_2, y_2), \cdots, (z_m, y_m)\}$.

以上就是利用 LDA 进行特征提取的算法过程.LDA 在实际应用中,不仅能降低维数,而且还能进行分类.其中一种常用的 LDA 分类方法是假定各类别的样本都满足高斯分布,通过 LDA 进行投影后,可以使用极大似然估计求出各类别的投影数据的均值和方差,从而求得高斯分布的概率密度函数.当获取新的样本时,我们可以将其样本特征投影出来,并代入各类别的高斯分布概率密度函数中,从而得到样本属于该类别的概率.

6. LDA 算法小结

LDA 算法具有降维和分类的功能,但目前它的作用主要是降低维度.LDA 是我们进行图像识别的重要工具之一.以下是 LDA 算法的主要优势和不足之处.

LDA 算法具有以下几个主要优势:

(1) 在 LDA 算法中,类别先验知识可以用于特征提取,而无监督学习的特征提取方法,如 PCA 等方法则无法使用类别先验知识.

(2) LDA 比 PCA 等方法更适合于基于均值而非方差的样本分类信息.

LDA 算法存在以下几个问题:

(1) LDA 不适合降低服从非高斯分布数据的维数,PCA 算法也存在同样的问题.

（2）LDA 的降维最多降低至分类数 $k-1$ 的维数,当降维的维数超过 $k-1$ 时,LDA 将无法被应用. 当然,现在有几种 LDA 的改进算法可以避免这种情况.

（3）当样本分类信息依赖方差大于均值时,LDA 的降维效果较差.

（4）LDA 可能过度拟合数据.

2.2 特 征 选 择

特征选择是特征工程中的一个关键问题,它的目的是找到最好的特征子集. 该方法通过对不相干或多余的特征进行筛选,以减少特征数目、提高模型精度、缩短模型运行时间. 并且一种常见的说法是"数据和特征决定了机器学习的上限,而模型和算法只是逼近这个上限而已",特征选择重要性可见一斑.

在机器学习领域,我们常常遇到过拟合问题. 过拟合的结果是,模型参数与训练集数据的关系过于紧密,导致模型在训练集中的表现良好,在测试集中的表现却很差. 简单来说,该模型的泛化性较差. 过拟合产生的原因通常是模型对于训练集数据而言过于复杂. 为了解决该问题,一般采用正则化的方法引入相应的惩罚措施,或降低数据的维度. 特征选择就是一种普遍且通用的数据降维技术.

特征选择流程一般包含以下四个部分:生成子集、评价函数、停止准则和验证过程. 根据特征选择的形式,一般可将特征选择方法分为三大类:过滤法、包装法和嵌入法. 接下来我们将分别介绍这三种方法并针对每种方法各举一例以说明该方法是如何运作的.

2.2.1 过滤法

过滤法的基本思想是:分别对每个特征 x_i,计算 x_i 相对于类别标签 y 的信息量 $S(i)$,得到 n 个结果. 然后将 n 个 $S(i)$ 按照从大到小排序,输出前 k 个特征. 简单来说就是依据某种标准来对特征进行选择. 从以上描述可以看出,过滤法是作用于数据的特征选择方法,与模型无关.

过滤法最关键的问题就是度量 $S(i)$ 的方法. 我们的目标是选取与 y 关联最密切的部分特征 x_i. 不同的过滤法之间的主要差别也是在于度量方法的不同.

常用的过滤法有方差法、卡方检验法、F 检验法、互信息法等.

1. 方差法

方差法顾名思义,是通过特征的方差来对特征进行筛选的方法. 若一个特征在样本上的方差很小,则说明该特征在样本上的值差异很小甚至完全相同. 那么,该特征对于样本的区分用处很小,因此可以将该特征舍弃. 所以在许多特征工程中,特征选择的第一步就是优先消除方差为 0 的特征.

2. 卡方检验法

在介绍卡方检验法之前，我们首先来了解一下卡方分布.卡方分布的定义为：若 n 个相互独立的随机变量 $X_1, X_2, \cdots, X_n$，均服从标准正态分布（也称独立同分布于标准正态分布），那么这 n 个随机变量的平方和 $Q = \sum_{i=1}^{n} X_i^2$ 构成一个新的随机变量，其分布规律称为卡方分布或 χ^2 分布，其中参数 n 为自由度，记为 $Q \sim \chi^2$.

卡方分布的均值 $E(\chi^2) = n$，方差 $D(\chi^2) = 2n$.

在对卡方分布有了基本了解之后，接下来让我们看看卡方检验的基本方法.

卡方检验用于通过样本数据推断总体分布与期望分布的差异性.其对于总体的分布不作任何假设，因此它又是非参数检验法中的一种.统计学家皮尔逊推导出实际值与理论值差的平方和与理论值的比值近似服从卡方分布.卡方分布的概率密度函数如图 2.2.1 所示.计算公式为

$$\chi^2 = \sum \frac{(A-T)^2}{T} \tag{2.2.1}$$

其中 A 为实际值，T 为理论值.

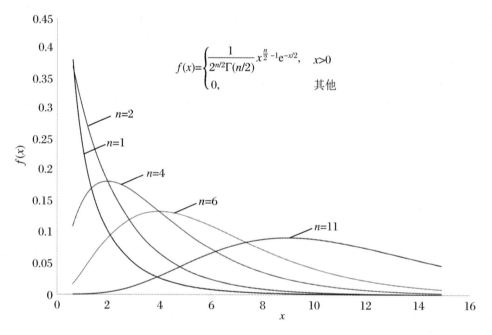

$$f(x) = \begin{cases} \dfrac{1}{2^{n/2}\Gamma(n/2)} x^{\frac{n}{2}-1} e^{-x/2}, & x>0 \\ 0, & \text{其他} \end{cases}$$

图 2.2.1 卡方分布的概率密度函数

由该公式可知，χ^2 包含两个信息：

（1）理论值与实际值差异的绝对大小.

（2）差异程度与理论值的相对大小.

下面来看一个简单的例子.

例 2.2.1 假设有许多新闻标题，需要对新闻标题包含某关键词与新闻标题属于某类新闻是否有统计上的差别进行判断（表 2.2.1）.

表 2.2.1　关键词统计

关键词	属于某类	不属于某类	合计
不包含	19	24	43
包含	34	10	44
合计	53	34	87

可以做一个简单的统计,某类新闻占比 $p = 53/87 = 60.9\%$,非某类新闻占比 $q = 39.1\%$

无关性假设:假设包含新闻标题某关键词与属于某类新闻独立无关.

期望值为

组别	属于(某类)	不属于(某类)
不包含(关键词)	$43 \times p = 26.2$	$43 \times q = 16.8$
包含(关键词)	$44 \times p = 26.8$	$44 \times q = 17.2$

则根据式(2.2.1)可得

$$\chi^2 = \frac{(19 - 26.2)^2}{26.2} + \frac{(34 - 26.8)^2}{26.8} + \frac{(24 - 16.8)^2}{16.8} + \frac{(10 - 17.2)^2}{17.2} = 10.02$$

在得到了 χ^2 值后,我们可以通过查询卡方分布的临界值表来判断无关性假设是否可靠.在查询卡方分布临界值会涉及一个自由度的概念,自由度 $n = $(行数 -1)$\times$(列数 -1),因此对于四格表,$n = 1$.

对 $n = 1$,临界概率如表 2.2.2 所示.

表 2.2.2　$n = 1$ 时卡方分布的临界值表

n/α	0.9	0.1	0.05	0.025	0.01	0.005
1	0.015791	2.705543	3.841459	5.023886	6.634897	7.879439

可知有 $10.01 > 7.88$,即"新闻标题包含该关键词"与"该新闻属于某类新闻"无关的概率小于 0.5%,即二者相关概率大于 99.5%.

3. F 检验法

F 检验法是建立在 F 分布基础上的假设检验方法,其目的是检验不同组下的均值是否有很大差别.比如,假设有三家工厂,需要判断不同工厂流水线的平均产量是否有很大差别的场合.同样地,我们先来简单了解一下 F 分布.

假设存在随机变量 F 满足

$$F = \frac{X_1/d_1}{X_2/d_2} \tag{2.2.2}$$

其中 $X_1 \sim \chi^2(d_1)$,$X_2 \sim \chi^2(d_2)$,即 X_1 和 X_2 分别为服从自由度 d_1 和 d_2 的卡方分布且 X_1 与 X_2 相互独立,则称随机变量 F 为服从自由度为 (d_1, d_2) 的 F 分布,记为 $F \sim F(d_1, d_2)$.

F 检验法在回归任务和分类任务中都可适用,比如适用于分类任务的单因素方差分析与适用于回归任务的线性相关分析.下面简要介绍一下单因素方差分析.

设类别数为 k，总样本数为 n，n_j 为第 j 个类别的样本数，x_{ij} 为第 j 个类别的第 i 个样本，

$\bar{x}_j = \dfrac{\sum\limits_{i=1}^{n_j} x_{ij}}{n_j}$ 为第 j 个类别的样本均值，$\bar{x} = \dfrac{\sum\limits_{i=1}^{k}\sum\limits_{i=1}^{n_j} x_{ij}}{n}$ 为总样本均值，那么样本的总体差异为

$$SST = \sum_{j=1}^{k} \sum_{i=1}^{n_j} (x_{ij} - \bar{x})^2 \tag{2.2.3}$$

SST 可以分解为类别间差异 SSB 和类别内差异 SSE：

$$SSE = \sum_{j=1}^{k} \sum_{i=1}^{n_j} (x_{ij} - \bar{x}_j)^2 \tag{2.2.4}$$

$$SSB = SST - SSE = \sum_{j=1}^{k} n_j (\bar{x}_j - \bar{x})^2 \tag{2.2.5}$$

SSB 用于衡量类间样本之间的差异.而 SSE 则用于衡量类内样本之间的差异,可以被认为是随机误差.单因素方差分析的基本思想是比较类间差异与随机误差.如果二者之比大于某一临界值,则可拒绝零假设接受备选假设,即不同类别间样本均值不全相等,这就说明了样本特征在不同类别上存在着一定的差别.

而确定临界值的方法则需要用到前文中的 F 分布.在式(2.2.2)中已经给出了 F 分布的定义.SSE 和 SSB 的自由度分别为 $k-1$ 和 $n-k$,代入式(2.2.2)可得统计检验量 F：

$$F = \frac{MSB}{MSE} = \frac{SSB/(k-1)}{SSE/(n-k)} \tag{2.2.6}$$

服从分母自由度为 $n-k$,分子自由度为 $k-1$ 的 F 分布,即 $\dfrac{MSB}{MSE} \sim F(k-1, n-k)$.

4. 互信息法

互信息是信息论中用于度量一个随机变量中包含的关于另一个随机变量的信息量的一种信息度量.而在特征选择中互信息法则是用于捕捉每个特征与标签之间的任意关系(包括线性和非线性)的一种方法.这是互信息法与 F 检验法不同的地方,F 检验法只能捕捉特征与标签之间的线性关系,而互信息法则不仅限于线性关系.

对于离散型随机变量 X，Y，互信息的计算公式如下：

$$I(X;Y) = \sum_{y \in Y} \sum_{x \in X} p(x,y) \log\left(\frac{p(x,y)}{p(x)p(y)}\right) \tag{2.2.7}$$

对于连续型变量：

$$I(X;Y) = \int_y \int_x p(x,y) \log\left(\frac{p(x,y)}{p(x)p(y)}\right) \mathrm{d}x\mathrm{d}y \tag{2.2.8}$$

可见,连续变量互信息的计算过程中,需要进行积分计算,计算过程复杂,往往首先要进行离散化.因此这里将重点介绍离散变量的情形.我们可以很容易地将互信息转化成 KL 散度的形式：

$$\begin{aligned} I(X;Y) &= \sum_{y \in Y} \sum_{x \in X} p(x,y) \log\left(\frac{p(x,y)}{p(x)p(y)}\right) \\ &= D_{\mathrm{KL}}(p(x,y) \,\|\, p(x)p(y)) \end{aligned} \tag{2.2.9}$$

我们发现,KL 散度可以用来测量两种概率分布的差别,而当 x 和 y 为相互独立的随机变量时,$p(x,y) = p(x)p(y)$,那么式(2.2.9)为 0.因此若 $I(X;Y)$ 越大,则说明这两个变量之间的关联度越高,因而可以利用互信息进行特征的筛选.

从信息增益的角度来看,由于 X 的引入而使 Y 的不确定性减少的量可由互信息来表示.若信息增益越大,则表示特征 X 包含的有助于将 Y 分类的信息越多(即 Y 的不确定性越小).决策树是一个典型的应用实例,它学习的主要过程就是利用信息增益准则来选择最优划分特征,表示由于特征 A 而使得对数据集 D 的分类不确定性减少的程度,信息增益大的特征,其分类能力更强.其计算公式为

$$I(D;A) = H(D) - H(D \mid A) = H(D) - \sum_{v=1}^{V} \frac{|D^v|}{|D|} H(D^v) \qquad (2.2.10)$$

其中 V 表示特征 A 有 V 个可能的取值,$|D^v|$ 表示第 v 个取值上的样本数量.

将式(2.2.10)继续展开

$$I(D;A) = -\sum_{k=1}^{K} \frac{|C_k|}{|D|} \log \frac{|C_k|}{|D|} - \left(\sum_{v=1}^{V} \frac{|D^v|}{|D|} \sum_{k=1}^{K} \frac{|D_k^v|}{|D^v|} \log \frac{|D_k^v|}{|D^v|} \right) \qquad (2.2.11)$$

式(2.2.11)中假设总共有 K 个类别,$|C_k|$ 表示属于第 k 类的样本数量,$\sum_{k=1}^{K} |C_k| = |D|$.
$|D_k^v|$ 表示特征 A 的取值为 v 且类别为 k 的样本数量.

互信息与信息增益是等效的,下面我们将讨论表示互信息的公式(2.2.7)怎样导出表示信息增益的公式(2.2.10)和公式(2.2.11):

$$\begin{aligned}
I(X;Y) &= I(Y;X) \\
&= \sum_{y \in Y} \sum_{x \in X} p(x,y) \log \left(\frac{p(x,y)}{p(x)p(y)} \right) \\
&= -\sum_{y} \sum_{x} p(x,y) \log p(y) + \sum_{x} \sum_{y} p(x,y) \log \left(\frac{p(x,y)}{p(y)} \right) \\
&= -\sum_{y} p(y) \log p(y) + \sum_{x} \sum_{y} p(x) p(y \mid x) \log (p(y \mid x)) \\
&= -\sum_{y} p(y) \log p(y) + \sum_{x} p(x) \sum_{y} p(y \mid x) \log (p(y \mid x)) \qquad (2.2.12) \\
&= H(Y) - \sum_{x} p(x) H(Y \mid X = x) \qquad (2.2.13) \\
&= H(Y) - H(Y \mid X)
\end{aligned}$$

式(2.2.12)对应式(2.2.11),而式(2.2.13)对应式(2.2.10),其中

$$p(y) \simeq \frac{|C_k|}{|D|}, \quad p(x) \simeq \frac{|D^v|}{|D|}, \quad p(y \mid x) \simeq \frac{|D_k^v|}{|D^v|}$$

从这一点可以看出,决策树的学习过程是一种基于训练数据的极大似然估计.

再来讨论式(2.2.13),其中 $H(Y)$ 为熵,表示随机变量 Y 的不确定性.

$H(Y \mid X) = \sum_{x} p(x) H(Y \mid X = x)$ 为条件熵(conditional entropy),表示在随机变量 X 已知的情况下随机变量 Y 的不确定性.那么二者的差就表示由于 X 的引入而使 Y 的不确定性减少的量,图 2.2.2 可以形象地将其表现出来.

在特征选择中,我们期望 Y 的不确定性越小越好,这样对分类就越有利.而当互信息越大时,特征 X 所降低的 Y 的不确定性也会越多.也就是说,X 所包含的关于 Y 的信息就会更多.因此,该方法和之前的方法一样,都是先求各特征与类别之间的互信息值,然后再进行排序,剔除掉互信息较少的特征.

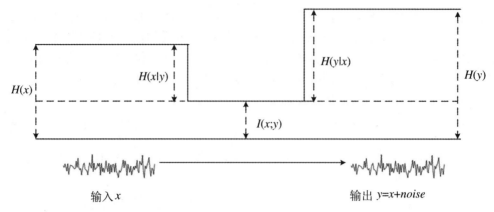

图 2.2.2　不确定性减少示意图

2.2.2　包装法

包装法的基本思想是从初始特征集合中不断地选择子集，并依据学习器的性能对其进行评估，直至选出最优的子集. 在搜索过程中，我们将对各个子集进行建模和训练. 包装法的流程如图 2.2.3 所示.

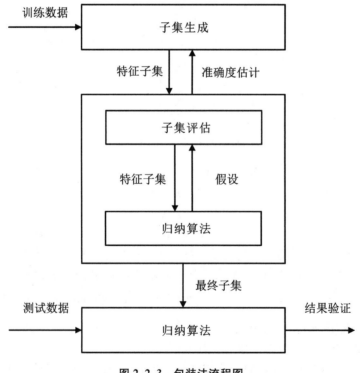

图 2.2.3　包装法流程图

1. 前向/后向搜索

向前搜索是先从空集开始，每轮只加入一个特征，然后训练模型，若模型评估分数提高，则保留该轮加入的特征，否则丢弃. 反之，向后特征是做减法，首先从全特征集开始，每轮减去一个特征,若模型表现减低,则保留特征,否则弃之.

2. 递归特征消除

递归特征消除(Recursive Feature Elimination,简称 RFE)是一种使用一个基模型进行多轮训练,每次训练结束后,会剔除一些具有较低权值的特征,再基于新的特征集进行下一轮训练的算法.RFE 使用时,要提前限定最后选择的特征数,这个超参数很难保证一次就设置合理,因为设定高了,容易特征冗余,设定低了,可能将过滤掉相对重要的特征.RFE 是根据属性权重来进行选择的,并没有考虑到模型的性能,因此 RFECV 出现了,RFECV 是RFE + CV(交叉验证),它的运行机制是:先使用 RFE 获取各个特征的权重,然后再基于权重,依次选择不同数量的特征子集进行模型训练和交叉验证,最后选择平均分最高的特征子集,如图 2.2.4 所示.

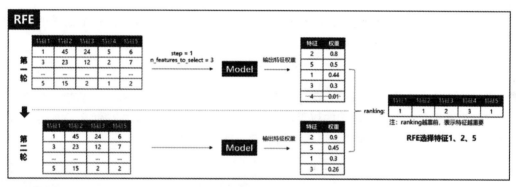

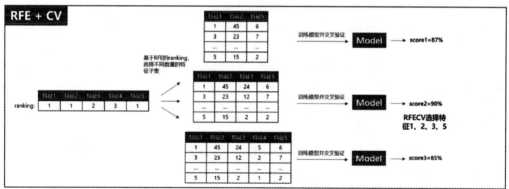

图 2.2.4　RFE 与 RFE + CV

2.2.3　嵌入法

嵌入法是一种特征选择方法,其独特之处在于允许算法自主决定特征的使用.该方法最大的特点是将特征选择与模型训练相结合.在应用嵌入法时,首先利用机器学习算法和模型进行训练,从中获得每个特征的权重系数(范围在 0 到 1 之间).这些权重系数通常用来评估特征对模型的影响程度,因此相比过滤法,嵌入法更能体现模型的效用,从而有效提升模型的性能.

嵌入法因为考虑了模型内在特性,因此会自动淘汰一些无关紧要的特征(通常需要通过相关性过滤去除的特征),以及一些变化较小的特征(通常需要方差过滤去除的特征). 这样,嵌入法可以被视为一种更高级的过滤法.

然而,嵌入法也存在一些限制. 过滤法中的统计量可以基于统计知识和常识确定,而嵌入法中的权重系数却没有这样的明确范围. 唯一确定的情况只有当权重系数为零时,特征对模型无贡献. 但如果所有特征都对模型有所贡献,确定有效阈值将变得困难. 此外,嵌入法的运算速度与所选用的方法紧密相关,若所选方法运算速度较慢或计算复杂,则嵌入法可能需要更多时间. 另外,在特征选择完成后,模型的评估仍需要由人工来完成.

1. 嵌入式特征选择的示例

设有数据集

$$D = \{(x_1, y_1), (x_2, y_2), \cdots, (x_n, y_n)\}$$

其中,$x \in \mathbf{R}^d$,$y \in \mathbf{R}$.

引入向量 $\omega \in \mathbf{R}^d$ 用于特征选择. 我们考虑一个以平方误差为损失函数的简单的线性回归模型,具体模型如下:

$$\min_{\omega} \sum_{i=1}^{m} (y_i - \omega^{\mathrm{T}} x_i)^2 \tag{2.2.14}$$

该模型的目的是求出使得平方误差最小化的 ω. ω 的第 i 个分量就表示 x_i 的第 i 个特征对于平方误差累积和所造成的影响的权重. 当权重为 0 时,代表样本 x_i 的第 i 个特征并不会对平方误差累积和的大小产生影响,得以达到选择特征的目的. 即

$$W^{\mathrm{T}} X_i = \sum_{i=1}^{d} W^i X_i^i \tag{2.2.15}$$

其中,X_i^i 表示第 i 个样本的第 i 个特征. 如果式(2.2.14)最终求得的 ω 的第 i 个分量为 0,则 x_i 的数值不论多大,都将会被抹去,因此始终不会影响平方误差累加和,就达到了"特征选择"的目的.

综上可以看出,式(2.2.14)的优化过程中,学习器的训练过程(即求出 ω 的过程)和对样本进行特征选择的过程是同步进行的.

2. 模型的优化

当样本数目较少,而样本特征过多时,式(2.2.14)很容易过拟合. 为了缓解过拟合问题,可以将正则化项引入式(2.2.14)中.

若引入 L2 范数,可得下式:

$$\min_{\omega} \sum_{i=1}^{m} (y_i - \omega^{\mathrm{T}} x_i)^2 + \lambda \|\omega\|_2^2 \tag{2.2.16}$$

式(2.2.16)称为"岭回归",通过引入 L2 范数正则化,能显著降低过拟合的风险.

若引入 L1 范数,可得下式:

$$\min_{\omega} \sum_{i=1}^{m} (y_i - \omega^{\mathrm{T}} x_i)^2 + \lambda \|\omega\|_1 \tag{2.2.17}$$

式(2.2.17)称为 LASSO (Least Absolute Shrinkage and Selection Operator).

式(2.2.16)和式(2.2.17)中的 λ 为正则参数,且 $\lambda > 0$.

3. L1 范数和 L2 范数正则的比较

L1 范数和 L2 范数正则的相同之处在于两者都能够有效降低过拟合风险. 不同之处在

于 L1 范数正则化比 L2 范数正则化更容易获得"稀疏"解,即式(2.2.17)求得的 ω 会有更少的非 0 分量.为了理解这一点,我们可以看一个直观的例子:

假设 x 仅有两个特征,则式(2.2.16)与式(2.2.17)解出的 ω 都只有两个分量,即 ω_1,ω_2.我们将其作为两个坐标轴,然后在图中绘制出式(2.2.16)与式(2.2.17)的第一项的"等值线",即在 ω 空间中平方误差项取值相同的点的连线,再分别绘制出 L1 范数与 L2 范数的等值线,即在 ω 空间中 L1 范数取值相同的点的连线,以及 L2 范数取值相同的点的连线,如图 2.2.5 所示.

假设两个式子最终优化出 ω,使得式(2.2.16)和式(2.2.17)的第一项的值均为 1 号箭头所指的等值线对应的值.这条等值线分别与 L1 范数和 L2 范数等值线相交于 A,B 点.显然,A 点在坐标轴上.更一般地,如果第一项的值都是由 2 号箭头所指的等值线所对应的数值,则该等值线与 L1 范数的等值线在 C 处交叉.可以看出 A 点和 C 点是出现在坐标轴上,即 $\omega_2 = 0$.而 B 点和 D 点都不在坐标轴上,因此 ω_1,ω_2 都不为 0.因此式子 L1 范数正则化比 L2 范数正则化得到的 ω 有更少的非 0 分量,即更"稀疏".

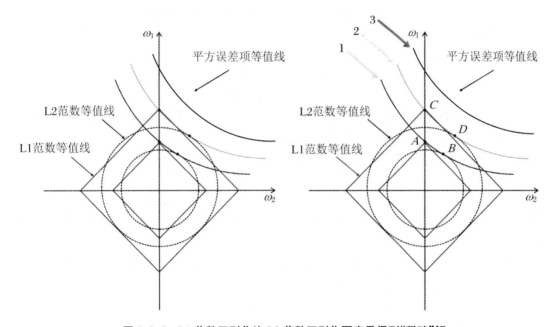

图 2.2.5　L1 范数正则化比 L2 范数正则化更容易得到"稀疏"解

ω 获得稀疏解,意味着初始的 d 个特征中,仅有对应着 ω 的非零分量的特征才会出现在最终模型中,于是求解 L1 范数的正则化结果是得到了仅采用一部分初始特征的模型;换言之,基于 L1 范数正则化的学习方法是一种嵌入式的特征选择方法.

4. 总结

一般而言,过滤法是比较快的,但是比较粗糙.包装法和嵌入法更准确,更适合针对特定的算法进行调整,但是计算量较大,运行时间较长.在大量数据的情况下,采用方差滤波、互信息法进行调整,然后采用其他的特征选择方法.在进行逻辑回归时,采用的是嵌入法.在使用 SVM 时,采用包装法是最好的.当陷入困惑时,用过滤法具体数据具体分析.特征提取实际上只是特征工程中的一个初步步骤.

2.3 特 征 分 类

特征分类是模式识别中最重要的步骤,分类器的性能直接影响了模式识别的结果.在本节中,我们将介绍贝叶斯分类和线性分类,主要介绍它们的基本概念、主要思想和具体方法.

2.3.1 贝叶斯分类

1. 贝叶斯定理与基本概念

贝叶斯分类器是一种分类方法的总称.贝叶斯定理是此类方法的核心,所以一般称这类分类方法为贝叶斯分类.

贝叶斯公式如下:

$$P(B \mid A) = \frac{P(A \mid B)P(B)}{P(A)} \tag{2.3.1}$$

其中 $P(A)$ 和 $P(B)$ 分别表示事件 A 与事件 B 发生的概率,$P(B \mid A)$ 表示事件 A 发生的前提下事件 B 发生的概率,$P(A \mid B)$ 表示事件 B 发生的前提下事件 A 发生的概率.

以下是贝叶斯分类器中常用的基本概念:

先验概率:先验概率指的是依据以往经验估计样本属于某一类的概率.

后验概率:后验概率是以先验概率为基础,得到结果信息后重新修正的概率.

类条件概率密度函数:是指在已知某类别的特征空间中,出现特征值 X 的概率密度函数.

贝叶斯分类是最常用的分类方法,它能够最小化平均误差概率.在使用贝叶斯分类方法时需要满足如下两个条件:

条件一:决策类别数固定;

条件二:已知类中样本的先验概率及其分布.

下面我们将介绍两种常用的贝叶斯分类器,分别是最小错误率贝叶斯分类器和最小风险贝叶斯分类器.

2. 最小错误率贝叶斯分类器

1) 理论描述

当某一类别所拥有特征为其特有时,一般对该类别所属进行分类是很容易的.但是通常情况下,某一类别会拥有多种特征,且其中某一特征为两个甚至多个类别共有,此时进行分类就可能会出现错误.最小错误贝叶斯决策就是使错误率为最小的分类规则.使用 $P(e)$ 表示错误概率,那么最小错误贝叶斯分类器的目的就是 $\min P(e)$.即

$$\min P(e) = \int P(e \mid x)P(x)\mathrm{d}x$$

2) 决策方法

先考虑仅需要分为两类的情况. 假设某一事物 X 可能属于类别 $\langle \omega_1, \omega_2 \rangle$ 中的某一类, 则有

$$P(e \mid X) = \begin{cases} P(\omega_2 \mid x), & \text{若判断 } x \in \omega_1 \\ P(\omega_1 \mid x), & \text{若判断 } x \in \omega_2 \end{cases} \tag{2.3.2}$$

即 x 属于第二类但被判别为第一类的概率与 x 属于第一类但被判别为第二类的概率. 由此可看出使错误率最小的决策就是使后验概率最大的决策.

因此最小错误率贝叶斯决策可写为

$$P(x \mid \omega_i) P(\omega_i) = \max_{j=1,2} P(x \mid \omega_j) P(\omega_j) \tag{2.3.3}$$

其中 $P(x \mid \omega_i)$ 为联合概率, $P(\omega_i)$ 为先验概率.

用比值的方法表示则为

$$l(x) = \frac{P(x \mid \omega_1)}{P(x \mid \omega_2)} > \frac{P(\omega_2)}{P(\omega_1)}$$

3. 最小风险贝叶斯分类器

1) 基本思想

最小错误率贝叶斯分类是以最小化分类错误率(或最大化后验概率)为目标来判定样本对应的类别的, 使用贝叶斯公式计算得到样本一系列的后验概率, 我们取最大的那个概率所对应的类别为最终的类别.

而最小风险的思想是, 当样本的真值和决策结果不一致会带来损失时, 这种损失的信息往往更关键, 因此在某些情况下, 引入风险的概念以求风险最小的决策更合理. 将"风险"一词换成熟悉机器学习的同学所熟知的词即是"损失". 这一方法的重点就在于构建损失函数.

2) 决策规则

当 k 满足:

$$R(a_k \mid x) = \min_{i=1,2,\cdots,C} R(a_i \mid x) \tag{2.3.4}$$

则对 X 作出决策 a_k 时, 风险最小. 其中 $R(a_i \mid x)$ 表示条件风险, 即对 X 作出决策 a_i 时所遭受损失的期望值.

$$R(a_i \mid x) = \sum_{j=1}^{C} \lambda(a_i, \omega_j) P(\omega_j \mid x) \tag{2.3.5}$$

其中 $\lambda(a_i, \omega_j)$ 为损失函数, 即对 ω_j 作出决策 a_i 时遭受的损失.

3) 计算步骤

步骤 1 已知先验概率 $P(\omega_i)$ 和联合概率 $P(x \mid \omega_i)$, $i = 1, 2, \cdots, C$, 通过贝叶斯公式求得后验概率. 即

$$P(\omega_i \mid x) = \frac{P(x \mid \omega_i) P(\omega_i)}{\sum_{j=1}^{C} P(x \mid \omega_j) P(\omega_j)}$$

步骤 2 在求得后验概率后, 列出贝叶斯决策表, 根据决策表和后验概率, 通过式 (2.3.5)求得条件风险 $R(a_i \mid x)$.

步骤 3 比较所得到的 C 个风险值, 找出最小的风险值, 即满足式(2.3.4)的 k 值, 则决策 a_k 即为所求.

4）最小风险贝叶斯决策和最小错误率贝叶斯决策的联系

前面提到最小风险贝叶斯的关键在于构建损失函数. 当损失函数如下所示时：

$$\lambda(a_i,\omega_j)=\begin{cases}0, & i=j\\1, & i\neq j\end{cases}\quad i,j=1,2,\cdots,m \tag{2.3.6}$$

其中假设对于 m 类只有 m 个决策，对于正确的决策即 $i=j$ 时损失为 0，错误的决策损失为 1. 这样的损失函数为 0-1 损失函数.

此时条件风险为

$$R(a_i\mid x)=\sum_{j=1}^{C}\lambda(a_i,\omega_j)P(\omega_j\mid x)=\sum_{j=1,j\neq i}^{m}P(\omega_j\mid x),\quad i=1,2,\cdots,m \tag{2.3.7}$$

其中 $\sum_{j=1,j\neq i}^{m}P(\omega_j\mid x)$ 表示对 x 采取决策 a_i 的条件错误概率. 当我们要最小化条件风险时，其实就是要最小化条件错误概率. 由此可见最小错误率贝叶斯分类就是在采用 0-1 损失函数时的最小风险贝叶斯分类.

2.3.2 线性分类器

1. 线性分类器相关概念

线性分类器是利用线性判别函数将特征空间分为若干个决策区域，根据样本位于的决策区域进行分类以完成分类任务的分类器.

决策面：

在特征空间中，将不同种类样本分开的决策边界称为决策面. 举个例子，在二维平面，一条直线即可成为一个决策面，它所划分的两个区域即成为两个特征子空间.

判别函数：

用数学形式表示的决策面即为判别函数. 上面的例子中，$g(x)=ax+b$ 即可成为判别函数，则特征空间可以被分为以下形式：

$$g(x)\begin{cases}>0, & \text{正半空间}\\=0, & \text{超平面}\\<0, & \text{负半空间}\end{cases}$$

如图 2.3.1 所示.

2. 线性判别函数

将问题拓展到多维空间. 设在 d 维空间中有线性判别函数为以下形式：

$$g(X)=W^{\mathrm{T}}X+\omega_0$$

其中

$$X=(x_1,x_2,\cdots,x_n)^{\mathrm{T}}$$
$$W=(w_1,w_2,\cdots,w_n)^{\mathrm{T}}$$

W 为权向量，ω_0 为阈值.

表 2.3.1 为线性分类器分类面 H 在不同维度特征空间的表现形式.

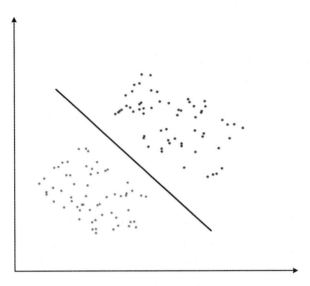

图 2.3.1　判别函数示例

表 2.3.1　分类面 H 在不同维度特征空间的表现形式

特征维度	决策面情况
一维	点
二维	直线
三维	平面
多维	超平面

3. 多类情况下的线性判别函数

1）多类情况 1

用线性判别函数将属于 ω_i 类的模式与不属于 ω_i 类的模式分开.判别函数为

$$d_{ij}(x) = w_i^{\mathrm{T}}x \begin{cases} > 0, & 若 x \in \omega_i \\ \leqslant 0, & 若 x \notin \omega_i \end{cases} \quad i = 1,2,\cdots,M \tag{2.3.8}$$

这被称为 $\omega_i/\bar{\omega}_i$ 两分法,即把 M 类多分类问题分成 M 个二分类问题,因此共有 M 个判别函数.对于 $x \in \omega_i$,应同时满足 $d_1(x) > 0, d_i(x) \leqslant 0, i = 2,3,\cdots,M$.

不确定区域:若对某一模式区域,$d_i(x) > 0$ 的条件超过一个,或全部 $d_i(x) \leqslant 0$,则分类失败,此区域被称为不确定区域.

2）多类情况 2

采用每对划分法,即 ω_i/ω_j 两分法.此时一个判别界面只能分开两种类别,但不能把它与其他所有界面分开,判别函数为

$$d_{ij}(x) = w_{ij}^{\mathrm{T}}x \begin{cases} > 0, & 若 x \in \omega_i \\ \leqslant 0, & 若 x \notin \omega_i \end{cases} \quad \forall i \neq j \tag{2.3.9}$$

重要性质:$d_{ij} = -d_{ji}$.

所以要分开 M 类模式,共需 $\dfrac{M(M-1)}{2}$ 个判别函数.

不确定区域:若所有 $d_{ij}(x)$,找不到 $\forall i \neq j, d_{ij}(x) > 0$ 的情况.

3) 多类情况 3

此类方法为没有不确定区域的 ω_i / ω_j 两分法. 首先需要构造 M 个判别函数:

$$d_k(x) = w_k^{\mathrm{T}} x, \quad k = 1, 2, \cdots, M$$

此时若存在

$$d_j(x) = \max\{d_k(x), k = 1, 2, \cdots, M\}$$

则 $x \in \omega_i$. 该分类的特点是把 M 类问题分成 $M-1$ 个二类问题.

4. 常用的线性分类器

1) Fisher 线性分类器

Fisher 线性分类器的基本思想是:训练时,将训练样本投影到某条直线上,这条直线可以使得同类型的样本的投影点尽可能接近,而异类型的样本的投影点尽可能远离. 我们所需要的就是这样的一条直线. 预测时,将待预测数据投影到上面学习到的直线上,根据投影点的位置来判断所属于的类别.

下面介绍 Fisher 准则函数.

假设有两类样本,分别为 X_1 和 X_2,则各类在 d 维特征空间里的样本均值为

$$M_i = \frac{1}{n_i} \sum_{x_k \in X_i} x_k, \quad i = 1, 2 \tag{2.3.10}$$

通过 ω 变换后,将 d 维空间里的样本投影到一维.(y_k 是 x_k 通过 ω 变换后的标量.)

在一维特征空间里的样本均值为

$$m_i = \frac{1}{n_i} \sum_{y_k \in Y_i} y_k, \quad i = 1, 2$$

各类样本类内离散度为

$$s_i^2 = \sum_{y_k \in Y_i} (y_k - m_i)^2, \quad i = 1, 2$$

目标是 ω 变换以后样本均值差距尽可能大并且每个样本尽可能靠近,即

$$\max J_F(\omega) = \frac{(m_1 - m_2)^2}{s_1^2 + s_2^2} \tag{2.3.11}$$

使 J_F 最大的 ω^* 是最佳解向量,也就是 Fisher 的线性判别式.

Fisher 准则函数的求解:

$$y = \omega^{\mathrm{T}} x$$

$$m_i = \frac{1}{n_i} \sum_{x_k \in X_i} \omega^{\mathrm{T}} x_k = \omega^{\mathrm{T}} M_i$$

$$(m_1 - m_2)^2 = (\omega^{\mathrm{T}} M_1 - \omega^{\mathrm{T}} M_2)^2 = \omega^{\mathrm{T}} (M_1 - M_2)(M_1 - M_2)^{\mathrm{T}} \omega = \omega^{\mathrm{T}} S_b \omega$$

原始维度下的类间离散度 $S_b = (M_1 - M_2)(M_1 - M_2)^{\mathrm{T}}$.

S_b 表示两类均值向量之间的离散度大小

$$s_1^2 + s_2^2 = \sum_{x_k \in X_i} (\omega^{\mathrm{T}} x_k - \omega^{\mathrm{T}} M_i)$$

$$= \omega^{\mathrm{T}} \cdot \sum_{x_k \in X_i} (x_k - M_i)(x_k - M_i)^{\mathrm{T}} \cdot \omega = \omega^{\mathrm{T}} S_\omega \omega, \quad i = 1, 2$$

样本"类内总离散度"矩阵

$$S_\omega = \sum_{x_k \in X_i} (x_k - M_i)(x_k - M_i)^{\mathrm{T}}, \quad i = 1, 2$$

将上述推导结论代入 $J_F(\omega)$,得

$$J_F(\omega) = \frac{\omega^{\mathrm{T}} S_b \omega}{\omega^{\mathrm{T}} S_\omega \omega} \tag{2.3.12}$$

其中 S_b 和 S_ω 都可以从样本集 X_i 直接计算出来.

用拉格朗日乘子法求解. 令分母为常数

$$c = \omega^{\mathrm{T}} S_\omega \omega, \quad c \neq 0$$

$$L(\omega,\lambda) = \omega^{\mathrm{T}} S_b \omega - \lambda(\omega^{\mathrm{T}} S_\omega \omega - c)$$

$$\frac{\partial L(\omega,\lambda)}{\partial \omega} = 2(S_b \omega - \lambda S_\omega \omega) = 0$$

ω 是法向量,所以比例因子可以去掉,即

$$\omega = S_\omega^{-1}(M_1 - M_2)$$

阈值可以根据下式选择:

$$b = -\frac{1}{2}(m_1 + m_2) = -\frac{1}{2}(\omega^{\mathrm{T}} M_1 + \omega^{\mathrm{T}} M_2)$$

2）最小距离线性分类器

最小距离线性分类器设计思路为基于两类样本均值点作垂直平分线. 最小距离线性分类器等价的最小距离决策规则为:对于未知样本 x,若 $d_1(x) < d_2(x)$,则 x 决策为 ω_1 类;若 $d_1(x) > d_2(x)$,则 x 决策为 ω_2 类.

步骤:

(1) 先求均值向量 m_1 和 m_2;

(2) 利用垂直几何关系,设权向量 $\omega_1 = m_1 - m_2$.

则直线方程为

$$(m_1 - m_2)^{\mathrm{T}} \cdot X + \omega_0 = 0$$

(3) 再利用平分几何关系,中点 x_0 在直线上

$$X_0 = \frac{(m_1 + m_2)}{2}$$

解得阈值向量

$$\omega_0 = \frac{-(m_1 - m_2)^{\mathrm{T}}(m_1 + m_2)}{2} \tag{2.3.13}$$

最小距离分类器为解决二分类问题的线性分类器,原则上对样本集没有特殊要求且未采用准则函数求极值解(非最佳决策),是算法最简单、设计最容易的分类器.

第 3 章 三维计算机视觉理论基础

当今,三维计算机视觉已经成为了计算机视觉领域的一个热门研究方向.随着三维扫描、摄影和成像技术的不断发展,越来越多的三维数据得以应用于计算机视觉领域,如三维建模、物体识别、运动跟踪、人脸识别和三维重建等领域.这些应用不仅使我们更好地理解和分析三维场景,同时也对自动驾驶、虚拟现实、医学影像处理和工业制造等领域产生了深远的影响.本章旨在向读者介绍三维计算机视觉的基本概念、技术和应用,包括三维测量的原理与手法、三维重建、三维目标检测等方面的知识.我们希望读者可以通过本章学习到三维计算机视觉研究的基础知识与相关技术,以及将这些技术应用于实际中.

3.1 三维测量的原理与手法

在许多实际应用中,需要知道物体的三维信息.但是,从第 1 章关于图像的几何模型的讨论中我们看到,由于在透视成像的过程中,空间中物体点的深度信息被丢失了,因此,从所获得的物体的单幅灰度图像出发,本质上难以恢复物体的深度信息.为了获得所需要的深度信息,需要在待测物体点的深度和相应的观测样本之间建立起某种联系.这种联系通常称为线索,一般表现为空间中同一物体点的不同观测样本之间所表现出来的某种差别.例如,用一个物体点在不同观测图像上表现出来的位置差(即所谓的双眼视差),从物体点返回的光脉冲和相应的发射光脉冲之间的时间差,以及在不同光源的照射下,同一个物体点在观测图像上表现出来的辐射照度(即图像灰度)的差等均可成为测量物体点深度信息的线索.下面分别就由不同线索所派生出来的若干种三维测量方法进行讨论.

3.1.1 基于时间差的测量手法

这是一种通过测量光的飞行时间以确定两点间的距离的测量手法.如图 3.1.1 所示,将光脉冲射向被测物体,并测定从发射光脉冲至接收到返回的光脉冲所花费的时间.由于该时间差和发射点到待测物体点之间的距离具有一定的关系,因此可作为进行三维测量的线索.

假定光速用 c 表示,发射光到待测物体点之间的距离用 x 表示,而所述的时间差用 t 表示,则

$$\Delta t = 2x/c \qquad (3.1.1)$$

显然,由式(3.1.1),只要能精确测定 t,即可确定发射点到待测物体点之间的距离.

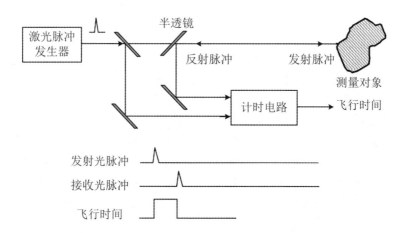

图 3.1.1　通过测量光的飞行时间以确定两点间的距离的测量系统

这个方法原理上非常简单,而且其测量精度与待测距离的大小无关,为一定值.但是,简单的计算表明,为了达到 1 cm 的距离分辨率,需要系统在时间上能够分辨 0.067 ns 的能力.这个要求是非常苛刻的.在目前的技术条件下,即使使用高速测量技术,要正确地测定 0.1 ns 以下的短暂的时间也是非常困难的.不仅如此,由于检测出的反射光的电平受待测物体点的距离远近和待测物体点本身的反射特性的影响,很难用一个固定的阈值来测量返回光脉冲的到达时刻.这一点可从图 3.1.2 容易地看出.如图所示,当用一固定的阈值对具有不同电平的返回光脉冲的到达时刻进行测量时,可导致 $\Delta\tau$ 的测量误差.因此,在实际测量时,需要考虑使用 AGC(自动增益控制)等手段对返回的光脉冲的光强度进行补偿.

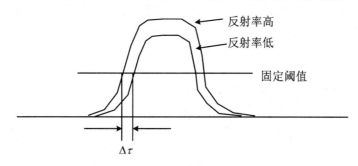

图 3.1.2　固定阈值检测对具有不同电平的返回光脉冲到达时刻的测量结果存在偏差

由于具有上述特点,该方法一般被用于测量较远距离处的物体.已有不少使用该方法的测距仪系统.其中,以 JPL(Jet Propusion Laboratory)的 Mars Rover(Lewis77)和 Jarvis 小组的工业机器人眼(Jarvis83)最为有名.前者为了正确检测回波脉冲的到达时刻,使用了正比于信号电平的可变阈值等技术.系统使用了 GaAs 半导体激光光源,测量精度为 2 cm,为了获得 64×64 点尺寸大小的距离图像,需用时 40 s 以上.后者通过使用高性能的激光光源和光电池来提高测量速度和精度.同样为了获得 64×64 点尺寸大小的距离图像,需用时 4 s;同时,在 32 cm 见方的测量范围内进行测量时,实现了 ±0.25 cm 的测量精度.

3.1.2 基于位相差的测量手法

该方法是上述基于时间差测量法的一个变化.如图 3.1.3 所示,它将光的强度调制成正弦波的激光波束作为发射信号,并通过测量返回信号和原发射信号之间的位相差来确定相应的时间差以最终确定待测点的距离.

因为该方法测量的是连续的光信号和单个光脉冲的到达时间之比,受噪声的影响较小,测量精度较高.但是,采用这种方法的测距仪系统也存在一定的问题.首先,因位相以 2π 的周期重复,因此,系统的测量范围被限制在所使用调制波波长 λ 的范围之内.超过这个范围,将产生 $n\lambda$ 的距离模糊.即若假定 r 为待测物体点的真实距离,而 $r(\psi)$ 为由位相 ψ 所求得的距离,则 r 和 $r(\psi)$ 之间满足:

$$r = n\lambda + r(\psi) \tag{3.1.2}$$

事实上,设接收和发射信号之间的时间差为 t,则相应的位相差为 $2\pi ft$.这里,f 为对激光发生器输出的光强度进行调制的正弦波的频率.显然,可以将 t 分解为 $t_0 + \Delta t$.其中,t_0 和 Δt 分别满足下列方程:

$$2\pi ft_0 = n2\pi \tag{3.1.3}$$

$$0 \leqslant 2\pi f\Delta t \leqslant 2\pi \tag{3.1.4}$$

而待测的真实距离相应地可分解为 $r_0 + \Delta r$.其中

$$r_0 = ct_0 \tag{3.1.5}$$

$$\Delta r = c\Delta t \tag{3.1.6}$$

由于式(3.1.3)中的 t_0 对应的位相差为 2π 的整数倍,该位相差不能由系统的位相差检测器所分辨,从而引起距离检测上的模糊.由式(3.1.3)可解出

$$t_0 = n/f = n(\lambda/c)$$

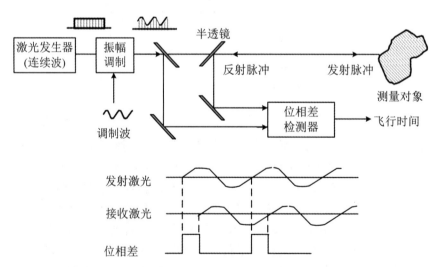

图 3.1.3　通过测量光的飞行时间以确定两点间的距离的测量系统

这里,c 为光速,而 λ 为光波的波长.将上式代入式(3.1.5)中,有

$$r_0 = n\lambda$$

这就是式(3.1.2)中的第一项(即引入模糊的距离项).另外,由式(3.1.4),可以解出 t 为

$$0 \leqslant \Delta t \leqslant 1/f$$

即

$$0 \leqslant \Delta t \leqslant \lambda/c$$

这样,由式(3.1.6)知,相应的距离范围为

$$0 \leqslant \Delta r \leqslant \lambda \qquad\qquad (3.1.7)$$

由于式(3.1.4)所示的位相差可由系统的位相差检出器正确检出,故当待测物体的距离落入由式(3.1.7)所示的范围内时,可以无模糊地正确确定相应的距离.显然,Δr 就是式(3.1.2)中的第二项 $r(\psi)$.

上面给出的距离是光波在检测器和物体之间的往返距离,实际物体到检测器的距离应为 $\Delta r/2$,即有 $0 \leqslant \Delta r' \leqslant \lambda$.

例如,当调制波的频率为 9 MHz 时

$$\lambda (1/2)(c/f) = 16.7 \text{ m}$$

相应的测距范围为

$$0 \leqslant \Delta r' \leqslant 16.7 \text{ m}$$

除了测距上可能存在模糊之外,基于位相差的测量方法还有一个问题.这就是即使对于距离较近的待测对象,也未必能够得到为获得稳定的距离图像所需要的光反射强度.为了提高信噪比,可考虑采用高输出的激光光源或延长测量时间.但是,前者从安全性考虑,后者从提高测量速度考虑均不可取.另外,物体表面的反射性能对该方法的影响也较大.再加上装置的造价较高,限制了它在实际中的普及应用.

下面具体分析一下物体的位置、取向及所具有的反射特性对检测精度的影响.如图 3.1.4 所示.

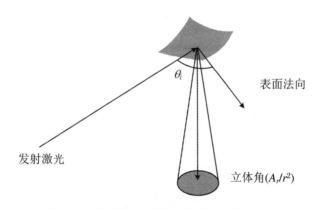

图 3.1.4　物体的位置、取向及所具有的反射特性对检测精度的影响

显然当物体为理想的镜面表面时,除了激光波束的发射方向和表面法向一致的情况之外,一般情况下不能进行相应的测量,原因是此时经物体反射回来的光波不能被检测器所接收到.因此,下面仅考虑物体表面为朗伯氏表面的情形.设在垂直于入射方向 (θ_i, ψ_i) 单位面积上入射的辐射通量为 E,则可知,物体表面单位面积上接收到的辐射通量为 $E\cos\theta_i$.

这样,由上述物体表面单位面积处的反射光所形成的二次辐射在方向 (θ, ψ) 上的辐射亮度可表示为 $(1/\pi)E\rho\cos\theta_i$.

这里,ρ 为物体的反射系数.设传感器(例如倍增二极管等)的有效受光面积为 A_r,与待测物体之间的距离为 r,则如图 3.1.4 所示,从物体表面上一点看出去的由受光传感器受光

表面 Ap 所张成的立体角为 A_r/r^2. 这样，由受光传感器检出的光量由下式给出：

$$E_p = (\alpha A_r E \rho \cos\theta_i)/(\pi r^2) \tag{3.1.8}$$

其中，α 为系统对反向散射光的检出效率.

定性地说来，在入射激光波束以及受光传感器的有效受光面积等测量条件相同的情况下，受光传感器检出的光量与物体的反射系数成正比，与入射角 θ_i 的余弦成正比，而与到待测物体的距离 r 的平方成反比. 由于采用强度调制成正弦波的激光波束作为发射信号，因此，式(3.1.8)基本反映了包括物体的位置、取向及所具有的反射特性在内的几个要素对系统检测精度的影响. 若物体的反射系数越大、发射激光波束的入射角越小、到待测物体的距离越近，则检测精度越高.

3.1.3 基于照度差的测量手法

这是一种利用从同一个观测方向对空间中处于不同照明条件下的同一个物体点进行观测时，该物体点所表现出来的灰度上的差别以计算其局部形状的方法.

p-q 梯度空间表示为了说明这个方法，让我们首先考虑一下物体局部形状的表示问题. 如图 3.1.5 所示，设在观测者(摄像机)坐标系下待测物体表面由 $z = z(x,y)$ 表示，如果该表面是平滑的，则由微分几何的知识可知，物体表面上点 $P(x,y,z)$ 处的表面法向量由下式给出：

$$n = \left(-\frac{\partial z}{\partial x}, -\frac{\partial z}{\partial y}, 1\right)^{\mathrm{T}} \tag{3.1.9}$$

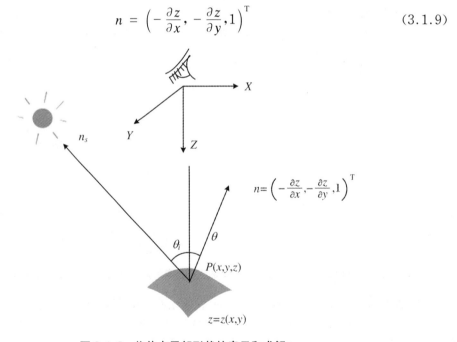

图 3.1.5 物体点局部形状的表示和求解

记

$$p = \frac{\partial z}{\partial x}, \quad q = \frac{\partial z}{\partial y} \tag{3.1.10}$$

则上式可表示为

$$n = (-p, -q, 1)^{\mathrm{T}} \tag{3.1.11}$$

显然,p 和 q 的值完全刻画了相应物体表面点处的表面法向量.若以 p 和 q 为变量,则可以构造一个二维空间,我们把这样一个空间称为 p-q 梯度空间.从定义可以看出,该空间中的一个点对应于(也即刻画了)三维空间中的一种取向.这样,如果在物体表面点处的切平面和相应切平面的表面法向量之 p,q 值之间建立起一种映射关系,则在三维空间中具有相同取向的所有切平面将被映射到 p-q 梯度空间中的同一个点.

如上引入物体表面取向的 p-q 梯度空间表示是非常重要的.事实上,如果能用某种方法获取待测物体表面各点处的空间取向信息(即物体表面各点处的 p,q 值),则待测物体表面 $z(x,y)$ 可通过求解式(3.1.10)所示的两个偏微分方程得到.容易证明,在边界条件未知的情况下,由求解上述两个偏微分方程得到的物体表面上所有点的 z 坐标的值均与实际的 z 值仅相差一个常数.这样,即使边界条件是未知的,我们也可以依据所得到的待测物体表面处各点的空间取向信息对物体的表面形状作出分析.

1. 反射率地图

下面介绍由观测图像的灰度值恢复物体表面点处的表面法向量的方法.首先介绍反射率地图的概念.所谓反射率地图是将观测图像的灰度信息同物体表面的取向联系起来的一种方法.

如图 3.1.5 所示,在观测者坐标系下,观测者的视方向由向量 $n_v = (0,0,1)^{\mathrm{T}}$ 给出,而在物体表面上一点 $P(x,y,z)$ 处,点光源的入射方向和物体的表面法向量分别由 $n_s = (-p_s, -q_s, 1)^{\mathrm{T}}$ 和 $n = (-p, -q, 1)^{\mathrm{T}}$ 给出.其中,n_s 为连接点光源和物体点 P 的向量;对物体表面上不同的点而言,n_s 一般也是不同的.但是,当所述点光源远离物体表面时,这种差别可以忽略不计.此时,p_s 和 q_s 分别为一个已知的或可由实验确定的标量.对上述向量引入归一化表示,有

$$\bar{n}_s = \frac{1}{\sqrt{1 + p_s^2 + q_s^2}} (-p_s, -q_s, 1)^{\mathrm{T}}$$

$$\bar{n} = \frac{1}{\sqrt{1 + p^2 + q^2}} (-p, -q, 1)^{\mathrm{T}}$$

$$\bar{n}_v = (0,0,1)^{\mathrm{T}}$$

这样,视方向和物体表面法向量之间的夹角的余弦可以表示为

$$\cos \theta_i = \bar{n}_v^{\mathrm{T}} \cdot \bar{n} = \frac{1}{\sqrt{1 + p^2 + q^2}}$$

如果物体表面具有理想的乱反射特性,而光源离开物体表面足够远,可用平行光近似,则由观测者所观测到的表面亮度值由下式给出:

$$L = \frac{1}{\pi} E \cos \theta_i, \quad \theta_i \geqslant 0 \tag{3.1.12}$$

这里,E 为点光源在垂直于入射方向单位面积上的辐射通量,而 $\cos \theta_i$ 为点光源的入射方向和物体表面法向量之间的夹角的余弦,可由点光源的单位向量和表面的单位法向量的点积所给出,即

$$\cos \theta_i = \bar{n}_s^{\mathrm{T}} \cdot \bar{n} = \frac{1 + pp_s + qq_s}{\sqrt{1 + p^2 + q^2} \sqrt{1 + p_s^2 + q_s^2}} \tag{3.1.13}$$

更进一步,对于点光源照射下的一般乱反射表面而言,有

$$L = \rho \frac{1}{\pi} E \cos \theta_i, \quad \theta_i \geqslant 0 \tag{3.1.14}$$

这里，ρ 为物体表面处的反射系数. 上式给出了物体表面点处的图像亮度值与物体表面取向之间的关系，被称作反射率地图，记作 $R(p, q)$. 显然，当 p_s 和 q_s 已知时，上述 $R(p, q)$ 仅是梯度(p, q)的函数.

反射率地图提供了一个用于求解物体形状的简单约束. 一般地，上述约束可表示为

$$R(p, q) = I(x, y) \tag{3.1.15}$$

这里，$R(p, q)$ 为反射率地图的归一化表示；而 $I(x, y)$ 则为相应图像亮度的归一化表示. 当点光源的空间位置和物体表面的反射率已知时，上述归一化反射率地图可通过计算得到，也可用实验的方法获得. 而归一化图像亮度 $I(x, y)$ 则由观测得到. 显然，由于上述约束仅包含一个代数方程，所以据此不足以唯一地解出 p 和 q 的值. 为了获得物体表面的取向信息，需要引入其他的约束. 一种方法是使用多个光源依次对待测物体进行照明.

在有些情况下，仅使用两个光源依次对待测物体进行照明即可获得相应的解. 例如设

$$R_1(p, q) = \sqrt{\frac{1 + pp_1 + qq_1}{r_1}}, \quad R_2(p, q) = \sqrt{\frac{1 + pp_2 + qq_2}{r_2}}$$

其中 $r_1 = \sqrt{1 + p_1^2 + q_1^2}, r_2 = \sqrt{1 + p_2^2 + q_2^2}$.

那么，根据由观测到的图像亮度所确定的下面两个约束条件：$R_1(p, q) = I_1$ 和 $R_2(p, q) = I_2$ 可以如下唯一地解出(p, q)：

$$p = \frac{(I_1^2 r_1 - 1)q_2 - (I_2^2 r_2 - 1)q_1}{p_1 q_2 - q_1 p_2}$$

$$q = \frac{(I_2^2 r_2 - 1)p_1 - (I_1^2 r_1 - 1)p_2}{p_1 q_2 - q_1 p_2}$$

但是，由于反射率地图 $R(p, q)$ 一般为非线性函数，因此，使用两个光源依次对待测物体进行照明在一般情况下不能唯一地解出待求的(p, q). 乱反射表面的情形就是如此. 此时，如图 3.1.6 所示，由约束条件 $R_1(p, q) = I_1$ 和 $R_2(p, q) = I_2$ 一般给出两个解. 这样，为了唯一地确定(p, q)的值，需要引入第三个光源.

$$R_1(p, q) = \frac{1 + pp_1 + qq_1}{\sqrt{1 + p^2 + q^2} \sqrt{1 + p_1^2 + q_1^2}}$$

$$R_2(p, q) = \frac{1 + pp_2 + qq_2}{\sqrt{1 + p^2 + q^2} \sqrt{1 + p_2^2 + q_2^2}}$$

2. 系统配置与实现

实际测量系统的设备配置情况如图 3.1.7 所示. 设采用三个点光源 S_1, S_2, S_3 依次对待测物体进行照明. 下面，考虑物体表面上一点 $P(x, y, z)$ 的局部形状的测量问题. 在摄像机坐标系下，点 $P(x, y, z)$ 处的表面法向量可用

$$\bar{n} = \frac{1}{\sqrt{1 + p^2 + q^2}} (-p, -q, 1)^{\mathrm{T}} \tag{3.1.16}$$

表示，而三个点光源在点 $P(x, y, z)$ 的入射方向则分别可表示为

$$\bar{n}_{S_i} = \frac{1}{\sqrt{1 + p_{S_i}^2 + q_{S_i}^2}} (-p_{S_i}, -q_{S_i}, 1)^{\mathrm{T}}, \quad i = 1, 2, 3 \tag{3.1.17}$$

实验中，为了得到同一个物体在不同照明条件下的观测图像，依次开启点光源 S_1, S_2, S_3，并

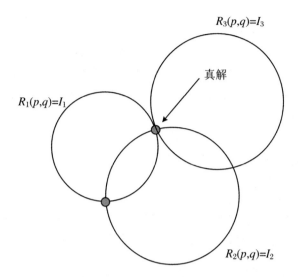

图 3.1.6   引入第三光源示意图

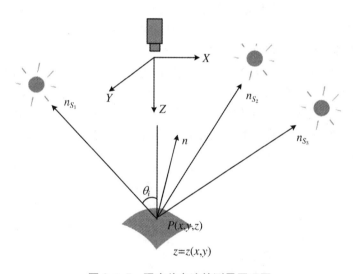

图 3.1.7   照度差方法的测量原理图

采集相应照明条件下的观测图像. 注意: 每次仅开启上述三个点光源中的一个. 这样, 依次开启点光源 S_1, S_2, S_3 后, 分别得到对应于点光源 S_1, S_2, S_3 照明情况下的三幅图像. 设在上述三幅图像中, 点 $P(x, y, z)$ 的灰度值分别为 $I_1(x, y), I_2(x, y), I_3(x, y)$, 则根据式 (3.1.15) 的约束方程, 对每一个图像点 (x, y), 有

$$I_i(x, y) = R_i(p, q) = \bar{n}_{S_i} \cdot \bar{n}, \quad i = 1, 2, 3 \tag{3.1.18}$$

写成矩阵形式, 有

$$I = S \cdot \bar{n} \tag{3.1.19}$$

其中 $I = (I_1(x, y), I_2(x, y), I_3(x, y))^{\mathrm{T}}, S = (\bar{n}_{S_1}, \bar{n}_{S_2}, \bar{n}_{S_3})^{\mathrm{T}}$.

若 S 为非奇异矩阵, 则 S 的逆矩阵存在. 此时

$$\bar{n} = S^{-1} \cdot I = \frac{1}{|S|} (I_1(\bar{n}_{S_2} \times \bar{n}_{S_3}) + I_2(\bar{n}_{S_3} \times \bar{n}_{S_1}) + I_3(\bar{n}_{S_1} \times \bar{n}_{S_2}))$$

$$= \frac{1}{\bar{n}_{S_1} \cdot (\bar{n}_{S_2} \times \bar{n}_{S_3})} (I_1(\bar{n}_{S_2} \times \bar{n}_{S_3}) + I_2(\bar{n}_{S_3} \times \bar{n}_{S_1}) + I_3(\bar{n}_{S_1} \times \bar{n}_{S_2})) \quad (3.1.20)$$

上述解向量即为所求物体点 $P(x,y,z)$ 处的表面法向量. 这样,如果在三个点光源照射下的反射地图 $R_i(p,q)$ 是已知的,或可由实验确定,那么点 $P(x,y,z)$ 处的表面法向量是易于计算的. 实际中,为了减少运算量,我们可以以 I_1,I_2,I_3 为 index、根据反射地图作成三维查询表来得到相应问题的解.

3.1.4 基于双眼视差的测量手法

这是一种从相互之间的空间位置关系已知的两个或多个视点出发、对待测物体进行观测并进而求取待测物体三维信息的方法. 其线索是同一个物体点在两幅不同观测图像上的投影像的位置差,即所谓的双眼视差. 相应的方法被称为双眼视差法,也称立体视法.

1. 双眼视差法的基本概念

工程上可使用摄像机来实现对待测对象的观测. 如图 3.1.8 所示,设 $OXYZ$ 为选定的参考坐标系. 为计算简单起见,用于观测待测物体的两台摄像机一般被放置在如下位置:其光轴方向均和 Z 轴平行,其图像平面均平行于 X-Y 平面,并与 X-Y 平面相距 f 距离. 另外,左摄像机的光学中心(即左视点)位于 $OXYZ$ 坐标系的原点 $(0,0,0)$ 处,右摄像机的光学中心(即右视点)位于 X 轴上的点 $(b,0,0)$ 处. 这里,b 为两摄像机光学中心之间的距离,称为基线长度,f 为摄像机的光学中心到各自的成像平面的垂直距离,称为焦距.

下面来看一下如何通过图像测量的手段以确定一个物点在三维空间中的位置. 如图 3.1.8所示.

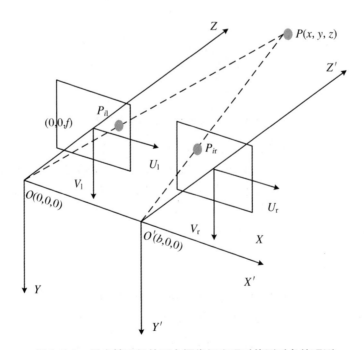

图 3.1.8 用光轴平行的两台摄像机实现对待测对象的观测

　　显然,根据透视变换的表达式,三维空间中的一个物点 $P(x,y,z)$ 在上述左、右两个摄像机图像平面上的投影像 $P_{il}(u_1,v_1)$ 和 $P_{ir}(u_r,v_r)$ 的图像坐标可分别表示为

$$\begin{cases} u_1 = \dfrac{xf}{z} \\ v_1 = \dfrac{yf}{z} \end{cases} \tag{3.1.21}$$

以及

$$\begin{cases} u_r = \dfrac{(x-b)f}{z} \\ v_r = \dfrac{yf}{z} \end{cases} \tag{3.1.22}$$

用式(3.1.21)的第一式减去式(3.1.22)的第一式,得

$$d = u_1 - u_r = \frac{bf}{z} \tag{3.1.23}$$

这里,d 为同一个物点 P 在左、右图像平面上的投影像的 u 坐标之差值,即双眼视差.由式(3.1.23),易知

$$z = \frac{bf}{d} \tag{3.1.24}$$

上式表明,当基线长度 b 和摄像机的焦距 f 均为已知时,物点 P 的 z 坐标可由该点在左、右图像平面上的位置差,即视差 d 所完全确定.更进一步,将式(3.1.24)和式(3.1.21)联立求解,可以得到物点 P 的三维坐标的表达式为

$$\begin{cases} x = \dfrac{u_1 b}{d} \\ y = \dfrac{v_1 b}{d} \\ z = \dfrac{bf}{d} \end{cases} \tag{3.1.25}$$

由于上式中的 u_1 和 v_1 为物点在左图像平面上投影像的图像坐标,是可测量的,因此当基线长度 b 和摄像机的焦距 f 均为已知时,物点 P 在参考坐标系下的三维坐标 (x,y,z) 可由视差 d 所完全确定.上述关系式(3.1.25)是在理想针孔摄像机的假设下推导得出的.实际中,由于制作工艺上的原因,图像中心并不一定通过光轴;另外,一个像素在 U 轴方向和 V 轴方向上所占据的物理尺寸也不一定相同.因此,具体应用时需要根据实际情况对上述结果进行修正.一种方法是利用第 1 章中所介绍的校准技术先得到摄像机的内部参数,然后利用这些内部参数将实际获得的图像映射为理想成像情况下的图像,再利用式(3.1.25)进行相应的计算.

　　这样,综合上面的讨论可知,只要用某种方法能够确定一个物点在左、右图像平面上的视差 d,即可确定该物点在空间中的实际位置.而要确定相应的视差,首先需要从观测图像中找到同一个物点在左、右图像平面上对应的投影像.上述结论虽然是在特定的摄像机设置(为叙述方便起见,以后把这样的摄像机配置称为典型的摄像机配置)下给出的,但是,类似的结论在任意的摄像机设置下依然成立.

2. 约束条件

　　事实上,上述利用视差的概念进行三维测量的思想可以由三角测量的原理得到说明.如

图 3.1.9 所示，设 P 是空间中的一个物点，O 和 O' 分别是左、右摄像机的光学中心. 由几何学的知识可知，以 P，O 和 O' 三点为顶点可以构成一个三角形，它们确定空间中的一个平面 π. 若 P_{il} 和 P_{ir} 分别为物点 P 在左、右图像平面上的投影像，则由透视投影的有关结论可知，物点 P 必定位于左摄像机的光学中心 O 和投影像 P_{il} 的连线 OP_{il} 上. 同理可知，物点 P 也必定位于右摄像机的光学中心 O' 和投影像 P_{ir} 的连线 $O'P_{ir}$ 上. 这样，直线 OP_{il} 和直线 $O'P_{ir}$ 均在由 P，O 和 O' 三点确定的平面 π 上. 由于处于空间中同一个平面上的两条非平行直线唯一地确定平面上的一点，因此，物点 P 由上述两直线 OP_{il} 和 $O'P_{ir}$ 的交点给出.

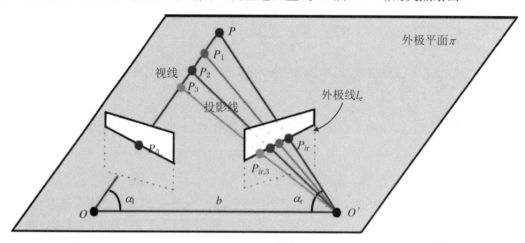

图 3.1.9　基于双眼视差的测量方法

上述基于双眼视差的测量方法在概念上非常简洁明快. 只要我们能够确定一个物点在左、右图像平面上对应的像点位置，即可据此唯一地确定该物点的三维空间位置. 问题在于怎么样才能确定和左图像平面上的某个像点所对应的右图像平面上的像点呢？下面，参考图 3.1.9，首先来看一下与此有关的两个基本几何约束条件.

现在，假定我们仅有关于物点的投影像的观测数据可以利用. 显然，当我们在图像平面上观测到一个像点时，由前面的讨论可知，与该像点相对应的物点必定满足下面的约束条件.

1）视线约束

如果一个物点 P 在图像平面上形成一个像点 P_i，则该物点必定位于由相应的像点 P_i 所确定的视线 OP_i 上.

例如，如图 3.1.9 所示，如果已知左图像平面上的一个像点 P_{il}，则根据此约束条件可知，相应的物点 P 必定位于视线 OP_{il} 上. 但是，无法知道物点 P 在视线 OP_{il} 上的确切位置. 事实上，仅根据此约束条件，视线 OP_{il} 上的任意一点均有资格作为待求物点 P 的候补.

另一方面，如果已知一个物点在空间的确切位置，则由第 1 章的讨论可知，该物点在图像平面上的投影像由下述约束条件确定.

2）成像几何约束

如果有一个物点 P，并且该物点 P 在观测图像平面上给出一个投影像点 P_i，则该像点 P_i 在图像平面上的位置由透视投影的关系式唯一确定.

利用上面两个基本几何约束条件，可以导出在实际中寻求和左图像平面上的某个像点所对应的右图像平面上的像点时非常有用的一个约束条件，即所谓的外极约束.

如图 3.1.9 所示,现在希望在右图像平面上确定左图像平面上的像点 P_{il} 的对应点 P_{ir}. 由关于视线的约束条件可知,在左图像平面上产生像点 P_{il} 的物点 P 必定位于左摄像机的光学中心 O 和投影像 P_{il} 的连线 OP_{il} 上. 但是,其确切的位置无法确定,可能在 P 点,也可能在 P_1 点、P_2 点、P_3 点中的某一点,或在连线 OP_{il} 上的其他任意一点. 不论是在哪一点,一旦接受了这一点,则该点在右图像平面上的像点必须由关于几何成像的约束条件唯一确定. 显然,这些像点落在由直线 OP_{il} 和右摄像机的光学中心 O 所确定的平面上. 另一方面,这些像点是右图像平面上的像点,自然必须处于右图像平面上. 这样,综合上面的讨论可知,P_{il} 的对应点 P_{ir} 必定位于上述两个平面的相交线 $P_{ir}P_{ir,3}$ 上. 即我们有下文所述的外极约束.

3) 相容性约束

如果左图像平面上的像点 P_{il} 及其邻域具有某种不变的特性,则与该像点 $P_{il,1}$ 对应的右图像上的像点 P_{ir} 及其邻域也具有同一种不变特性.

例如,由第 1 章的讨论可知,对于具有乱反射特性的物体表面而言,其在图像平面上所呈现的灰度值与观测方向无关,是一个光度学不变量. 这样,只要照明条件保持不变,同一个物点在不同图像平面上的灰度观测值应为同一个数值. 因此,在这种情况下,灰度值可以作为左、右图像之间对应的一个依据.

但是,应该注意的是,该约束只是当被选择的图像特征具有不变特性时才有效. 例如,对于镜面表面而言,如果还是选择灰度作为图像特征的话,则将会遭遇到困难. 因此,要特别注意图像特征的选择. 只有当由同一个物点及其邻域的点在左、右图像平面上产生的投影像而派生出来的图像特征具有某种不变的特性(或某种相似性)时,才可以被用来在左、右图像平面上的像点之间建立所谓的对应关系. 这种不变特性可以是基于物理量的,也可以是基于几何形状的,视具体问题而定.

4) 唯一性约束

左图像上的一个像点在右图像上的对应点至多只有一个.

注意:在景物为半透明表面的情况下,该约束不一定成立. 另外,该约束不要求左图像上的每一个像点均在右图像上存在相应的对应点;反之亦然. 事实上,当一个物体被别的物体或自身遮挡时,可能存在对于某一方图像上的一些像点而言在另一方的图像上找不到对应点的情况.

5) 连续性约束

除了景物在空间上的不连续点之外,视差的变化几乎是处处平滑的.

该约束条件表明,如果左图像上的像点 $P_{il,1}$,$P_{il,2}$ 对应于空间中同一物体表面上相近邻的两个物点 P_1,P_2,那么,$P_{il,1}$ 和 $P_{il,2}$ 在图像平面上也是相近邻的. 此时,如果已确定 $P_{il,1}$ 在右图像平面上的对应点为 $P_{ir,1}$,则 $P_{il,2}$ 在右图像平面上的对应点 $P_{ir,2}$ 也与 $P_{ir,1}$ 相近邻.

6) 顺序约束

如果左图像上的像点 $P_{il,1}$ 在另一个像点 $P_{il,2}$ 的左边,则右图像上与像点 $P_{il,1}$ 匹配的像点 $P_{ir,1}$ 也必须在与像点 $P_{il,2}$ 匹配的像点 $P_{ir,2}$ 的左边.

这是一条启发式的约束,并不总是严格保持成立的. 例如,在双区域错觉(two block illusion)现象发生的情况下就是如此. 在实际应用该约束条件时,应注意这一点.

3. 图像特征匹配

除了上面讨论的约束条件之外,为了在左、右图像平面上的像点之间建立起某种对应关系,还必须在两幅图像所具有的特征之间进行某种匹配运算.并且,作为进行匹配运算的图像特征应该具有某种不变特性.研究人员已提出大量的用于图像匹配的方法.依据所使用图像特征在空间形态上的不同,图像匹配方法大致可分为两大类:基于基元特征的方法和基于区域特征的方法.

(1) 基于基元特征的方法:就是把图像中的边缘点、角点、顶点、直线段和曲线段等作为图像特征进行匹配运算.

(2) 基于区域特征的方法:就是通过计算不同图像的对应区域之间在灰度或彩色上存在的相关性实现图像特征间的匹配.

下面给出两种具有代表性的匹配算法.

1) 基于边缘点的匹配算法

假定采用图 3.1.8 所示典型的摄像机设置,并利用图像中的边缘点作为图像特征.此时,采用前述的外极约束能使整个匹配过程得以简化.显然,对于左图像某一扫描行上的一个边缘点 P_{il} 而言,由于其在右图像上的相应的外极线与右图像中具有相同行指标的扫描行重合,因此,仅需在右图像的同一扫描行上探索其对应点 P_{ir}.另外,根据前述的相容性约束,该对应点 P_{ir} 也应为一边缘点.不仅如此,上述两个边缘点的幅值和方向也应该保持一致.这样,综合上面的讨论,可得到基于边缘点的匹配算法如下:

输入图像:左边缘图像 $e_l(i,j)$、右边缘图像 $e_r(i,j)$,$1\leqslant i\leqslant I,1\leqslant j\leqslant J$.

输出图像:视差图像 $d(i,j)$,$1\leqslant i\leqslant I,1\leqslant j\leqslant J$.

若干标记:

i_l:左图像的现行行指标;

i_r:右图像的现行行指标;

j_l:左图像的现行列指标;

j_r:右图像的现行列指标.

算法步骤:

步骤 1   完成初始化操作:将 $d(i,j)$ 清零,并置 $i_l=1,i_r=1,j_l=1$ 和 $j_r=1$.

步骤 2   进行如下的匹配运算:

步骤 2-1   从左边缘图像的第 i_l 行的现行列位置开始,找到下一个待匹配的边缘点 P_{il}.显然,P_{il} 的列指标由 j_l 指示.

步骤 2-2   在右边缘图像的第 $i_r=i_l$ 行上,寻找其对应点 P_{ir}.方法是比较候补边缘点与 P_{il} 的幅值和方向,看其是否一致.如果需要的话,也可引入顺序约束以进一步减少匹配运算.上述过程不断进行直到在右图像上找到具有最大一致性的边缘点为止,并将其定为 P_{il} 的对应点 P_{ir}.显然,该 P_{ir} 的列指标由 j_r 指示.然后,根据 j_l 和 j_r 的值计算待匹配的边缘点 P_{il} 处对应的视差.即置 $d(i_l,j_l)=j_l-j_r$.一旦右图像上的一个边缘点被定为左图像上的一个边缘点的对应点,则根据唯一性约束,该点以后将不能和左图像上任何别的边缘点相匹配.

步骤 2-3   进行行终止检查.若左图像的现行行上已无待匹配的边缘点,去步骤 3;否则,回到步骤 2-1.

步骤 3   若 $i_l=I$,去步骤 4;否则,置 $i_l=i_l+1,j_l=1$ 和 $j_r=1$,回到步骤 2-1.

步骤 4   根据视差图像 $d(i,j)$ 和摄像机的系统参数,计算各边缘点处的三维坐标.

该算法的特点是仅在图像的边缘点处可以获得相应景物的三维位置信息.

2) 基于固定滑窗区域的匹配算法

和基于边缘点的匹配算法一样,假定采用图 3.1.8 所示的摄像机设置,但选取图 3.1.10 所示的矩形区域中的灰度分布作为图像特征.此时,利用外极约束同样可使整个匹配过程得到简化.

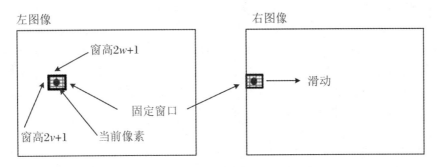

图 3.1.10　基于固定滑窗区域的匹配算法

如图 3.1.10 所示,左、右图像中相应窗口区域的相似性程度由下述误差函数给出:

$$E(i,j,d) = \frac{\frac{1}{(2v+1)(2w+1)}\sum_{x=i-v}^{i+v}\sum_{y=j-w}^{j+w}(f_1(x,y)-f_r(x+d,y))^2}{\sqrt{\sum_{x=i-v}^{i+v}\sum_{y=j-w}^{j+w}f_1^2(x,y)}} \qquad (3.1.26)$$

上式中,误差函数 $E(i,j,d)$ 的值越小,相应窗口区域的相似性程度越高.

类似地,也可以定义如下所示的相关函数来衡量左、右图像中相应窗口区域的相似性程度:

$$R(i,j,d) = \frac{\frac{1}{(2v+1)(2w+1)}\sum_{x=i-v}^{i+v}\sum_{y=j-w}^{j+w}f_1(x,y)f_r(x+d,y)}{\sqrt{\sum_{x=i-v}^{i+v}\sum_{y=j-w}^{j+w}f_1^2(x,y)}\sqrt{\sum_{x=i-v}^{i+v}\sum_{y=j-w}^{j+w}f_r^2(x,y)}} \qquad (3.1.27)$$

此时,相关函数 $R(i,j,d)$ 的值越大,相应窗口区域的相似性程度越高.具体的匹配算法如下:

输入图像:左灰度图像 $f_1(i,j)$、右灰度图像 $f_r(i,j)$,$1\leqslant i\leqslant I,1\leqslant j\leqslant J$.

输出图像:视差图像 $d(i,j)$,$1\leqslant i\leqslant I,1\leqslant j\leqslant J$.

若干标记:

i_1:左图像的现行行指标;

i_r:右图像的现行行指标;

j_1:左图像的现行列指标;

j_r:右图像的现行列指标;

w:固定窗口的宽度指标;

v:固定窗口的高度指标.

算法步骤:

步骤 1　完成初始化操作:将 $d(i,j)$ 清零,并置 $i_1=v+1$,$i_r=v+1$ 和 $j_1=w+1$.

步骤 2　进行如下的匹配运算:

步骤 2-1　在右图像的第 $i_r=i_1$ 行上寻找与左图像上的当前像素 $P_{i1}=f_1(i_1,j_1)$ 最相似的对应点 P_{ir}.方法如下:以固定尺寸的窗口套住当前像素 P_{i1},并让同一尺寸的窗口顺序滑

过右图像的第 i_r 行，在每一个像素位置，计算由式(3.1.26)定义的误差函数 $E(i_1,j_1,d)$（也可计算由式(3.1.27)定义的相关函数 $R(i_1,j_1,d)$），直到在右图像上找到最相似的像素点 P_{ir} 为止，并将 P_{ir} 定为 P_{i1} 的对应点．若 P_{ir} 的列指标由 j_r 指示，那么置 $d(i_1,j_1)=j_1-j_r$．一旦右图像上的一个像素点被定为左图像上的一个像素点的对应点，则根据唯一性约束，该点以后将不能和左图像上任何别的像素点相匹配．同样，也可引入顺序约束以进一步减少匹配运算．

步骤 2-2　进行行终止检查．若 $j_1=J-w$，去步骤3；否则，置 $j_1=j_1+1$，回到步骤2-1．

步骤 3　若 $i_1=I-v$，去步骤4；否则，置 $i_1=i_1+1$，$i_r=i_r+1$ 和 $j_1=w+1$，回到步骤2-1．

步骤 4　根据视差图像 $d(i,j)$ 和摄像机的系统参数，计算各边缘点处的三维坐标．该算法的特点是在图像的所有像素位置处均可获得相应景物的三维位置信息．

上面所给出的两种算法均为最基本的匹配算法．在此基础上，为了达到更好的匹配效果，不少学者研究开发了许多基于不同匹配思想的匹配方法．如动态规划法、多分辨率法、最大后验概率估计法、松弛法、自适应窗口法、正则化方法、三眼视法和多阶段群化法等．其中，动态规划法把对应外极线上的图像信号看作两个一维信号，然后建立有关基于对应特征点之间的相似性的准则，并应用动态规划的方法对这两个一维信号上的特征点集进行全局最优匹配以达到总体性能最优；多分辨率法采用由粗到细的战略依次对不同分辨率的图像进行匹配运算，这样做一方面是为了节省匹配时间，另一方面也是为了减少误差对应的可能性；自适应窗口法利用窗口内视差分布的统计模型，通过评价灰度和视差的局部变化以获得具有最小不确定性的视差估计．限于篇幅，有关这些方法的详细内容，这里不予赘述，感兴趣的读者可参阅有关文献．下面仅对其中的三眼视法作一个较详细的介绍．

4. 三眼视法

立体视法原理上虽然简单，但是实际应用时将会遇到不少困难．其中一个主要问题便是所谓的重复匹配（或多重对应）问题．所谓重复匹配是指左图像中的一个特征点在给定的匹配准则下可以和右图像中的多个特征点相匹配；反之亦然．显然，多重匹配的存在可能给图像匹配带来致命的打击．解决多重匹配的一种方法是使用第三台摄像机以减少匹配的多义性．如图 3.1.11 所示，设 O_1,O_2 和 O_3 分别是三台摄像机的光学中心，P,Q,R 是空间中三个具有相似特征的点，其在三幅观测图像上的投影像分别为 P_1,Q_1,R_1,P_2,Q_2,R_2 和 P_3，Q_3,R_3．现在，欲求图像1上的像点 P_1 在图像2上的对应点 P_2．由外极约束可知，P_2 点必定在由直线 O_1P_1 和点 O_2 确定的外极线 $l_{12,P}$ 上．但是，现在点 Q_2 也在该外极线上，并且和 P_2 具有相似的特征．这样，根据外极约束，P_2 和 Q_2 都有可能成为 P_1 的对应点，从而使得匹配存在多义性．为了避免这种情况发生，现在使用第三台摄像机提供的信息．由于图像1和图像3构成立体图对，因此，由外极约束可知，P_1 在图像3上的对应点必定位于由直线 O_1P_1 和点 O_3 确定的外极线 $l_{13,P}$ 上．如果该外极线上仅有 P_3 一个候补点，那么问题自然已经得到解决，故现在假定除了 P_3 之外在该外极线 $l_{13,P}$ 上还存在一个（可以是多个）与 P_1 具有相似特征的点 R_3．根据外极约束，P_3 和 R_3 都是 P_1 的对应点的候补，仍然不能定出 P_1 在图像2或者图像3上的真正的对应点．但是，现在情况有所不同．由于图像2和图像3也构成立体图对，因此，根据外极约束可知，由 P_1 在图像2上的对应点和 O_2,O_3 确定的外极线应该穿过 P_1 在图像3上的对应点．这样，为了定出 P_1 在图像2和图像3上的真正的对应点，只需对 P_1 在图像2上的对应点的候补借助图像3加以验证就可以了．事实上，由于图像

3 上对应于 P_2 的外极线 $l_{23,P}$ 穿过 P_3，而对应于 Q_2 的外极线 $l_{23,Q}$ 既不穿过 P_3，也不穿过 R_3，因此，根据上面的讨论可以得到如下的结论，即 P_2 和 P_3 分别是 P_1 在图像 2 和图像 3 上的唯一的对应点.

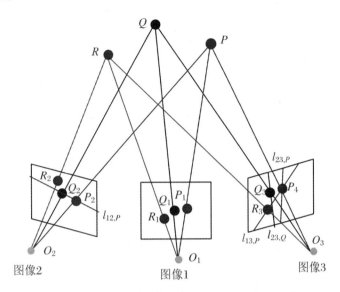

图 3.1.11　用第三台摄像机消除匹配的多义性

上面借助于一个实例对三眼视法作了说明.应该指出的是,即使采用三台摄像机仍有可能不能完全消除匹配的多义性.但是,理论分析和实验都表明,在使用三台摄像机的情况下,只要图像中具有同一特征的点不是很多,出现多重匹配的概率是非常小的.

从前面的陈述我们可以看到,立体图像匹配问题是一个富有挑战性的研究课题.在求解该问题时,将面临两个主要困难,其中一个主要困难前面已有涉及,就是图像特征的重复匹配;另一个主要困难是图像特征的失配.造成重复匹配的原因是场景中可能存在重复的景物模式;而造成失配的主要原因则来自场景中其他景物和景物自身的遮挡.无论是重复匹配还是失配,都会导致错误的结果.为了解决立体图像匹配问题,人们提出了包括动态规划法、多分辨率法、最大后验概率估计法、松弛法、自适应窗口法、正则化方法和三眼视法在内的各种不同的方法.根据这些方法的特点,可以将其大致分为两类:基于基元特征的方法和基于区域特征的方法.基于基元特征的方法只能得到相应基元特征处的景物深度值,因此为了重建可视表面的完整信息,必须进行深度的内插操作;而基于区域特征的方法虽然可以得到场景稠密的深度信息,但是由于透视投影的关系,当景物上的同一个区域在不同观测图像上呈现的几何形状存在较大差异时所得到的结果会变得不稳定.

3.2　三　维　重　建

三维重建是指利用计算机技术将二维图像或其他形式的数据转换为三维模型的过程,是计算机视觉与计算机图形学的交叉研究领域.三维重建技术在包括 AR/VR、人脸识别、医疗美容、人机交互、自动驾驶等众多领域都具有广泛的用途.相较于直接人工建模或者是通过立体视觉系统、三维激光扫描仪(如 NextEngine 和 Cyberware)或 RGB-D 摄像头来获取三维模型,通过三维重建获取三维模型有着成本低廉、方便高效的优点,因此三维重建技术有着广泛的应用前景.在 3.1 节中我们详细讲述了三维测量的原理与部分方法,这也是三维重建技术的理论基础,即通过图像像素点之间的匹配运算获得景物稠密的深度信息的可能性.在本节中,我们将介绍三维重建的两个重要方向:三维场景重建与三维人脸重建.三维场景重建旨在从现实世界中捕捉物体的几何形状和外观特征,以创建真实感的三维模型.它广泛应用于 AR/VR、游戏开发、电影制作、自动驾驶和仿真等领域.三维人脸重建是指将 2D 人脸图像转换为 3D 人脸模型,以便更深入地研究人脸形态和动态特征.它在人脸识别、虚拟现实、医疗美容和动画制作等领域具有广泛的应用.接下来我们将重点介绍这两个方向的三维重建技术及其应用,讨论其优缺点,并探讨其未来的发展方向.

3.2.1 三维场景重建

三维场景重建技术是计算机视觉领域的一个十分重要的研究方向,旨在通过使用计算机算法将现实世界中的场景转化为三维数字模型.该技术可以应用于众多领域,如虚拟现实、增强现实、机器人导航、建筑设计等.本小节将介绍三维场景重建的基本概念、常用方法以及未来发展趋势.

三维场景重建是指将真实世界中的场景通过使用相机、激光雷达等设备获取的图像或点云数据,转化为数字化的三维模型的过程.由于激光雷达等设备造价昂贵且采样过程复杂,能通过相机便利获取的二维图像成为了重建的首选.给定单个或多个二维图像作为输入,三维重建的任务旨在重建感兴趣场景中存在的对象的三维结构和几何形状.用数学语言表达即是:给定 $I = \{I_m, m = 1, \cdots, n\}$ 作为一组二维输入图像,三维重建旨在生成场景中存在的对象的三维形状.重建的形状 $\hat{X}$ 应该尽可能接近原始形状 X.在三维场景重建中,常用的方法包括基于多视图几何的方法、基于点云的方法、基于深度学习的方法等.近年来,基于深度学习的方法由于其优越的性能,已经在许多研究领域取代了传统方法.一般来说,这些基于深度学习的方法不仅有着更高的效率,而且还提供新的功能.这同样适用于三维计算机视觉领域,更具体地说,适用于三维重建领域.例如,提出的深度学习模型可以实现端到端训练,无需设计多个手工阶段,从而降低了人力成本.多任务处理也可以通过基于学习的方法实现.因此,单个模型可以同时完成预测 3D 形状与对场景给定图片的语义分割等多个任务.多任务处理有可能扩大模型的用例,同时提高特征表示能力和加速学习过程.

在本小节中,我们将首先讲解基于深度学习的深度估计思想与方法,然后简要描述基于点云重建的方法,最后着重介绍基于深度学习的多视图立体方法.

1. 基于深度学习的深度估计

三维重建中最基本的问题之一是如何估计图像像素的深度.深度估计任务即是从二维图像推断场景的空间结构的任务.事实上,该任务的目标是在捕获图像时恢复在 3D 到 2D 投影过程中丢失的关键空间信息.在传统的三维重建方法中,人们往往使用三角测量和极几何技术用于估计像素的深度.但是这些方法需要知道相机的内在参数和外在参数,并且需要在相机的旋转和平移发生微小变化的情况下捕获图像.最近,基于深度学习的算法已被用于从一组图像甚至单个图像估计深度图.后者对于经典算法而言是几乎不可能的.

设有一组来自同一三维场景的使用内在和外在参数已知或未知的相机捕获的 RGB 图像 $I = \{I_k, k = 1, \cdots, n, n \geqslant 1\}$,深度估计的目标就是以此估计一个或者多个深度图.基于学习的深度重建可以概括为学习一个预测器 f_θ 的过程,预测器 f_θ 可以从图像集 I 中推断出一个尽可能接近实际深度图 D 的深度图 $\hat{D}$.换句话说,我们寻求找到函数 f_θ 使得 $L(I) = d(f_\theta(I), D)$ 最小化.其中 θ 为一组参数,$d(\cdot, \cdot)$ 是实际深度图 D 与重建深度图 $f_\theta(I)$ 之间的某种距离度量.重建目标 L 也可称为损失函数.

基于深度学习的深度估计方法可以分为两大类.一类方法通过显式学习如何匹配或对应输入图像中的像素来模仿传统的立体匹配技术.然后可以将此类对应关系转换为光流或视差图,进而可以将其转换为参考图像中每个像素的深度.预测器 f 由三个模块组成:特征提取模块、特征匹配和成本聚合模块以及视差/深度估计模块,其中每个模块都独立于其他模块进行训练.另一类方法使用可端到端训练的管道解决立体匹配问题,通过将问题分解为由可区分块组成的阶段来模仿传统的立体匹配管道,从而允许端到端训练.

下面介绍使用深度学习架构来学习如何跨图像像素匹配.一般的深度估计方法采用二维 RGB 图像生成视差图 D,该视差图 D 最小化形式的能量函数如下:

$$E(D) = \sum_x C(x, d_x) + \sum_x \sum_{y \in N_x} E_S(d_x, d_y) \tag{3.2.1}$$

其中,x 和 y 是图像像素,N_x 是 x 邻域内的像素集.式(3.2.1)的第一项是匹配成本.当使用修正后的成对立体照片时,$C(x, d_x)$ 用于测量匹配左眼视图像素 $x = (i, j)$ 与右眼视图像素 $y = (i, j - d_x)$ 的成本.在这种情况下,$d_x = D(x) \in [d_{\min}, d_{\max}]$ 是像素 x 处的视差.然后可以以此通过三角测量推断深度.当视差范围被划分为 n_d 个视差级别时,C 变成大小为 $W \times H \times n_d$ 的 3D 成本体积.在更一般的多视图立体情况下,即 $n \geqslant 2$ 时,成本度量 $C(x, d_x)$ 在具有深度 d_x 的参考图像上具有逆似然性.式(3.2.1)的第二项是一个正则化项,用于施加平滑度和左右一致性等约束.

传统上,跨图像像素匹配的问题是使用四个模块的管道解决的,如图 3.2.1 所示:① 特征提取;② 跨图像特征匹配;③ 视差计算;④ 视差细化和后期处理.前两个模块构造成本量 C.第三个模块对成本量进行正则化,然后通过最小化式(3.2.1)找到视差图的初步估计.最后一个模块对初始视差图进行细化和后处理.

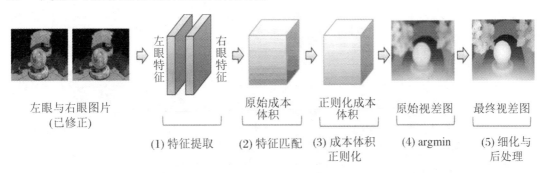

图 3.2.1　一般化的立体匹配(又称视差估计)管道

接下来重点介绍如何使用基于深度学习的方法实现这些单独的模块.

1）学习特征提取与匹配

用于立体匹配的早期深度学习技术用学习到的特征取代了手工制作的特征（图 3.2.1 的模块（1））．它们采用两个修补程序，一个以左眼视图中的像素 $x = (i, j)$ 为中心，另一个以右眼视图中的像素 $y = (i, j - d)$ 为中心（其中 $d \in \{0, \cdots, n_d\}$），并使用 CNN（卷积神经网络）计算它们对应的特征向量，然后匹配它们（图 3.2.1 的模块（2）），并使用标准相似性度量，如 L_1、L_2 和相关性度量，或使用顶层网络学习的度量以产生相似度分数 $C(x, d)$．这两个模块可以单独或联合训练．

用于学习特征提取和匹配的网络基本架构如图 3.2.2 所示．基本网络架构由两个 CNN 编码分支组成，它们充当描述符计算模块．第一个分支在左眼视图上的像素 $x = (i, j)$ 周围取一个图像块并输出一个特征向量来表征那个图像块．第二个分支在像素 $y = (i, j - d)$ 周围取一个图像块，其中 $d \in [d_{\min}, d_{\max}]$ 是候选视差．如图 3.2.2 所示，部分研究使用由四个卷积层组成的编码器．这些基本架构除了最后一层之外，每一层后面都有一个 ReLU 单元．

之后有许多研究在这基本网络上做出了改进．例如除最后一层外，在每一层之后进行最大池化和子采样．因此，与基本架构相比，改进后的网络能够解释更大的图像块大小和更大的视点变化．除此以外，有部分网络在每个特征提取分支末尾添加了空间金字塔池（SPP）模块，以便网络可以处理任意大小的图像块，同时生成固定大小的特征．它的作用是将最后一个卷积层的特征，通过空间池化，聚合成一个固定大小的特征网格．该模块的设计方式是池化区域的大小随输入的大小而变化，以确保输出特征网格具有固定大小，与输入图像块或图像的大小无关．因此，网络能够在不改变其结构或重新训练的情况下处理任意大小的图像块/图像并计算相同维度的特征向量．

网络将学习到的特征馈送到顶部模块，该模块返回相似度分数．它可以实现为标准相似性度量，例如 L_2 距离、余弦距离和（归一化的）相关距离．L_2 距离相关性的主要优点是它可以使用一层 2D 或 1D 卷积运算来实现，称为相关层．相关层不需要训练，因为过滤器实际上是由网络的第二个分支计算的特征．因此，相关层已得到了广泛使用．

最近的工作没有使用人工制作的相似性度量，而是使用由全连接（FC）层组成的决策网络，它可以实施为 1×1 个卷积，全卷积层，或卷积层后接全连接层．决策网络与特征提取模块联合训练，以评估两个图像块之间的相似性．使用决策网络而不是手工制作的相似性度量可以从数据中学习适当的相似性度量，而不是一开始就强加一个相似性度量．它比使用相关层更准确，但速度要慢得多．

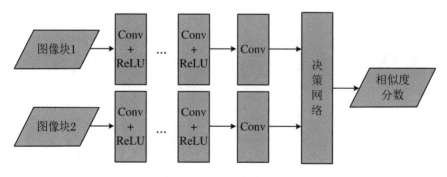

图 3.2.2　网络基本架构

2) 正则化和视差估计

一旦估计了原始成本量,就可以通过删除式(3.2.1)的正则化项来估计差异,或等效于图 3.2.1 的模块(3),并采用 argmin、softargmin 或子像素 MAP 近似(图 3.2.1 的模块(4)).然而,从图像特征计算的原始成本量可能受到噪声污染,例如,由于存在非朗伯表面、对象遮挡或重复模式.因此,估计的深度图可能有噪声.有几种方法通过使用传统的基于 MRF 的立体框架进行成本体积正则化来克服这个问题.在这些方法中,初始成本量 C 被馈送到全局或半全局匹配器以计算视差图.半全局匹配在准确性和计算要求之间提供了良好的折中.在这种方法中,式(3.2.1)的平滑度项被定义为

$$E_s(d_x, d_y) = \alpha_1 \delta(|d_{xy}| = 1) + \alpha_2 \delta(|d_{xy}| > 1) \qquad (3.2.2)$$

其中,$d_{xy} = d_x - d_y$,α_1 和 α_2 是被选择的正权重且 $\alpha_2 > \alpha_1$,δ 是 Kronecker delta 函数,当满足括号中的条件时给出 1,否则给出 0.为了解决这个优化问题,半全局匹配能量被分解为多个能量 E_s,每个能量沿着路径 s 定义.该能量被独立地最小化然后聚合.其中 x 处的视差是使用式(3.2.3)所有方向的总成本的赢家通吃策略计算的:

$$d_x = \arg\min_d \sum_s E_s(x, d) \qquad (3.2.3)$$

该方法需要设置式(3.2.2)的两个参数 α_1 和 α_2.

2. 基于点云重建的方法

点云是一种三维模型的描述方法,拥有强大的表现力,但是具有无序性与不规则性.点云可以被定义为目标表面特性的大量点的集合,即目标物体众多特征点的集合.点云通常是通过获取物体表面每个采样点的空间坐标得到的.点云中每个点的位置都由坐标 (X, Y, Z) 描述.点云中包含的信息也会由于采集方式的不同而包含不同类别的信息.点云中的点就像是图片中的像素,这些点组合成可识别的 3D 结构.越密集的点云就可以表现出越多的细节和属性.

基于点云的三维重建方法一般分为以下几个步骤:点云数据采集、点云数据预处理、点云计算、点云配准、数据融合、表面生成.如图 3.2.3 所示.

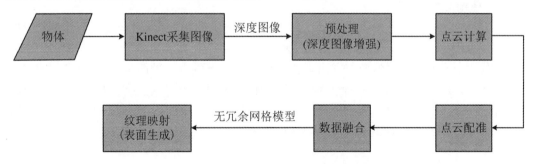

图 3.2.3　基于点云的三维重建方法

1) 点云数据采集

三维数据的获取通常采用的是移动测绘系统(Mobile Mapping System,简称 MMS),MMS 是由移动激光扫描器和数字照相机组成的.移动激光扫描器是一种以激光扫描器为核心的运动扫描器,它可以实现对目标的三维坐标和激光的反射强度的测量;数字照相机用于对点进行三维坐标和色彩信息的测量.通过移动激光扫描器和数字照相机的采集,可以获得

三维坐标、激光反射强度、色彩信息等多种点云信息.

2) 点云数据预处理

激光扫描采集到的数据往往伴随着一些杂点和噪声,从而影响到后续的处理,所以必须对点云进行一些预处理,才能得到一个完整的模型;通常采用滤波去噪、数据精简、数据插补等手段.

由于分辨率等因素的制约,其深度信息也有很多缺陷.为了进一步提高基于深度图像的后续应用,需要对其进行降噪、恢复等处理.

3) 点云计算

在图像增强后,利用图像进行点云数据的运算得到的深度图像中包含了二维的信息,而像素点的数值则为深度信息;以毫米为单位表示物体平面至地图坐标系和像素坐标系的转换关系.

4) 点云配准

当多个画面从不同的角度拍摄时,画面中的每一帧都含有一些共同的区域.在进行三维重构时,必须对图像进行分析,并解决各个帧间的转换参数.在此基础上,对不同时间、不同角度、不同照度获取的多幅影像进行重叠,并将其与同一坐标系统相结合.在排除多余信息的情况下,分别求出了对应的移动矢量和转动矩阵.点云不仅会限制三维重构的速度,还会对最终的建模精度和整体效果产生一定的影响.所以,提高点云配准算法的性能是十分必要的.

根据输入条件和重构结果的要求,将 3D 深度信息配准分成三种:粗糙配准、精细配准、全局配准.

(1) 粗糙配准

粗糙配准是指从多个角度获取多幅深度图像的一种方法.首先从两幅图像中提取特征点,这些特征点可以具有直线、拐点、曲率等明显的特征,也可以是自定的符号、旋转图形、轴心等.然后利用特征方程对其进行初始配准.在粗糙配准后,配准点云和目标点云会在相同的标度(像素取样区间)与参考坐标系中,通过对坐标的自动记录,从而获得粗糙的匹配初值.

(2) 精细配准

精细配准是一种更进一步配准的手段.通过先一步的粗糙配准,获得了一个转换的估算.以该数值为初值,通过反复的收敛和反复的精确匹配,得到了更为精确的结果.以传统的 ICP(迭代最近点)算法为例,首先求出了初始点云上的点到点云的距离,其与靶点的最近点之间的对应关系,并建立了残差平方和的目标函数.采用最小二乘法进行最小化,然后反复迭代,直至平均偏差低于所设定的阈值.ICP 方法在实现自由曲面配准时,可以得到精确的配准.此外,还有诸如仿真退火算法(SAA)、遗传算法(GA)等,也有其自身的特点和应用范围.

(3) 全局配准

全局配准就是利用整个图像来直接求出变换矩阵.对两幅图像进行精确配准,并按先后顺序或一次完成.这两种方法被称作顺序登记和同步注册.

在配准时,将匹配误差均匀地分布在不同角度的多幅图像上,从而减少了由于重复而产生的错误积累.同时,虽然该方法需要大量的内存,但是运算速度大大提高了.

5) 数据融合

该方法得到的深度信息仍然是点云中零散的、杂乱无章的数据,只能显示出物体的局部信息.为了得到更为精确的重构模型,需要对点云数据进行融合.该模型将点云空间分成许多微小的立方体,称为"Voxel".通过将 SDF(有效距离场)值分配给所有的体元,隐式地模拟表面.

SDF 的数值与该体元的最短距离相等.当 SDF 的数值为零时,则此体素出现在曲面之前;当 SDF 值低于零时,则为表面后面的体素;SDF 值愈趋于零,则代表其与实际景物的关系愈密切.KinectFusion 技术在重构场景时表现出了很高的实时性,但它的重构空间非常有限,这主要是因为它占用了大量的存储空间.

为了克服体元对空间的消耗,Curless 等人提出了 TSDF(截断码元间距场)算法,它仅存储与实际表面最近的数层体素,而不是全部的体元,从而极大地降低了 KinectFusion 的内存占用,并减少了模型的冗余.

在 TSDF 算法中,使用了网格立方体来表示三维空间,其中存储了与目标之间的距离.TSDF 数值的正、负分别表示了被遮挡面和可遇见面,而在平面上的一个点通过了零点.

这里的距离指的就是点云与光栅之间的距离,即光栅的初始距离,也就是光栅的距离.这两种加权的总和是一个新的权值.在 KinectFusion 算法中,目前的点云的权值是 1.

TSDF 算法中使用最小二乘法进行优化,在融合过程中引入了加权,使得点云数据具有较好的降噪效果.

6) 表面生成

曲面的产生主要是为了构建一个可视化的对象,通常采用体元层次的方法来处理原始的灰度数据.洛伦森提出了一种基于运动立方体的经典体素重构方法.移动立方体方法是将数据场中 8 个邻近的数据存储到一个四面体单元的 8 个顶点上.在边沿上的两个端点,若其数值为 T,或大于 T,则该边沿上必有一顶点.再通过对其 12 条棱和等值面的相交进行计算,并在体元中构造出一个三角形平面,将其划分为两个等值平面内部和外部空间.最后,将这个数据场中的全部体元的三角形块连接起来,组成了一个等高平面.将各立方体的等值面进行合并,即可得到一个完整的立体曲面.

3. 基于深度学习的多视图立体方法

多视图立体(MVS)是一种计算量大的基于图像的 3D 重建过程.

MVS 是一组以立体匹配为主要线索并使用两张以上图像的技术的总称,其主要目标是在已知材质、视点和照明条件的前提下,从一组物体或场景的照片中估计出最有可能解释这些照片的三维形状.

MVS 需要校准相机参数以获得图像方面的邻接,这通常通过运动结构算法来实现.SfM 通常分为增量式和全局式.一般来说,增量流水线在本地解决优化问题,并将新相机合并到已知轨道中.因此增量方法更慢但更稳健和准确.全局 SfM 更具可扩展性,通常可以收敛到一个非常好的解决方案,但更容易受到异常值的影响.具体对于 MVS,通过 SfM 获取每幅图像的相机标定,相机外矩阵 T,相机内矩阵 K,深度范围 $[d_{min}, d_{max}]$.对于大多数 MVS 方法,COLMAP 提供了足够好的相机估计.

平面扫描立体的主要原理是对于每个深度,将源图像投影到参考相机平截头体的正面平行平面上,那些与投影图像相似度高的深度假设更可靠.大多数基于学习的 MVS 方法都依赖平面扫描算法来生成成本量.这种做法深受双目立体的启发.在基于学习的双目立体方法中,不是直接回归深度值,而是估计描述两个视图之间像素级距离的视差值.借助对极几何的知识,可以根据估计的视差值计算深度值.此外,由于视差值的单位是像素,因此该任务成为分类任务,其中每个类代表一个离散化的视差.这种常见的做法有两个潜在的优势.

首先,深度的估计现在与比例无关,因为单位是像素,而不是米或其他实际距离的度量.其次,CNN 被认为比回归更擅长分类,因此这有助于产生更可靠的结果.这种离散化依赖于平面扫描算法.

平面扫描算法的核心是验证深度假设.平面扫描算法将像素投影到空间一个假设的深度后,如果空间中的一个假设点被具有相似光度的不同相机拍摄到,这个点很可能是一个真实的点,也就是说深度的假设(z 值)有效.在这种情况下,我们可以将深度区间划分为离散值,并根据这些值进行假设.通过在所有假设中选择最有效的深度来估计最终深度.在实施方面,还存在两个问题.一个是在不同图像之间匹配像素或在视图之间建立单应性;另一个是测光相似度.请注意,考虑到单个像素的 RGB 颜色对于匹配而言不够稳健,通常用从原始图像中提取的特征图代替光度测量.

对于一对校准后的双目图像,由于两个主光轴总是平行的,我们只需要通过视差假设将一个视图移动到另一个视图.对 MVS,事情变得有点复杂,因为相机分布在没有对极约束的空间中.在深度假设 d 下,我们首先将源图像的所有像素投影到具有 d 的空间中,然后通过参考相机反向扭曲这些点.因此第 i 个源图像和参考图像之间的单应性是

$$H_i(d) = dK_0 T_0 T_i^{-1} K_i^{-1} \tag{3.2.4}$$

其中 K_0 和 T_0 是相机的内参和参考图像的外参.

假设所有的深度图都已经通过 MVS 方法得到,下一步就是将深度图过滤融合成密集的点云.由于基于图像的 3D 重建与尺度无关,因此估计的深度值实际上是局部相机坐标系中像素的 z 值.因此深度图的融合相当简单,我们需要做的就是通过相机将所有像素投影到3D 空间中.图像坐标和世界坐标之间的变换为

$$P_w = dT^{-1}K^{-1}P_x \tag{3.2.5}$$

其中 P_x 和 P_w 分别表示图像坐标和世界坐标中的像素坐标.

然而,并不是所有的像素都适合保留在最终的点云中,例如那些置信度低的像素和那些在无穷远处的像素,比如天空.为了克服这个问题,深度图在融合之前被过滤.由于基于学习的 MVS 方法采用分类方式,每个深度图与相应的置信度图一起产生.

所以很自然地,可以设置一个阈值来过滤具有低置信度的深度值.此外,深度值可以在相邻视图之间进行交叉检查.这种过滤策略基于重投影误差,常用于 SfM 的 Bundle Adjustment.

如图 3.2.4 所示,通过估计深度 $D_i(P)$ 将图像 I_i 中的像素 P 映射到其相邻视图 I_j,我们获得了一个新像素 P'.由于 I_j 也有它的深度图,我们可以据此得到 $D_j(P')$.反过来,P' 可以投影到 P'' 处的 I_i,深度为 $D_j(P')$. I_i 中 P'' 的深度估计表示为 $D_i(P'')$.深度过滤的约束是

$$\|P - P''\|_2 \leqslant \tau_1 \tag{3.2.6}$$

$$\frac{\|D_i(P'') - D_i(P)\|}{D_i(P)} \leqslant \tau_2 \tag{3.2.7}$$

其中 τ_1 和 τ_2 是阈值.值得注意的是,深度过滤和融合方法经常被忽视,尽管它们可能对获得良好的结果非常重要.

基于深度学习的 MVS 的损失函数可以分为类似回归和类似分类两种.简单回顾一下,

对于 $H \times W \times D \times F$ 的成本量,在成本量正则化之后生成概率量 $H \times W \times D$.不同的损失函数对应不同的最终预测的方式.

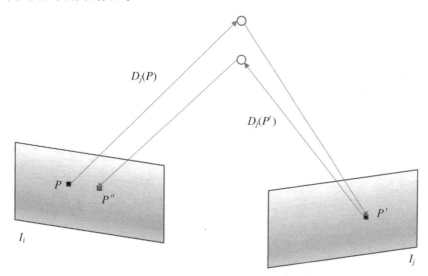

图 3.2.4　通过测量重投影误差检查相邻视图之间几何一致性的图示

如果最终的真实预测是由一个 argmax 操作决定的,则已经变成纯分类任务了,交叉熵损失自然适合做损失函数,真实深度图也像平面扫描和单热编码一样离散化.交叉熵损失函数表示为

$$L = \sum_{d}^{D} - G(d)\log(P(d)) \tag{3.2.8}$$

其中 $G(d)$ 为基于深度的真实标签,$P(d)$ 为预测分布.类分类损失函数的一个重要优点实际上是对深度划分不敏感,这意味着深度划分可以是任意的,而不一定是均匀的.

有些方法采用类似回归的模式来确定预测,而不是计算深度的数学期望.在这种情况下,采用 L_1 损失作为损失函数.这种做法有助于预测更平滑的深度图.MVSNet 以及后来的从粗到细的方法都采用了这种模式.其损失记为

$$L = \| d_0 - E_x(P(d)) \|_1 \tag{3.2.9}$$

其中 d_0 表示地面真相深度图,$E_x(\cdot)$ 表示分布的期望.然而,当且仅当空间的划分均匀时,数学期望是有效的.为了提高可扩展性,R-MVSNet 采用了深度平面水平与实际深度值成反比的反深度采样策略.在这种情况下,平面扫描在遥远的区域是更好的,但类似回归的损失函数不再有效.

实验结果表明,类分类损失函数有助于预测准确的深度值,因为所有低于最大概率的候选数据都被压缩了.然而,这通常会导致深度值不连续.而类似回归的模型则认为数学期望是一种可微的 argmax 方法,它有助于预测平滑的深度图,但在边缘上失去了清晰度.

下面将介绍基于深度学习的 MVS 网络.

该网络为进一步的后处理生成深度图.典型的 MVS 网络主要包括三个部分,即特征提取网络、成本体积构造函数网络和成本体积正则化网络.

1) 特征提取

MVS 的大多数特征提取方法都是采用常见的 CNN 主干方法来提取特征的,如 ResNet

和 U-Net. 我们可以比较不同计算机视觉任务的特征提取. 对于每个图像都被分配一个标签的图像分类, 全局特征更重要, 因为需要对整个图像的整体感知. 对于目标检测, 局部性比全局上下文更重要. 对于立体匹配, 与 MVS 非常相似, 最好的匹配应该是半全局的. 对于纹理信息丰富的高频区域, 我们期望一个更局部的接受域; 而那些弱纹理区域应该在更大范围内匹配.

2) 成本体积构造函数

进行平面扫描以构建成本量, 其细节已在上文中介绍. 由于成本体积的构建可以是成对的, 因此会出现另一个将所有 $N-1$ 个成本体积聚合为一个的过程. DPSNet 简单地通过加法汇总所有成本体积, 其基本原则是平等地考虑所有视图. 实际上, 遮挡在 MVS 系统中很常见, 通常会导致无效匹配. 结果, 越来越多的输入视图将导致更糟糕的预测. 以这种方式的话, 更接近参考视图的视图应该被赋予更高的优先级, 因为它不太可能遭受遮挡.

视图聚合倾向于给遮挡区域更小的权重以及根据体积本身产生重新加权图. 这种做法实际上遵循了自注意力机制.

3) 成本体积正则化

不同 MVS 网络之间的主要区别在于成本量正则化的方式, 将在下文进行分类和介绍. 图 3.2.5 说明了常用的三种正则化方案.

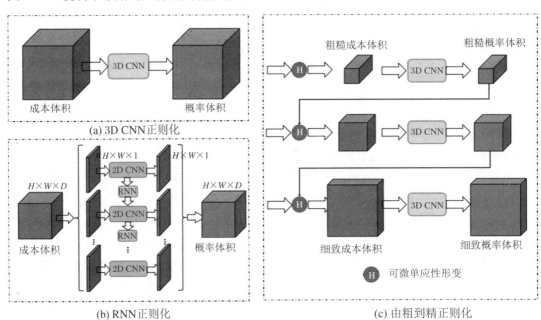

图 3.2.5　MVS 常用的三种正则化方案

（1）3D CNN

3D CNN 是成本量正则化的直接选择. 从字面上看, 3D CNN 由 3D 卷积运算组成, 其卷积核是 3 维的, 并在成本卷的所有维度之间移动. MVSNet 采用 3D U-Net 来规范成本量. 与 2D U-Net 类似, 3D U-Net 包含一个编码器, 它对 3D 卷积进行下采样, 以及一个解码器, 它逐渐恢复原始特征分辨率. MVSNet 是第一个利用深度学习的 MVS 方法, 它使用 3D U-Net 进行成本量正则化.

代价量正则化的目的是聚合特征, 并根据聚合后的特征预测相对有效的深度值. 通过这种方式,3D CNN 是一种通用方法,因为它能够在所有维度上聚合局部和全局特征.然而,CNN 是在规则的网格上运行的,一个潜在的假设为空间的划分是均匀的.对于已完成的案例,统一划分不足以预测可靠的深度值.此外,3D CNN 的计算量大且消耗大量内存,这限制了 D 的值.更精细和更合适的划分通常对于获得高质量的深度图至关重要.

（2）RNN

使用 3D CNN 进行成本体积正则化的一个主要缺点是消耗大量内存,为了减少所需的内存量,一些尝试沿维度 D 用连续的 2D CNN 代替 3D CNN.这样一来,在 GPU 内存中总会有一个成本部分被处理并且有一个 RNN 被用来线程化所有的深度假设,传递维度 D 上的上下文信息.

使用递归正则化的一大优点是它提高了 MVS 方法的可扩展性,因为空间划分可以更精细,因此可以重建更远的对象.但相应地,由于 RNN 的并行性比 CNN 差,该方案以运行效率换空间.

（3）由粗到精

以由粗到精的模式进行预测是减少大量内存消耗的另一种解决方案.从字面上看,由粗到精是网络预测一个粗略的深度图,然后根据以前的结果产生更精细的结果.粗略预测通常基于较低分辨率的下采样图像,而精细预测则基于较高分辨率图像.

这种做法采用编码器-解码器架构,其中低分辨率特征图包含更多低频成分,而高频成分更多地出现在高分辨率特征图中.使用粗略预测的方式不同,Cas-MVSNet 通过围绕先前的粗略预测扭曲具有较小深度范围的特征图来重新生成成本量. $k+1$ 阶段的级联重新扭曲基于式(3.2.4)通过设置 $d = d^{(k)} + \Delta^{(k+1)}$,其单应性为

$$H_i^{(k+1)}(d^{(k)} + \Delta^{(k+1)}) = (d^{(k)} + \Delta^{(k+1)})K_0 T_0 T_i^{-1} K_i^{-1} \qquad (3.2.10)$$

其中 k 表示阶段数, $d^{(k)}$ 是阶段 k 的估计深度值, $\Delta^{(k+1)}$ 是当前阶段要确定的剩余深度.

UCS-Net 从粗略预测中获取不确定性以帮助进行更精细的预测.值得注意的是,RNN 和由粗到精正则化方法都允许更精细的深度划分,但它们侧重于不同的情况.RNN 正则化允许更大的维度 D,因此可以有更多假设的深度平面;由粗到精的正则化可以自适应细分深度间隔以进行更精细的预测,从而能够构建精致的细节.

4. 总结

本小节介绍了三维场景重建的基本概念和常见方法,并简要介绍了与其息息相关的深度估计方法.MVSNet 是一种基于深度学习的三维场景重建方法,它通过学习深度网络来预测场景中每个像素点的深度信息,进而重建三维模型.在这种方法中,首先需要获取场景的多个视角图像,然后通过 MVSNet 将这些图像融合起来,生成高质量的三维重建结果.

MVSNet 的核心是深度网络,该网络由多个卷积层和池化层组成.在训练过程中,网络通过学习大量的图像数据,自动提取出对于场景重建有用的特征,从而得出每个像素点的深度信息.同时,MVSNet 还采用了一种自适应滤波的方法,可以有效地处理深度图中的噪声和伪影,提高重建结果的质量.

MVSNet 的优点在于它能够生成高质量的三维重建结果,且速度较快.这种方法不仅适用于静态场景的重建,也可以应用于动态场景的重建.此外,MVSNet 还可以与其他方法结合使用,如通过传感器捕获的深度数据,从而提高场景重建的准确度和鲁棒性.

然而,MVSNet 也存在一些局限性.首先,它需要大量的训练数据来训练深度网络,因此

在某些特殊情况下,如复杂的光照和阴影条件下,可能会出现重建结果不准确的情况.此外,MVSNet 的重建结果还受到视角数量和视角位置的限制,因此在场景重建时需要考虑选择合适的视角.

综上所述,MVSNet 是一种基于深度学习的三维场景重建方法,通过学习深度网络预测场景中每个像素点的深度信息,实现三维场景的重建.尽管 MVSNet 存在一些局限性,但其优点显著,具有很高的应用价值.随着深度学习技术的不断发展和完善,相信 MVSNet 这种基于深度学习的三维场景重建方法将会得到更广泛的应用,并成为未来三维重建领域的重要研究方向之一.

3.2.2　三维人脸重建

人脸分析已经被广泛应用于许多不同的领域中,包括人机交互、安全监测、动画制作,以及健康检查等领域.该领域最近的一个趋势是结合三维数据来克服二维人脸分析普遍存在的一些固有问题.由于人脸的三维特性,二维图像不足以准确捕捉其几何形状.此外,三维图像提供了面部几何精确表示,而二维图像普遍受姿态和光照的影响而不够精确.

三维人脸分析系统的优势是以更复杂的成像过程为代价的,这往往会制约该三维人脸分析系统的通用性.三维人脸信息通常使用立体视觉系统、三维激光扫描仪(如 NextEngine 和 Cyberware)或 RGB-D 摄像头(如 Kinect)来捕捉.前两种可以捕捉到高质量的面部扫描数据,但需要特定的环境和昂贵的机器.相比之下,RGB-D 相机更便宜,更容易使用,但最终的扫描质量不高.

一个合理的替代直接获取面部三维扫描数据的方法是从未校准的二维图片中估计其几何图形.这种从二维到三维的重建替代方案旨在将捕获二维图像的简单性与面部几何图形三维表示的优势相结合.尽管这种方法很有吸引力,但它本质上是不适定的:从单张图片中恢复人脸几何形状、头部姿势及其纹理(包括照明和颜色),这会导致一个不适定的问题.因此,从二维人脸数据重建三维人脸的解决方案存在歧义,因为可以从不同的三维人脸生成相同二维图片,并且很难确定哪一张图片是正确的.

最近方法上的进步使得在各种领域使用从二维到三维的人脸重建成为可能.一些方法甚至能够恢复例如皱纹等局部细节,或从在极端条件下(例如遮挡)获取的图像中重建三维人脸.添加先验知识来处理解决方案中的歧义是从二维到三维的重建方法成功的关键.在过去十年中添加此先验信息的策略大体上可分为三种,即统计模型拟合、光度立体和深度学习三种方法.在第一种方法中,先验知识被编码在一个三维面部模型中,该模型由一组适配输入图像的三维面部扫描数据构建而成.在第二种方法中,将三维模板人脸或三维人脸模型和光度立体技术相结合,来估计人脸表面法线.这种策略下的方法通常使用来自多个图像的信息,这进一步增加了问题的约束.在第三种方法中,二维到三维的映射是通过深度神经网络实现的,在给定适当的训练数据的情况下,可以学习关联人脸几何形状和外观所需的先验知识.

如前所述,从二维到三维的人脸重建是一个不适定问题,因此它需要某种先验知识来增添约束以解决问题.统计三维人脸模型是添加此先验信息的最流行方式之一.统计三维人脸模型对人脸的几何形状与外观相结合进行编码.这些模型由平均面及其几何形状和外观的变化模式组成.将三维人脸模型拟合到照片是通过估计除模型参数之外的三维姿势和照明来完成的,以便投影到生成的三维人脸的图像平面中产生与给定图片尽可能相似的图像.

在本小节中我们将首先介绍三维可变形人脸模型(3D morphable models,简称 3DMM),这是大多数三维人脸重建方法所采用的添加先验知识的工具.以此为基础我们将着重讲解基于卷积神经网络的三维人脸重建方法并简要介绍基于图卷积网络的方法.最后我们将讨论当前三维人脸重建方法的应用和未来发展方向.

1. 三维可变形人脸模型

三维可变形人脸模型是最广泛使用的统计三维人脸模型,由 Blanz 和 Vetter 引入社区.在过去的几十年中,已经构建并公开了许多 3DMM 库.Blanz 和 Vetter 构建了一个可变形模型,对年轻人(100 名男性和 100 名女性)的头部进行了 200 次激光扫描.他们使用基于将 3D 面展平到 2D 中的 UV 空间的光流算法将训练集的 3D 面置于点对点对应关系中.每个 3D 面通过双射映射与 2D 圆柱参数化相关联,在两个 UV 图像之间建立密集对应关系隐含地建立了 3D 到 3D 的密集对应关系.之后的研究人员通过应用非刚性迭代最近点(NICP)算法直接计算 3D 人脸之间的这些密集对应关系,构建了著名的 Basel Face Model(以下简称 BFM).BFM 还建立了 100 名女性和 100 名男性受试者的 3DMM 数据,年龄在 8 至 62 岁之间,平均年龄为 24.97 岁.BFM 相对于 Blanz 和 Vetter 的 3DMM 的一项技术改进是改进了扫描仪,使其能够在更短的时间内以更高的分辨率和精度捕捉面部几何形状.

接下来以 BFM 为例讲解 3DMM 的重建原理与求解方法.

3DMM 的核心思想是假设 3D 面集足够大,这样就可以将任何新的纹理形状表示为 3D 面的形状和纹理的线性组合.换句话说,每一张三维人脸都可以由一个数据库中的所有人脸组成的基向量空间来表示,然后求解任意三维人脸的模型,实际上就是求解各个基向量的系数.

以 BFM 模型为例. BFM 模型中的每个点都可以用一个六维向量 $F = (x, y, z, r, g, b)$ 表示,其中 (x, y, z) 为形状向量用于决定脸的轮廓,(r, g, b) 为纹理向量用于决定脸的肤色等属性.

则任意的人脸模型可以由数据集中的 m 个人脸模型进行加权组合如下:

$$S_{\text{model}} = \sum_{i=1}^{m} \alpha_i S_i, \quad T_{\text{model}} = \sum_{i=1}^{m} \beta_i T_i, \quad \sum_{i=1}^{m} \alpha_i = \sum_{i=1}^{m} \beta_i = 1 \quad (3.2.11)$$

其中 S_i, T_i 分别表示数据库中的第 i 张人脸的形状向量和纹理向量.可是我们在实际构建模型过程中是不能使用这里的形状向量和纹理向量作为基向量的,因为 S_i, T_i 之间不是正交相关的,因此接下来需要使用 PCA 方法进行数据降维分解.

(1) 计算形状和纹理向量的平均值 $\bar{S}, \bar{T}$;

(2) 中心化人脸数据;

(3) 分别计算协方差矩阵;

(4) 求出形状和纹理协方差矩阵的特征值 α_i, β_i 和特征向量 s_i, t_i.

式(3.2.11)可以转换为

$$S_{\text{model}} = \bar{S} + \sum_{i=1}^{m-1} \alpha_i S_i, \quad T_{\text{model}} = \bar{T} + \sum_{i=1}^{m-1} \beta_i T_i \quad (3.2.12)$$

其中 $\bar{S}, \bar{T}$ 是形状和纹理的平均值,而 s_i, t_i 分别是 S_i, T_i 减去各自平均值后的协方差矩阵的特征向量,把它们对应的特征值按照大小进行降序排列.

等式右边仍然是 m 项，但是后面的累加项降了一维，减少了一项．而且 s_i,t_i 都是线性无关的，取它们前几个分量可以对原始样本做很好的近似，因此可以大大减少需要估计的参数数目，并不失其精度．

基于 3DMM 的方法，都需要求解这几个系数，随后的很多模型会在这个基础上添加表情、光照等系数，但是原理与之类似．

基于 3DMM 求解三维人脸需要解决的问题就是形状、纹理等系数的估计，具体就是如何将 2D 人脸拟合到 3D 模型上，这一过程被称为 model fitting，这是一个病态问题．经典的方法在 1999 年的文章《A Morphable Model For The Synthesis Of 3D Faces》中作了阐述，其传统的求解思路被称为 analysis-by-synthesis，求解思路如下：

第一步：要初始化一个三维模型，就需要初始化内部参数 α,β 以及外部渲染参数（包括相机的位置、图像平面的旋转角度、直射光和环境光的各个分量、图像对比度等共 20 多维），有了这些参数之后就可以确定一个唯一的 3D 模型到 2D 图像的投影．

第二步：在初始参数的约束下，经过 3D 至 2D 的投影，就可以由一个 3D 模型得到一个 2D 图像，再计算出与输入图像的误差，接着以误差反向传播来调整相关系数后，就可以调整 3D 模型，并不断进行迭代．每次参与计算的是一个三角晶格，若人脸被遮挡，则该部分不参与损失计算．

第三步：具体迭代时采用由粗到精的方式，开始之初，使用低分辨率的图像，只要优化第一个主成分的系数，后面再逐步增加主成分．在一些后续迭代步骤中固定外部参数，对人脸的各个部位分别进行优化．

对于 model fitting 问题来说，除了模型本身的有效性，还有很多难点．一是该问题本身是一个不适定问题（ill-posed problem）．二是人脸的背景干扰、遮挡均影响精度，而误差函数本身也不具连续性．三是在基于关键点进行优化时，对初始条件敏感．如果关键点精度较差，重建的模型精度也会受到较大影响．

2. 基于卷积神经网络的三维人脸重建

近些年，深度学习技术被广泛地应用于计算机视觉等领域，并取得了有效的进展．特别是在三维人脸重建方面，越来越多的研究人员正在运用深度学习技术对三维人脸重建的方法进行创新，使得基于深度学习的三维人脸重建成为了计算机视觉领域的创新热点．运用深度学习技术，可以更好地利用人脸图像的特征信息，使三维人脸重建的精度和稳定性显著提升，为今后三维人脸重建的广泛应用提供更加坚实、可靠的基础．

卷积神经网络作为深度学习的代表技术之一，当然也得到了研究人员的关注．因为卷积神经网络具有较好的特征表达和学习能力，所以研究人员把卷积神经网络引入单幅图像的三维人脸重建领域．但是，与传统的三维可变形模型相比，卷积神经网络存在算法复杂度高、缺乏先验知识等缺点．如何把卷积神经网络和三维可变形模型更好地相结合，重建出较精细的三维人脸成为了研究人员比较关注的问题，下面介绍几种研究人员在研究过程中提出的优化算法．

1）Richardson 等提出的一种端到端的三维人脸重建算法

Richardson 等提出的端到端的三维人脸重建算法由 CoarseNet 和 FineNet 两个网络模块组成，其中 CoarseNet 模块的作用是通过 3DMM 计算得出三维人脸的系数，以初步恢复出人脸几何的粗糙模型；而 FineNet 模块的作用是把 CoarseNet 模块得到的粗糙人脸几何进行细化.这两个模块是通过连接层来连接的.实验结果证明,端到端的三维人脸重建算法不仅重建出了高精度的三维人脸,还提高了算法的运行速度.类似地,Fan 等提出的双神经网络结构算法、SCGNN 算法都是把卷积神经网络和三维可变形模型的优点相结合,从而重建出具有较好效果的三维人脸.

2) Zhu 等提出的 3DDFA 算法

在三维人脸重建的过程中,若训练数据的标注信息越精确,则模型重建的复杂度越低.但是许多算法在根据标注信息进行三维人脸重建时,会存在或多或少的误差,究其原因是在进行图像配准对齐过程中容易出现差错.当对无约束或者低分辨率以及有遮挡的图像进行人脸特征点检测时,即使是优秀的数据标注员也难以准确地对其进行定位.除此之外,若图像中的人脸处于不同的姿态,则会提高对特征点进行标注的难度.以上这些问题可能对三维人脸重建效果产生较大的影响.于是,Zhu 等提出了 3DDFA 算法来进行密集人脸对齐,该算法把特征点标注问题转化成图像与模型拟合的问题.通过将三维人脸模型拟合到图像上的方法,计算出输入图像特征点的位置.该算法解决了由三维变换引起的外观变换和自遮挡问题,对大姿态人脸和模糊图片等情况均表现出很强的鲁棒性.

3) MTGCNN(MultiGTask CNN)算法

为了在准确性和速度方面对 3DDFA 算法进行进一步优化,MTGCNN 算法使用级联多任务的卷积神经网络来联合回归三维人脸形状.该算法的过程是:在第一阶段运用 MTGCNN 联合估计出三维人脸形状、二维特征点位置和人脸的姿态,然后将二维特征点位置信息提取到的 MSIFs(M-odified Shape Indexed Features) 作为第二阶段 MTGCNN 的输入,最终回归出目标三维人脸.实验结果表明,该算法具有精确的面部特征点检索功能和高效的计算率.

4) Wu 等提出的一种直接从大量无三维标签的二维人脸数据中重建三维人脸的算法

为了达到不借助二维图像特征点信息来回归出三维人脸的形状和纹理参数、预测出人脸的姿态参数和表情参数等目的,Wu 等提出了一种直接从大量无三维标签的二维人脸数据中重建三维人脸的算法.针对训练数据的不足,该算法设计了一种弱监督损失函数,使其可以仅根据二维人脸图像来进行模型的学习.另外,该算法通过缩小渲染人脸与输入人脸间的差距,来达到重建出具有真实感纹理的目的.在进行图像与模型的对齐时,有很多工作严重地依赖先验知识来减少深度模糊,这种方法虽然取得了不错的效果,但由于 3DMM 有限的解空间限制了其表达能力,因此该算法仍有很大的改进空间.另外,在进行图像渲染时,很多工作通常是直接使用 ZGbuffer 进行的,但是由于其并不一定是可微的,因此会使其产生一定的误差.Zhu 等设计了 ReDA 图像拟合算法来解决上述问题.

5) Zhu 等设计的 ReDA 图像拟合算法

该算法的系统框架示例如图 3.2.6 所示.P_{cam} 和 P_{pos} 分别表示摄像机的投影矩阵和位姿,S' 表示修正后的人脸,FFD_ARAP 表示自由变形的过程中产生的损失.该算法的思路是通过优化网络 Opt 回归出形状残差 S 以及 3DMM 所需的形状、表情参数 α 和 β;通过初始化形状和纹理参数生成初始化人脸 S^0,通过自由变形的过程后 $S' = S^0 + S$,该过程的作用是减小初始三维人脸 S^0 和最终三维人脸 S' 间的距离.设计该过程的目的是解决 3DMM 容量的限制问题,以确保网格有足够的空间来处理输入图像.ReDA 图像拟合算法通过计算渲染图像和相应的真值之间的差异损失来进行优化.

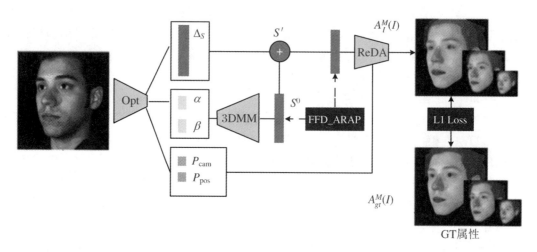

GT属性

图 3.2.6　ReDA 图像拟合算法系统示例

3. 基于图卷积网络的三维人脸重建

在计算机视觉领域,卷积神经网络展示了其独有的优势,它可以有效地提取图像的特征进行学习. 通常卷积神经网络可以处理的是视觉数据中的以整齐的矩阵形式排列的像素点,但是人脸特征点的排列呈非规则式网络结构.因为图卷积网络适用于处理网状拓扑结构,所以研究人员考虑引入图卷积网络来进行三维人脸重建.

Lin 等提出了一种基于图卷积网络的三维人脸重建算法.

CoMA(Convolutional Mesh Autoencoder)是一种网格卷积自编码器,能够把不同尺度网格特征的拓扑结构保存在神经网络中.运用该自编码器能成功地将卷积神经网络在结构化数据上的应用推广到图结构或网格结构的数据上.

受 CoMA 的启发,Lin 等提出了一种基于图卷积网络的三维人脸重建算法,算法的框架如图 3.2.7 所示.该算法的目标是重建出具有高保真纹理的三维人脸,通过将输入图像中的面部细节引入面部网格中,来进一步细化人脸的初始纹理.其中,Regressor 模块根据输入图像 I 回归出 3DMM 的形状和纹理系数 coefficients、人脸的姿态以及光照参数 pose&light.分别把 FaceNet 提取到的特征向量和纹理系数生成的人脸纹理输入 GCN Decoder 和 GCN Refiner 中,沿着通道轴,二者的输出又输入 CombineNet 中,最终得到一个精细的人脸纹理 T',最后运用 Discriminator 通过对抗训练来提高纹理细化模块的输出效果.

4. 学习与思考

尽管研究人员已经提出了各种不同的算法策略,但其中大部分策略的常用工具都是 3DMM,因为它能把人脸高度复杂的变化捕获到降维的线性子空间中.但是在重建过程中的 3DMM 有两种局限.其一,3DMM 的质量是高度依赖于训练集中包含的形状变化类型,因为受试者的不同年龄、性别、种族甚至表情的面部形状都可能会有很大的差异.其二,3DMM 是对面部变形进行全局建模,这使它的重建精细细节的能力受到限制,而且这种限制也被采用了 3DMM 生成的合成训练数据或约束其内部(潜在)表示的深度学习方法继承了.因为这个渊源,3D 人脸模型和 3D 人脸重建两个研究领域是密切相关的.一方面,3D 人脸模型允许确保从 2D 图像重建的 3D 面部的合理性,从而推动了相关研究领域的发展.另一方面,3D

人脸重建方法受到人脸模型提供的特征表示的限制,使得精细细节的重建成为一个需要进一步探索的问题.因此,通过提高局部或非线性模型等建模能力,可能有助于获得更准确的详细的 3D 人脸重建.

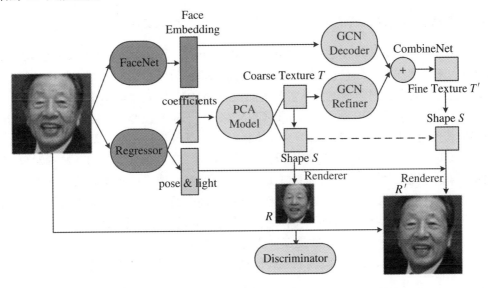

图 3.2.7　基于图卷积网络的三维人脸重建算法的框架示例

3.3　基于图像的三维目标检测

目前,由于基于图像的三维目标检测是一个相对较新的领域,因此基于图像的三维检测没有具体的分类方法,借鉴以往的研究,根据一般的二维目标检测分类方法,将三维目标检测分为三类方法,分别是基于模板匹配的方法、基于几何属性的方法以及基于伪激光雷达的方法.基于图像的三维目标检测的本质与二维目标检测大体相同,仅以单目/立体图像作为输入数据信息来预测三维目标,采用分割、形状和自由空间等先验信息提取的二维图像上的区域应与三维区域一致.二维目标检测算法可以生成高质量的二维检测框,可以简化为透视 n 点问题(PnP),通过几何约束来粗略估计三维姿态.除此之外,受益于基于激光点云的三维目标检测算法的启发,单目/立体视觉三维目标检测可通过计算视差,重新投影图像到三维空间,得到伪激光雷达,然后采用基于激光点云的高精度三维目标检测算法,即所谓的伪激光雷达的方法.下面我们将简要介绍基于模板匹配、基于几何属性以及基于伪激光雷达等方法的算法.

3.3.1　基于模板匹配的方法

首先介绍基于模板匹配的单目/立体视觉三维目标检测方法.基于模板匹配的方法中最重要的是建议区域生成(region proposals).如何生成高质量的建议区域已经在二维目标检

测算法中得到深入研究，例如传统的手工分组（如 Selective Search）、窗口评分（如 EdgeBoxes）和基于卷积神经网络的 Region Proposal Network（RPN）. 这些方法通过详尽地采样和评分代表性模板来进行二维或三维匹配.

1. 基于模板匹配的方法的早期代表性算法 3DOP 与 Mono3D

基于模板匹配的方法早期的代表性算法是由 Chen 等提出的 3DOP. 3DOP 将双目图像对作为输入来估计深度，并通过将图像平面中的像素坐标重新投影回三维空间来计算点云. 3DOP 将建议区域生成问题表述为马尔可夫随机场（MRF）的能量最小化问题. 在得到多种三维物体框的同时，3DOP 采用 Fast R-CNN 来回归对象位置. 随后，Chen 等提出了 Mono3D，其仅通过使用单目相机而不是立体相机来实现同等的三维目标检测性能.

与 3DOP 不同，Mono3D 通过使用滑动窗口直接从 3D 空间中采样 3D 候选对象，而不计算深度信息，并通过假设三维目标物体所在的地平面与图像平面正交来减少搜索次数. 另外语义分割、实例分割以及位置先验被用来对图像平面中的候选框进行详尽的评分，以在通过 Fast R-CNN 进行二维图像目标检测之前选择最有希望的一个建议区域.

3DOP 和 Mono3D 的不足之处是仅仅能得到每个类别的建议区域，这意味着需要重新区分每个类别内的物体. 过度依赖领域先验信息限制了这些模型在复杂场景中的可推广性.

2. 基于图像的三维目标检测算法 Deep MANTA

基于图像的三维目标检测算法是由 Chabot 等提出 Deep MANTA，其利用特定的二维目标检测器输出二维检测框，以及二维坐标、部分可见性和三维模板的相似度，这依赖一个大型的三维模型 CAD 数据集. 通过计算和三维模板的相似度，可以从模板数据库中选择最佳的三维模板，再利用二维和三维框的匹配来恢复三维结构. Deep MANTA 的不足之处是需要一个大型的三维模型 CAD 数据库，不适合推广到数据库中没有的类别.

3.3.2 基于几何属性的方法

第二类单目/立体视觉三维目标检测算法是基于几何属性的方法. 这类方法不需要大量的建议区域生成来实现高召回率，而是直接从精确的二维目标检测框开始，根据经验观察获得的几何属性来粗略估计三维姿态. 基于几何属性的方法，下面我们将简要介绍近年来较突出的三种新的算法.

1. Deep3DBox 算法

Mousavian 等提出的 Deep3DBox，是被 CVPR2017 收录的论文《3D Bounding Box Estimation Using Deep Learning and Geometry》中的方法. 该算法利用了三维坐标角点的透视投影应该紧密接近二维检测框的几何属性的先验. 用到两个深度卷积神经网络回归相对稳定的 3D 物体属性（方向、长宽高），然后将这些属性和 2D 目标 bounding box 的几何约束结合起来，生成完整的 3D bounding box. 第一个深度卷积神经网络运用论文中提出的用于回归方向 MultiBin loss，来生成 3D 物体的方向，其性能比 L2 loss 强很多；第二个深度卷积神经网络输出回归 3D 目标的维度，与回归其他的参数相比，维度的差异相对较小，并且可以利用先验知识. 在 3D pose 估计框架中，选择回归参数很重要.

Deep3DBox 能从单目中恢复 3D 距离尺寸信息,但是它需要学习全连接层的参数,与使用附加信息的方法相比,需要更多的训练数据.

2. GS3D 算法

GS3D 算法是 Li 等提出的,收录在 CVPR2019 上的一篇论文中的方法,GS3D 算法的特点在于充分利用 3D 表面在 2D 图像的投影特征,进行区分判别.该算法先计算 2D 检测结果,通过一些先验知识结合学习算法计算 3D 检测边界框的尺寸和方位.具体来说:一是基于可靠的 2D 检测结果,为目标获取粗糙的基本 3D 长方体边界框.该长方体提供了目标的位置、尺寸、方向的可靠近似,为未来精细化调整提供指导.二是利用 2D 图像上的投影 3D 边界框可见表面上潜在的 3D 结构信息,提出使用从这些表面提取的特征解决之前方法仅仅使用 2D 边界框特征时存在的特征模糊问题.通过表面特征的融合,模型可以达到更好的判断能力并且提升细化精度.

GS3D 算法框架结构由四部分组成:

(1) 一个基于 CNN 的检测算法得到 2D 检测框和观测角度;

(2) 通过场景先验,计算粗糙 3D 边界框(3D guidance);

(3) 3D 框被重投影到图像平面,计算表面特征;

(4) 通过子网络,由重投影特征进行分类学习,得到精化的 3D 检测框.

3. Stereo R-CNN 算法

Stereo R-CNN 是由香港科技大学的 Peiliang Li 等提出的一种利用立体图像中语义和几何信息进行稀疏、稠密约束的三维目标检测算法.它以双目图像作为输入信息,基于 Faster R-CNN,同时检测和关联左、右图像中的目标.网络结构如图 3.3.1 所示,双目图像首先经由立体-区域建议子网(Stereo RPN)得到感兴趣区域.然后,将左、右感兴趣区域特征输入立体回归分支(Stereo Regression)和关键点分支(Keypoint Branch)中:前者根据左、右输入特征进行目标的类别分类,2D 边界框、视点和尺寸维度回归.后者根据左感兴趣区域特征来预测稀疏的关键点.最后,将两个分支的预测结果(关键点与 2D 边界框)相结合以粗糙地预测目标的三维边界框.再通过密集三维边界框对齐模块(dense 3D box alignment)和估计模块(3D box estimator)计算最佳中心深度,实现精细回归.实验表明,Stereo R-CNN 的检测精度显著高于同类型算法.

4. 总结

GS3D 在 Faster R-CNN 的基础上增加了一个额外的方向预测分支,预测二维检测框和观察方向.虽然 GS3D 比现有的基于单目图像的方法在性能上有明显的提升,但是 GS3D 依赖于先验知识,并且容易受到三维物体的大小的影响,是不精确的.

Stereo R-CNN 是利用二维和三维之间的投影关系的算法,根据 2D 图像进行 3D 感知本身就存在"先天不足"(ill-posed),通过单目或双目估计得到的深度信息不够准确,或将影响检测的精度和鲁棒性;同时简单地把深度图像叠加在前视图后面所构成的"伪三维图",并不能准确地表达真实的空间分布属性,反而影响网络对三维场景的理解.

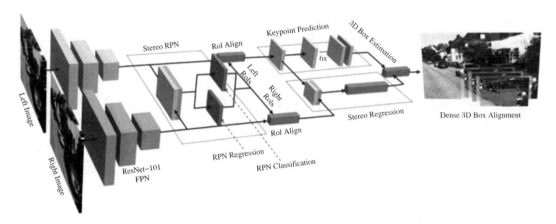

图 3.3.1　Stereo R-CNN 算法网络结构

3.3.3　基于伪激光雷达的方法

本小节介绍基于伪激光雷达的单目/立体视觉三维目标检测方法.这些方法首先进行深度估计,然后利用现有的基于激光点云的三维目标检测方法进行三维目标识别.

1. MF3D

Xu 等提出 MF3D 对图像和伪激光雷达特征进行多级融合.具体来说,MF3D 首先通过独立的单目深度估计模块计算视差,以获得伪激光点云.同时采用标准的二维目标建议区域生成网络,将视差图转换后的前视图和 RGB 图像进行融合并作为其输入.在获得二维目标建议区域后,来自 RGB 图像和伪激光雷达点云的特征通过串联融合以进一步优化.

2. Mono3D-PLiDAR 算法

Weng 等提出了 Mono3D-PLiDAR,其将输入图像通过执行单目深度估计算法(DORN)转换到三维相机坐标,即伪激光雷达点云.然后将三维目标检测模型 Frustum PointsNets 应用于伪激光雷达点云(pseudo-LiDAR).Weng 等指出由于单目深度估计误差,伪激光雷达点云存在大量噪声.这主要体现在两个方面:点云的局部失准和深度伪影问题,为了克服前者,该算法使用二维和三维目标检测框的一致性损失(BBCL)来监督训练;为了缓解后者,该算法采用了 Mask-RCNN 预测的实例掩码而不是二维检测框来减少 frustum 内的无关点.基于伪激光雷达点云的方法在标准的三维目标检测基准上实现了最好的效果,这在某种程度上为探索图像和激光雷达点云两种模态的协同作用提供了启示.

总而言之,本节介绍的三种单目/立体视觉三维目标检测方法各有利弊.这些方法仅仅将图像作为输入,利用图像的颜色属性和纹理信息,融合先验信息来设计模型提高检测性能.由于二维图像缺乏深度信息,单目/立体视觉三维目标检测的精度不高.一个重要的研究方向是提高图像深度估计算法性能.对于自动驾驶系统来说,冗余性对于安全行驶是必不可少的,因此基于二维图像的三维目标检测算法的研究是必要的.

第 4 章 深度学习技术概述

作为机器学习(Machine Learning,简称 ML)的子领域,深度学习(Deep Learning,简称 DL)是与神经网络、模式识别、信号处理等各种专业研究领域相关的新交叉领域.

深度学习通过模拟人脑神经系统,构建类脑系统、认知活动中使用各种非线性信息处理,获取对各种文本、图形和语言等数据的理解有重要意义的知识深度学习的最终目标是使计算机可以像人那样具备计算的功能,可以获取文本、图形和语音的信息,建立比较抽象的功能类型或特征等高级表示.

过去,当机器学习用于完成实际任务时,往往必须由研究人员手动设计描述样本的特征.而这种过程就叫作"特征工程"(feature engineering).样本特征的质量与模型性能的质量密切相关.样本特征越好,模型性能就越好.然而,研究人员要设计出好的特征并不容易,深度学习本身可以产生好的特征.

深度学习实际上是一系列复杂的机器学习算法.深度学习的算法有很多,其中最常用的是卷积神经网络(CNN)、循环神经网络(RNN)和深度置信网络(DNN).随着研究的进一步发展,一些研究开始结合这些方法.在本章中,我们将重点阐述两种方法:一种是基于卷积运算的神经网络系统,即卷积神经网络(CNN);另一种是随机森林算法.

4.1 卷积神经网络

1943 年,心理学家 Warren McCulloch 在与英国数学逻辑学家 Walter Pitts 共同合著的《A Logical Calculus of the Ideas Immanent in Nervous Activity》论文中提出并给出了人工神经网络的概念及人工神经元的数学模型,从而开创了人工神经网络研究的时代.1949 年,心理学家唐纳德·赫布在《The Organization of Behavior》的文章中描述了神经元学习的原理,介绍了人类神经元的研究方法.人工神经网络是通过模拟神经元构造和特性,使人造神经元之间相互连接以实现并行性数据处理的计算机或数学模型.

神经网络研究的主要思路是:首先把生物神经网络的运行机制抽象并优化成数学模型,然后将其表达为以人工神经元为节点,并以神经元间的相互连接与联系为路径权值的有向图,之后再以特定程序为载体(例如计算机程序)实现,最后生物通过神经系统达到特定功能(例如分类).它可以使用一批输入输出数据来学习和掌握输入与输出之间的规则,直到通过新的输入数据获得相应的输出结果.这种通过分析和学习掌握输入与输出规律的过程称为"训练".

4.1.1 人工神经元

1. 生物神经元

首先简单地介绍一下生物神经元的结构.生物神经元结构如图 4.1.1 所示.

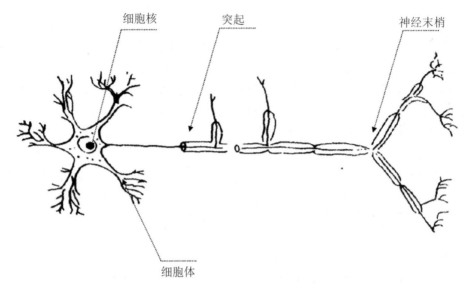

细胞核　　　　突起　　　　　　神经末梢

细胞体

图 4.1.1　生物神经元结构

神经元包括两大部分,即细胞体和突起.细胞体具备联络和整合输入输出信号、发送信息的能力,它由细胞核、细胞膜、细胞质等构成.突起的主要功能是接收来自其他神经元轴突传来的冲动,并将冲动传送入细胞体.突起也包括两个类型:树突和轴突,其中树突有许多细短分枝,这种叉状分枝可以使细胞体膨胀而突出,成为树枝状.轴突的功能为接收外部刺激,然后再由细胞体传递出去;它的分枝少而长,细而长的突起粗细一致,常起于轴丘.除分出侧枝外,轴突末端形成树突状的神经末梢.末梢散布在一些组织和器官中,从而形成了各种神经末梢.感官神经末梢生成各种感官器;而运动神经末梢分布于骨骼等组织中,形成运动末梢.

2. 人工神经元

1) 人工神经元结构

人工神经元在神经网络中被称作"处理单元",在网络结构中又被称作"节点",是对原生物神经元构造的一个形式化描述.人工神经元的模型可以由图 4.1.2 来表述.

人工神经元模型是将输入信息数据 $x_1 \sim x_m$ 看作外界刺激,将其某个权重 $\omega_{k1} \sim \omega_{km}$ 对输入信息数据的权重进行加权成为树突对刺激的加工过程,将带有偏置 b_k 的求和过程作为细胞核对输入信息的加工处理.最后输出的结果是通过激励函数 φ 对积分结果 v_k 的非线性变换所得.由此可得输入和输出的对应关系:

$$y_k = \varphi\left(\sum_{i=1}^{m} \omega_{ki} x_i + b_k\right) \qquad (4.1.1)$$

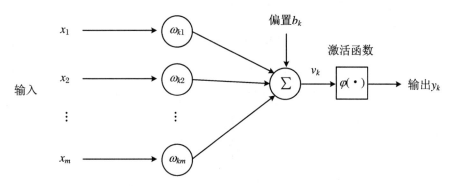

图 4.1.2 人工神经元结构

2) 常见的激励函数

(1) Sigmoid 函数

Sigmoid 函数定义式如下：

$$S(x) = \frac{1}{1 + \mathrm{e}^{-x}} \tag{4.1.2}$$

其对 x 的导数为

$$S'(x) = \frac{\mathrm{e}^{-x}}{(1 + \mathrm{e}^{-x})^2} = S(x)(1 - S(x)) \tag{4.1.3}$$

Sigmoid 函数的特性是将输出限制在 0～1 之间,当输出值是绝对值较大的负数时,输出为 0,当输出值是绝对值较大的正数时,输出为 1,因此在传输时,数据不容易发散.

但 Sigmoid 面临着两大缺陷:一是 Sigmoid 中会出现过饱和、局部梯度丢失等情况. 从图 4.1.3 中可以看出,在 0 和 1 转换中,由于神经元活动度已处于饱和状态,但梯度值仍然基本为 0,使得在反向传播过程中,很容易发生梯度消失的情况,从而影响了整个训练过程. 二是 Sigmoid 的平均输出值也不为 0. 因为这两个缺陷,Sigmoid 的应用逐渐减少了.

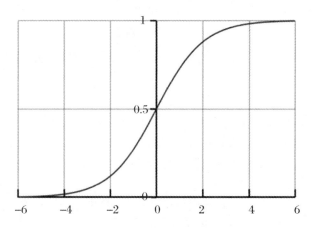

图 4.1.3 Sigmoid 函数图像

(2) tanh 函数

双曲正切函数(tanh)定义式如下：

$$\tanh x = \frac{\sinh x}{\cosh x} = \frac{\mathrm{e}^x - \mathrm{e}^{-x}}{\mathrm{e}^x + \mathrm{e}^{-x}} \tag{4.1.4}$$

其对 x 的导数如下:

$$(\tanh x)' = \frac{1}{\cosh^2 x} \tag{4.1.5}$$

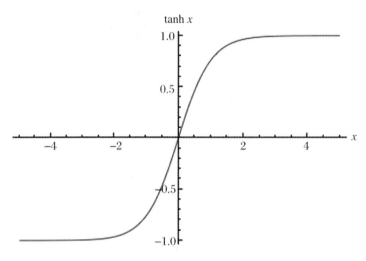

图 4.1.4　tanh 函数图像

tanh 函数是 Sigmoid 函数的一个变形形式,其均值是 0,在实际应用时的有效性高于标准 Sigmoid.

（3）ReLU 函数

ReLU 函数全称为 Rectified Linear Function,是线性整流函数,通常情况下将它表示为斜坡函数,表示方法为

$$f(x) = \max(0, x) \tag{4.1.6}$$

其对 x 的导数为

$$f'(x) = \begin{cases} 0, & x < 0 \\ 1, & x \geqslant 0 \end{cases} \tag{4.1.7}$$

ReLU 是近年来流行的自激活函数,当输入信号小于零时,其输出为 0;而如果输入信号超过 0,则输出与输入相等.

ReLU 的优点:

① ReLU 为局部线性的函数,不存在过饱和的情况.同时试验结果还证明了,当使用 ReLU 的随机梯度下降算法时,收敛速度比使用 Sigmoid 和 tanh 的都高.

② ReLU 仅需一个阈值就可得出激活值,无需像 Sigmoid 那样进行复杂的指数运算.

ReLU 的缺点:

在训练期间,ReLU 神经元相对来说更脆弱,更容易失效.比如,ReLU 神经元在接收到大量的梯度数据流后,就很有可能不再对输入的数据产生反应.因此,在进行训练时要设定较小且适当的学习率参数.

ReLU 函数图像如图 4.1.5 所示.

（4）Leaky-ReLU 函数

与 ReLU 相比,在数值为负数时,Leaky-ReLU 引入了一个非常小的常数,例如 0.01.这个小常数可以校正数据的分布,并保留一些负轴值.在 Leaky-ReLU 中,这个常数作为超

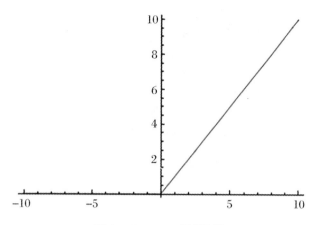

图 4.1.5　ReLU 函数图像

级参数.通常需要通过先验知识手动分配赋值.

Leaky-ReLU 函数图像如图 4.1.6 所示.

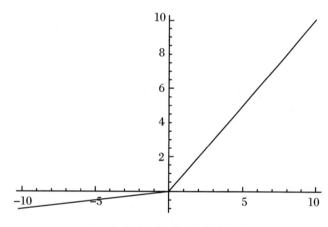

图 4.1.6　Leaky-ReLU 函数图像

（5）激励函数总结表

部分激励函数表如表 4.1.1 所示.

表 4.1.1　部分激励函数表

函数名	函数图像	函数表达式	导函数表达式
identity 函数		$f(x)=x$	$f'(x)=1$
binary step 函数		$f(x)=\begin{cases}0,&x<0\\1,&x\geqslant0\end{cases}$	$f'(x)=\begin{cases}0,&x\neq0\\\text{不存在},&x\geqslant0\end{cases}$

函数名	函数图像	函数表达式	导函数表达式
logistic 函数		$f(x) = \dfrac{1}{1+e^{-x}}$	$f'(x) = f(x)(1-f(x))$
tanh 函数		$f(x) = \tanh x = \dfrac{2}{1+e^{-2x}} - 1$	$f'(x) = 1 - f(x)$
arctan 函数		$f(x) = \tan^{-1} x$	$f'(x) = \dfrac{1}{x^2+1}$
ReLU 函数		$f(x) = \begin{cases} 0, & x<0 \\ x, & x\geqslant 0 \end{cases}$	$f'(x) = \begin{cases} 0, & x<0 \\ 1, & x\geqslant 0 \end{cases}$
PReLU 函数		$f(x) = \begin{cases} ax, & x<0 \\ x, & x\geqslant 0 \end{cases}$	$f'(x) = \begin{cases} a, & x<0 \\ 1, & x\geqslant 0 \end{cases}$
ELU 函数		$f(x) = \begin{cases} a(e^x - 1), & x<0 \\ x, & x\geqslant 0 \end{cases}$	$f'(x) = \begin{cases} f(x) + a, & x<0 \\ 1, & x\geqslant 0 \end{cases}$
SoftPlus 函数		$f(x) = \ln(1+e^x)$	$f'(x) = \dfrac{1}{e^{-x}+1}$

4.1.2 感知器介绍

感知器算法最早由美国心理学家 Roseblatt 在 1958 年创立，目的在于探讨人脑的学习过程和感知认知机制。感知器算法的出现标志着神经网络的发展由概念探索转向过程实现，而感知器算法是基于线性可分模式分类的一种最简便的神经网络模型。

1. 单层感知器

算法模型如图 4.1.7 所示。

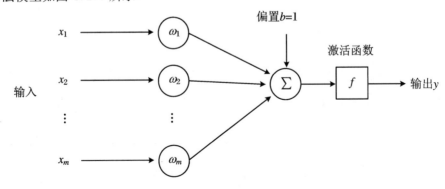

图 4.1.7　单层感知器结构

x_i 表示的数据输入信号,是根据预先定义的数据进行非线性转换获得每一条数据对应的权重 ω_i 得出的数据 y,y 表示输出信号. f 是激活函数,$\sum$ 表示的是对所有输入数据的求和.如此可得到

$$z = W^{\mathrm{T}} x \tag{4.1.8}$$

其中

$$W^{\mathrm{T}} = \begin{bmatrix} \omega_1 \\ \omega_2 \\ \vdots \\ \omega_n \end{bmatrix}, \quad x = \begin{bmatrix} x_1 \\ x_2 \\ \vdots \\ x_n \end{bmatrix}$$

那么感知器的输出表示为

$$y(x) = f(z) = f(W^{\mathrm{T}} x) \tag{4.1.9}$$

其中 $f(z)$ 为阶跃函数.以上公式所表示的意思是指感知器返回的数据是一个特征以及与它相应的权重相乘,然后求和,并把所求和视为阶跃函数的激活输入.而输出结果就是感知器的判断结果.在训练过程中,计算结果将与正确的数据进行比较,并将错误反馈.

另外,由式(4.1.9)可以得出,当 $z \geqslant 0$ 时,$f(z) = 1 \geqslant 0$;当 $z < 0$ 时,$f(z) = -1 < 0$.因此,对于正确分类的所有数据,它都符合下面的不等式:

$$W^{\mathrm{T}} x_n y_n > 0$$

对于错误的分类,那么也就有

$$- W^{\mathrm{T}} x_n y_n > 0$$

这样,通过使以下函数最小化,可以提高感知器的精确性:

$$E(\omega) = - \sum_{n \in M} W^{\mathrm{T}} x_n y_n \tag{4.1.10}$$

其中 M 为误分类点的集合,这个损失函数是在感知器上的经验和损失函数.

在此基础上,为了最小化误差函数,我们可以引入梯度下降法.梯度下降(gradient descent)在机器学习中有着重要的应用.梯度下降的主要目的在于寻找目标函数的最小值.

梯度下降公式如下:

$$w^{(k+1)} = w^{(k)} - n \nabla E(w) = w^{(k)} + \alpha x_n y_n \tag{4.1.11}$$

其中 k 为算法中的步数,α 为学习率,是一个调整学习速率的通用算法优化参数. α 取值需要适中.过小的 α 值可能导致收敛速度过慢,过大的 α 值会导致错过最低点.

2. 多层感知器

与单层感知器相比,多层感知器在输入层和输出层之间添加了若干隐藏层,如图 4.1.8 所示.

图 4.1.8 为三层结构的多层感知器,带有 +1 标签的神经元是常数误差项,隐藏层中的人工神经元通常称为"单元".而更通用的多层感知器具有规则的分层结构,如图 4.1.9 所示,它已经可以称为"神经网络".每一层神经元与下一层神经元完全连接,没有跨层连接,同一层神经元之间没有连接,这种神经网络的结构称为"多层前馈神经网络".也就是说,输入层神经元只接受外部的输入信息,并通过隐藏层和输出层处理信号,最终结果仍然是输出层神经元进行处理的信息输出.

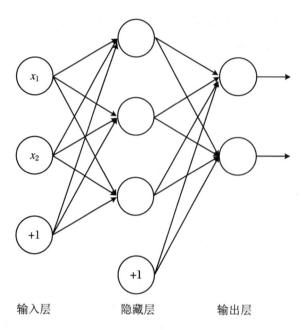

图 4.1.8 多层感知器结构图

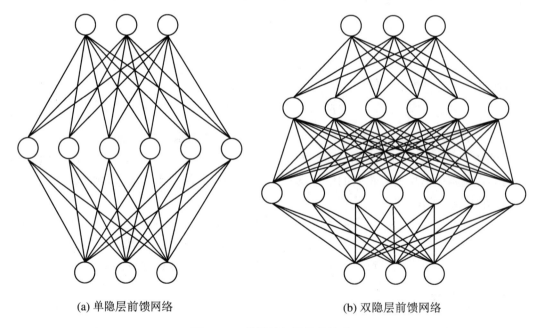

(a) 单隐层前馈网络   (b) 双隐层前馈网络

图 4.1.9 前馈神经网络结构图

3. 训练方法

多层感知机尽管具有比单层感知机强得多的训练功能，但随着多层感知机构造的复杂化，对应的训练方法则也与单层感知机的简单方法完全不同. 在多层感知机的训练方法中，最常采用的技术是 BP 算法.

BP 算法：

对一个给定的训练集 $D = \{(x_1, y_1), (x_2, y_2), \cdots, (x_n, y_n)\}$，其中 x_i 为 n 维向量，y_i 为

一维向量,即自变量由 n 维组成,输出值为一维,相应地,构造一个由 n 个输入层神经元、q 个隐藏层神经元(隐藏层神经元个数没有硬性要求)和一个输出层神经元组成的单隐藏层前馈神经网络,其中输出层中第 i 个神经元的阈值用 θ_i 表示,隐藏层中第 p 个神经元的阈值用 y_p 表示,输入层中第 m 个神经元与隐藏层第 p 个神经元之间的连接权重为 v_{mp},隐藏层第 p 个神经元与输出层第 i 个神经元之间的连接权重为 w_{pi}.

记隐藏层第 p 个神经元接收到的输入为

$$\alpha_p = \sum_{m=1}^{n} v_{mp} x_m \tag{4.1.12}$$

输出层第 i 个神经元接收到的输入为

$$\beta_i = \sum_{p=1}^{q} w_{pi} b_p \tag{4.1.13}$$

其中 b_p 为隐藏层第 p 个神经元的输出.

BP 算法结构如图 4.1.10 所示.

令隐藏层和输出层每个神经元都使用 Sigmoid 函数作为激励函数:

$$y = \frac{1}{1 + e^{-x}} \tag{4.1.14}$$

对于训练集中的任意 (x_k, y_k),假定神经网络的输出为

$$\hat{y}_k = (\hat{y}_1^k, \hat{y}_2^k, \cdots, \hat{y}_l^k)$$

即

$$\hat{y}_j^k = f(\beta_j + \theta_j)$$

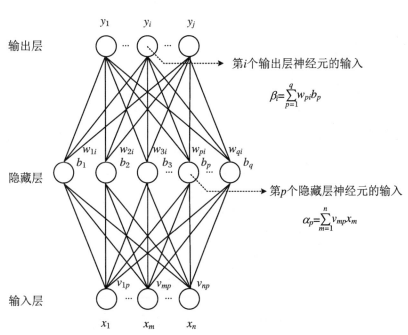

图 4.1.10　BP 算法结构图

则该网络在 (x_k, y_k) 上的均方误差为

$$E_k = 0.5 \sum_{j=1}^{l} (\hat{y}_j^k - y_j^k)^2$$

而整个网络中共有 $n \times q + q \times j$ 个权重与 $q + j$ 个阈值需要确定，在每次迭代中，使用广义感知器学习规则来更新估计参数，即其任意参数 v 的更新估计式为

$$v \rightarrow v + \Delta v$$

以隐藏层到输出层的连接权重 w_{pi} 为例来进行推导.

首先我们知道 BP 算法基于梯度下降策略，在目标的负梯度方向上调整参数，所以对均方误差项

$$E_k = 0.5 \sum_{i=1}^{l} (\hat{y}_i^k - y_i^k)^2$$

给定学习率 η，有

$$\Delta w_{pi} = - \eta \frac{\partial E_k}{\partial w_{pi}}$$

注意到 w_{pi} 先影响到第 i 个输出层神经元的输入值 β_i，再影响其输出值，最后影响到 E_k，有

$$\frac{\partial E_k}{\partial w_{pi}} = \frac{\partial E_k}{\partial \hat{y}_i^k} \cdot \frac{\partial \hat{y}_i^k}{\partial \beta_i} \cdot \frac{\partial \beta_i}{\partial w_{pi}}$$

又因为

$$\frac{\partial \beta_i}{\partial w_{pi}} = b_p$$

而且 Sigmoid 型函数有一个很好的性质：

$$f'(x) = f(x)(1 - f(x))$$

于是综上

$$g_i = - \frac{\partial E_k}{\partial \hat{y}_i^k} \cdot \frac{\partial \hat{y}_i^k}{\partial \beta_i} = - (\hat{y}_i^k - y_i^k) f'(\beta_i - \theta_i) = \hat{y}_i^k (1 - \hat{y}_i^k)(y_i^k - \hat{y}_i^k)$$

最终得到 w_{pi} 的更新公式：

$$\Delta w_{pi} = \eta g_i b_p \tag{4.1.15}$$

类似地，其他参数的更新公式如下：

$$\Delta \theta_i = - \eta g_i \tag{4.1.16}$$

$$\Delta v_{mp} = \eta e_p x_m \tag{4.1.17}$$

$$\Delta \gamma_p = - \eta e_p \tag{4.1.18}$$

其中

$$
\begin{aligned}
e_p &= - \frac{\partial E_k}{\partial b_p} \cdot \frac{\partial b_p}{\partial \alpha_p} \\
&= - \sum_{j=1}^{l} \frac{\partial E_k}{\partial \beta_j} \cdot \frac{\partial \beta_j}{\partial b_p} f'(\alpha_p - \gamma_p) \\
&= \sum_{j=1}^{l} w_{pi} g_i f'(\alpha_p - \gamma_p) = b_p (1 - b_p) \sum_{j=1}^{l} w_{pi} g_i
\end{aligned}
$$

学习率 η 确定每次迭代中的更新步长. 与单层感知器相同，学习率 η 需要选择一个适中的值. 如果太大，容易振荡，如果太小，收敛速度太慢. 有时，为了进行细微的调整，我们可以更灵活地设置学习率，而不必一成不变.

随机初始化参数后，标准 BP 算法通过反复迭代来调整参数，一次只调整一个采样值，使

训练集 D 上的累积误差逐渐减小. 误差目标函数为

$$E = \frac{1}{m} \sum_{k=1}^{m} E_k \tag{4.1.19}$$

标准 BP 算法的特点在于数据的改变频次比较多,同时数据的改变还可能导致训练结果的改变,所以必须经过很多次的迭代才能达到目标累积误差极小点. 但标准 BP 算法优点是下降速度和计算都较快,特别是当训练集 D 非常大时,因此被广泛应用.

有一种观点认为,只要隐藏层包含的神经元达到一定数量,多层前馈网络就可以实现任意精度和复杂度的连续函数的近似. 在实际的多层前馈网络结构中,无论是使用单隐藏层还是双隐藏层,抑或在每个隐藏层中选择多个神经元,都缺乏可靠的理论支持,还存在大量的经验判断问题,因此对神经网络中最佳超参数的搜索方法研究也是一个非常活跃的领域.

由于多层前馈网络的表达能力很强,因此多层前馈网络很容易过拟合. 目前,对缓解多层前馈网络过拟合的技术主要有两类:早停(early stopping)和正则化(regularization).

早停是把数据集分成训练集和验证集,训练集用于调整统计梯度,更新权重和阈值,验证集用于预测误差. 如果训练中的偏差减小,验证集中的偏差增加,则训练将结束,并在此基础上返回权重阈值.

正则化是指在训练误差目标函数中,再添加一部分用来说明训练网络复杂度的部分,常用的部分是连接权重和阈值的平方和,令 E_k 表示第 k 个训练样本上的误差,w_i 表示连接权重和阈值,那么训练误差目标函数也就变成

$$E = \lambda \frac{1}{m} \sum_{k=1}^{m} E_k + (1 - \lambda) \sum_{i} w_i^2 \tag{4.1.20}$$

其中 $0 < \lambda < 1$,表示在网络复杂度和经验误差之间进行权衡的超参数.

4.1.3　卷积神经网络

卷积神经网络是多层感知器的一种变体,根据生物学家 Wessel 和 Huber 对动物的视觉皮层的早期研究演变发展而来. 他们的研究表明,视觉皮层的神经细胞构造是很复杂的,对视觉输入空间的子区域高度敏感. 他们称之为感受野. 到了 20 世纪 80 年代,基于感受野的概念,福岛康彦提出了一种神经认知机器. 神经认知机器可以说是第一个实现卷积神经网络的网络. 神经认知机器将图像分解为许多特征,然后再利用以分层的递阶式连接的特征平面对其进行处理. 神经认知机器旨在对人体视觉系统加以模型化,以能在物体移位或轻微变形时也能完成识别任务.

卷积神经网络的概念是由纽约大学的 Yann Leun 在 1998 年提出的. 卷积神经网络实质上仍然是一个多层感知器. 它的快速扩展,主要得益于其引入了局部连接技术和权值共享技术. 一方面,这两个技术都可以减少权值数量,使网络易于优化;另一方面,它又可以降低建模的复杂性,从而大大降低了重复建模拟合过度的风险. 当输入数据主要为图像时,这一优点尤为突出,使网络可以直接将大量图像数据用作输入输出,从而大大缩短了对图像的重复特征提取与重建的过程. 此外,在二维影像处理时,网络也可以获取大量的图像数据,包括了颜色、图像、波形和图像拓扑. 它在处理二维图像上具有良好的鲁棒性能和可操作性能,特别适合用来分析位移、缩放和其他形式的失真不变性等方面.

1. 卷积神经网络的结构

卷积神经网络一般由输入层、卷积层、池化层、全连接层和输出层等所组成.输入层对输入的图像进行初步处理,然后将其传输到卷积层.卷积层通过卷积运算输出生成了每一张图像的特定特征空间,在处理图像分类任务时,我们会将卷积层输出的特征空间作为全连接层的输入,用全连接层来完成从输入图像到标签集的映射的分类.最后,输出层输出分类结果.以上过程是最基本的卷积神经网络处理过程.目前,主流的卷积神经网络,如 ResNet 和 VGG,都是通过简单的卷积神经网络进行调整和组合的.卷积神经网络的基本结构如图 4.1.11 所示.

随着卷积神经网络的进一步开发,现在大规模的深度卷积神经网络通常由多种结构组成,如图 4.1.11 所示,前后连接,分层调整.尽管在主流的卷积神经网络中,不同阶段的卷积神经网络会有不同的单元和结构,但是如图 4.1.11 所示的卷积神经网络结构可以涵盖绝大多数的情形.下面将分开介绍卷积神经网络中的各个基本结构.

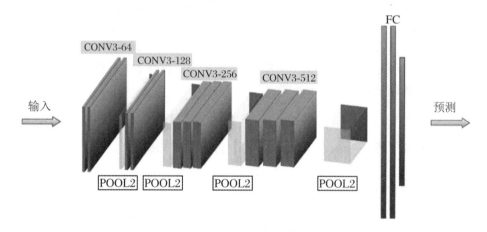

图 4.1.11　卷积神经网络基本结构图

1) 卷积层

与上一小节介绍的多层前馈神经网络相比,卷积层是卷积神经网络最大的创新之一.在前面介绍的神经网络中,所有神经元都是相互连接的.此连接模式称为完全连接.数据的"形状"将在全连接层中被忽略.例如,在输入图像数据时,图像数据通常是长度、宽度和通道的 3D 数据.但是,将数据输入到完整连通性图层时,必须将 3D 数据平展为 1D 数据.全连接层将忽略形状,将所有输入数据视为相同维度的神经元,因此它无法使用与形状相关的特征信息.卷积层可以保持其形状不变.当输入数据是图像时,卷积层将以 3D 数据的形式接收输入数据,并以 3D 数据的形式输出到下一层.因此,在卷积神经网络中可以正确理解具有形状的数据,例如图像.

卷积操作在卷积层中进行.卷积操作一般分为三个步骤:查找点积、滑动窗口和重复操作,如图 4.1.12 所示.

在 4×4 的输入矩阵中将 3×3 的灰色窗口中每个元素与权值矩阵中对应值相乘然后相加,作为右侧的输出矩阵的第一个值,即计算点积.然后将灰色的 3×3 窗口向右移一个网格.再重复求点积并滑动窗口,滑动窗口的操作直至遍历整个图像.以上步骤是卷积运算,其中权值矩阵称为卷积核,输出的图像称为特征图,窗口移动的距离称为步长.

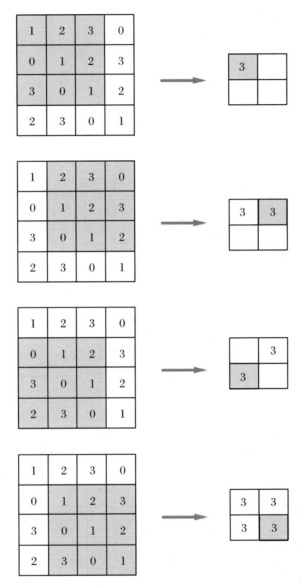

图 4.1.12 卷积运算示意图

卷积运算的作用主要是增强特征信息并降低噪声.

2）池化层

池化层即降采样层,一般置于卷积层之后用以消除冗杂信息并压缩输入特征图.池化操作通常分为两种类型.一种是最大池化,即取池化区域中所有值的最大值.该方法常用来在图像处理中获取纹理特征的数据.另一种是平均池化,即平均池化区域中的所有值.这种方法在图像处理中常用于获取背景特征信息.让我们以最大池化为例来演示池化操作.

以图 4.1.13 为例,假设池大小为 3,步长为 1.

3）全连接层

在卷积神经网络结构中,全连接层通常在最后几层起到类似分类器的作用.如果卷积层和池化层的操作是将原始数据映射到隐藏层特征空间,则全连接层起到将学习到的"分布式特征表示"映射到样本标签空间的作用.但是由于全连接层的参数太多(一般全连接层参数

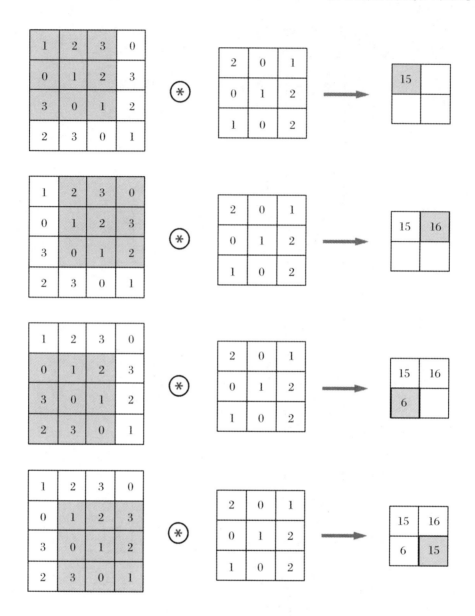

图 4.1.13　池化操作示意图

可以占总参数的 80% 左右），在机器学习研究不再满足于精度的提高，而转向模型的轻量级之后，越来越多的人将注意力转向全连接层并寻找着精简全连接层参数或替代全连接层的新方法.

一方面，有些人采用奇异值分解（SVD）等方法，减小全连接层的维数，以简化全连接层的参数.另一方面，有些人开始考虑全连接层的必要性以及哪些方法可以替代它.因此，有一种方法可以使用全局平均池化（GAP）来替换网络模型中性能优异的完整连接层，例如ResNet 和 GoogleNet.通过验证发现，不使用全连接层，不仅模型的精度没有降低，而且模型的尺寸大大降低了.

在某些类型中，卷积操作也可以用来替换整个连接层.与前层完全相连的所有连接层可以转换为卷积核心为 1×1 的卷积；前层是卷积层的全连接层，可以转换成卷积核心的全局卷积, h 和 w 表示前层卷积结果的高度和宽度.

4）激活函数

激活函数的主要作用在于选择性地增强或削弱神经元节点的特征. 激活函数能够对有益的目标特征加以强化, 对无效的目标特征加以削弱, 从而解决一些非线性的问题. 常见的激活函数有 tanh 函数、ReLU 函数和 Sigmoid 函数等. tanh 函数、ReLU 函数、Sigmoid 函数在前文均有介绍, 这里就不讨论了.

5）输出层

目前, 卷积神经网络的输出层常用到的是 Softmax 函数. 与 Softmax 相对的是 Hardmax. 在许多情况下, 我们必须找到数组中最大的元素, 实质上就是求 Hardmax. Hardmax 最大的特点就是只选出数组中一个最大的元素. 但是在实际中这种方法通常是不合理的. 以文本分类为例, 一篇文章一般会包含各种主题信息, 并且存在不同类型的信息. 人们所期望的是得到文章对于可能所属的文本类别的置信度. 因此, 人们在解决此类问题时引入了 Soft 的概念, Softmax 的含义不再是仅确定某一个最大值, 而是给每一种类型的结果都分配一个概率值, 以表示属于每个类别的可能性.

Softmax 函数的定义如下:

$$\text{Softmax}(z_i) = \frac{e^{z_i}}{\sum_{c=1}^{C} e^{z_c}}$$

其中 z_i 为第 i 个节点的输出值, C 为输出节点的个数, 即分类的类别个数. 通过 Softmax 函数就可以将多分类的输出值转换为范围在 $[0,1]$ 和为 1 的概率分布.

2. 卷积神经网络注意事项

1）数据集的大小和分块

数据驱动的训练模型一般通常取决于数据集的大小, 与其他经验模型一样, 卷积神经网络可以应用于任何大小的数据集. 但是, 用于训练的数据集应该足够大, 以涵盖问题域中所有已知的可能问题. 在设计卷积神经网络时, 数据集应该包含三个子集: 训练集、测试集和验证集. 训练集是包含问题域中所有数据的数据子集, 可用于在训练阶段调整网络权重; 测试集是数据的子集, 用于测试网络对训练过程中未出现在训练集中的数据的适应性, 根据测试集中网络的情况, 我们可能需要调整网络结构或增加训练周期数; 验证集是一个数据子集, 其中包含尚未出现在测试集和训练集中的数据, 它用于在建立网络时, 更好地检验和评测整个网络的性能. 一般来说, 数据集的 65% 用于训练, 25% 用于测试, 10% 用于验证.

2）数据预处理

为了加快训练算法的收敛速度, 我们一般会使用一些数据预处理技术, 包括在之前的章节提到的图像处理技术与特征处理技术.

另外, 数据平衡在分类中也至关重要. 人们通常认为, 训练集中的数据必须相对于标签类型近似地均匀分布, 即各个分类标签对应的数据集与训练集中大致相同, 以避免网络过分倾向于显示一些分类特征. 为了平衡数据集, 我们需要移除某些过度冗余类别中的数据, 并补充一些样本稀疏类别中的数据. 另一个办法是复制这些样本的稀疏分类中的部分数据, 并对这部分数据增添随机噪声.

3）数据正则化

将数据正则化为统一的区间(如[0,1])具有重要优势:为避免将训练数据中较大值数据的存在削弱，又或者使较小值数据的训练作用无效，最常见的做法是将输入与输出数值按百分比调整成与激活函数对应的区间.

4) 网络权值初始化

卷积神经网络的初始化主要是初始化卷积核(权重)以及卷积层与输出层的偏差.网络权值初始化是为网络中的每个连接权重设置一个初始值.当初始权重向量位于误差曲面的比较均匀的范围内时，网络训练的收敛速度就可以比较慢.通常，网络的连接权重和阈值都在相对较小的时间内进行了初始化和均匀分布，平均值为零.

3. 经典卷积神经网络算法

卷积神经网络的开创之作是 LeCun 所开发的 LeNet-5，而当 2012 年 AlexNet 获得了 ImageNet 竞赛中的分类任务的冠军，代表着卷积神经网络真正的发展时代来临了.因此，尽管在现在看来他们的技术已经有些过时了，但是其中蕴涵的创新思维是不会过时的.下面介绍一下这两个经典的卷积神经网络算法 LeNet-5 和 AlexNet.

1) LeNet-5

LeNet-5，来自论文《Gradient-Based Learning Applied to Document Recognition》，是一种非常有效的卷积神经网络，用于手写字符识别.如图 4.1.14 所示，LeNet-5 网络规模较小，但包含了卷积神经网络的所有基本模块：卷积层、池化层和全连接层，是其他卷积神经网络模型的基础.在这里，我们将对 LeNet-5 进行深入分析.同时，结合具体案例，进一步了解卷积层和池化层.

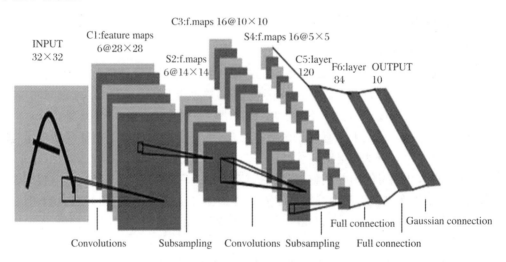

图 4.1.14 LeNet-5 结构图

LeNet-5 网络结构共分为 7 层(3 个卷积层、2 个池化层、2 个连接层)，输入层除外.该网络结构每层都有可训练的参数和多张特征图，这些特征图通过卷积滤波器提取输入的一个特征，并且在每层有多个神经元.下面逐层分析每层的作用.

首先是数据输入层，它将所有输入数据的大小统一为 32×32.一般来说，输入层不被视为网络层次结构.

① 输入层之后的是第一个卷积层 C1.在这层，使用 6 个 5×5 的卷积核进行卷积运算，

对输入图像执行第一次卷积操作,得到 6 张 C1 特征图像(6 张大小为 28×28 的特征图,32－5＋1＝28).该卷积层到底有多少个参数呢? 卷积核的尺寸为 5×5,一共有 $6×(5×5＋1)$ ＝156 个参数,其中的"＋1"表示偏置.而对于卷积层 C1,输入图像中的 5×5 个像素和 1 个偏置都与 C1 内的每个像素有连接,所以总共有 156×28×28＝122304 个连接.即使连接这么多,网络仅仅需要 156 个参数来学习,而大部分都是由权值共享来完成的.所谓权值共享,即每个卷积运算使用相同的卷积核.

② 第一个卷积层 C1 之后,是池化层 S2.池化层 S2 使用 2×2 核进行池化以获得 6 张 14×14 的特征图(28/2＝14).池化层 S2 是对 C1 中的 2×2 区域内的像素求和后乘以一个权值系数再加上一个偏置,然后将这个结果再做一次映射.

③ 池化层 S2 之后,是第二个卷积层 C3.C3 输出 16 张 10×10 的特征图,卷积核大小是 5×5.这是通过对 S2 的 6 张 14×14 特征图进行特殊组合计算得到的 16 张特征图.组合计算具体如图 4.1.15 所示.

	0	1	2	3	4	5	6	7	8	9	10	11	12	13	14	15
0	X				X	X	X			X	X	X	X		X	X
1	X	X				X	X	X			X	X	X	X		X
2	X	X	X				X	X	X			X		X	X	X
3		X	X	X			X	X	X	X			X		X	X
4			X	X	X			X	X	X	X		X	X		X
5				X	X	X			X	X	X	X		X	X	X

图 4.1.15　组合计算示意图

详细说明:

C3 的前 6 张特征图(对应图 4.1.15 第一个框的 6 列)以 S2 层连接的 3 张特征图(图 4.1.15 的第一个框)为输入(图 4.1.16).

接下来的 6 张特征图以 S2 层连接的 4 张特征图(图 4.1.15 的第二个框)为输入.

最后 3 张特征图以未与 S2 层连接的 4 张特征图为输入.

最后一张特征图以 S2 层的所有特征图为输入.

在此过程中,卷积核大小仍然为 5×5,输出特征图大小为 10×10,因此总共有 1516 个可训练参数,151600 个连接数.对应的参数是 3×5×5＋1,总共 6 次卷积得到 6 张特征图,所以有 $6×(3×5×5＋1)$ ＝456 个参数.

之所以采取上面的组合方式,一方面是为了减少参数数量;另一方面,不对称组合连接方式对于提取多种组合特征有利.

④ C3 卷积层之后的是 S4 池化层,池化层 S4 也使用 2×2 的核进行池化,共计 16 张特征图.C3 层的 16 张 10×10 特征图以 2×2 单位池化,得到 16 张 5×5 特征图,神经元数量为 400,连接数为 5×5×5×16＝2000.连接方式类似于 S2 层.

⑤ C5 层是一个卷积层.因为 S4 层的 16 张特征图的大小为 5×5,与卷积核的大小相同,所以卷积后输出的特征图的尺寸为 1×1,形成了 120 个卷积结果.C5 层中形成的 120 个卷积结果都与上一层的 16 张图相连,所以共有 $(5×5×16＋1)×120$ ＝48120 个参数,连接数

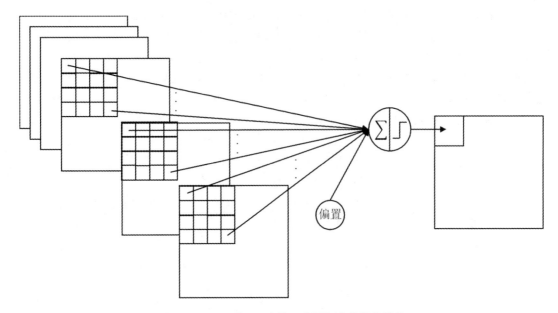

图 4.1.16 C3 与 S2 中前 3 张图相连的卷积结构

与参数数量相同. C5 层的网络结构如图 4.1.17 所示.

⑥ 第 6 层是全连接层 F6，共有 84 个节点及 120 维向量，与一张 7×12 的比特图对应，比特图中，"−1"代表白，"1"代表黑，这样每个符号的比特图的黑白色就与一个编码对应. F6 层的连接数和可训练参数数量均为 $(120+1)\times 84=10164$. ASCII 编码图如图 4.1.18 所示.

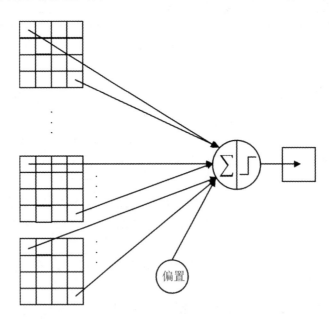

图 4.1.17 C5 层的网络结构

⑦ 最后一层是 OUTPUT 输出层，这层有 10 个节点，10 个节点分别表示数字 0~9. 且当节点 i 的值为 0 时，网络识别的结果为数字 i. 网络连接方式采用的是径向基函数（RBF）的方式. 如果假设 x 为上一层的输入，y 为 RBF 的输出，则 RBF 输出的计算方式如下：

$$y_i = \sum_j (x_j - w_{ij})^2 \qquad\qquad (4.1.21)$$

其中 w_{ij} 的值由 i 的比特图编码确定,i 的范围为 $0\sim9$,j 的范围为 $0\sim83(7\times12-1)$. RBF 输出的值越接近于 0,则越接近于 i 的 ASCII 编码图,表示当前网络输入的识别结果是字符 i.该层有 $84\times10=840$ 个参数和连接数.图 4.1.19 为识别数字 3 的过程.

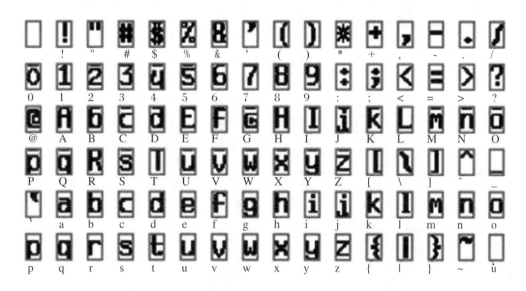

图 4.1.18　ASCII 编码图

LeNet-5 与目前常用的卷积神经网络在某些细节上存在一些差异.例如,LeNet-5 中使用的激活函数是 Sigmoid,而目前的图像识别网络通常使用 tanh、ReLU、Leaky-ReLU 等;LeNet-5 处理池化层的方式也与现在不同;现在多类任务的最终输出层一般是 Softmax,这也不同于 LeNet-5 中所使用的.

LeNet-5 是一个非常高效的卷积神经网络,专门用于手写字符识别.卷积神经网络可以获得原始图像有效的表示特征,使其能够通过很少的预处理直接从原始像素识别视觉规律.然而,由于当时缺乏大规模的训练数据,加上计算机的计算能力相对较弱,LeNet-5 在处理复杂问题方面的结果往往并不理想.但这并不影响其作为卷积神经网络的"开创性工作"对于卷积神经网络发展的巨大贡献.

2) AlexNet

2012 年,Alex Krizhevsky,Ilya Sutskever 和 Geoffrey Hinton 三人在 2012ILSVRC 挑战赛中一举夺魁,他们创造的 AlexNet 卷积神经网络的分类准确率远超其他挑战者,使得卷积神经网络再次引起人们的重视.截至目前,他们的论文《ImageNet Classification with Deep Convolutional Networks》被引用超过 10 万次,被业内视为最重要的论文之一.接下来,我们将介绍 AlexNet 的创新点、整体架构和过拟合减少策略.

(1) 创新点

AlexNet 主要有三大创新点,分别是使用 ReLU 作为激活函数、提出了 LRN 层、使用了重叠池化(Overlapping Pooling).

第一个创新是使用 ReLU 作为激活函数.在 AlexNet 之前,神经元通常选择 tanh 函数或 Sigmoid 函数作为激活函数.但 Alex 发现,在训练时间的梯度衰减中,tanh 函数或

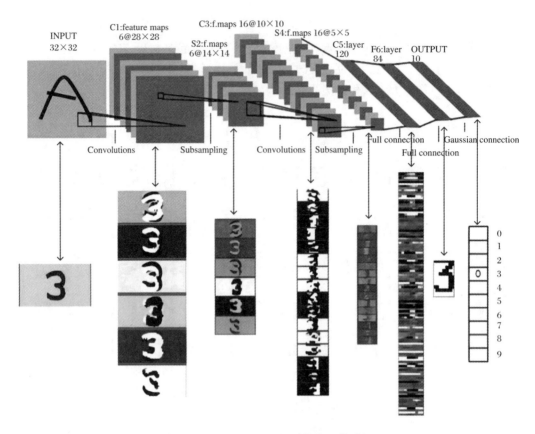

图 4.1.19　LeNet-5 识别数字 3 的过程

Sigmoid 函数等非线性饱和函数的速度比非线性非饱和函数的速度慢得多. 因此, 非线性非饱和函数 ReLU 在 AlexNet 中被用作激活函数. 其函数式如下：

$$f = \max(0, x) \tag{4.1.22}$$

AlexNet 在实验中显示, 如果深度网络的训练错误率达到 25%, ReLU 只需要 5 个 epochs 迭代, 而 tanh 单元需要 35 个 epochs 迭代, 即 ReLU 比 tanh 快 6 倍.

第二个创新是提出了 LRN 层. LRN（Local Response Normalization）即局部响应归一化处理, 核心思想是对相邻的数据进行归一化. 该策略提高了 1.2% 的准确率, 是一个可以在深度学习中有效提升精度的手段. LRN 一般指在激活、池化之后进行的另一种处理方法. 在 AlexNet 中的 LRN 公式如下：

$$b_{x,y}^i = a_{x,y}^i / k + \alpha \sum_{j=\max\left(0, \frac{i-n}{2}\right)}^{\min\left(N-1, \frac{i+n}{2}\right)} (a_{x,y}^j)^2$$

其中 i 代表在特征图中经过了 ReLU 激活函数后, 第 i 个卷积核 (x, y) 坐标的输出. n 表示相邻的卷积核个数. N 表示这一层总的卷积核数量. k, n, α 和 β 是超级参数, 超级参数的值可在验证集上实验得到, 其中 $k = 2, n = 5, \alpha = 0.0001, \beta = 0.75$. LRN 是为局部神经元的活动创建竞争机制, 使响应较大的值变得相对较大, 并抑制其他反馈较小的神经元, 从而增强了模型的泛化能力. 这也是受到真实神经元的一些行为的启示.

第三个创新是使用了重叠池化. 与传统的池化方法相比, 重叠池化不但能够使预测的准确率提高, 而且也能够一定限度地减少过度拟合. 与常规池（步长 $s = 2$, 窗口 $z = 2$）相比, 重叠池(步长 $s=2$,窗口 $z=3$)在 top-1 和 top-5 上分别将精度提高了 0.4% 和 0.3%.在训练阶段,重叠池也可以避免过度拟合.

(2) 整体架构

在基本了解了 AlexNet 的创新点之后,让我们来看看 Alex 的总体结构.如图 4.1.20 所示.

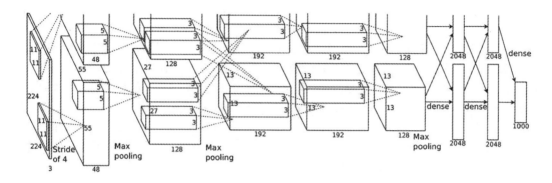

图 4.1.20　AlexNet 结构图

作为一个大型卷积神经网络,AlexNet 共有 8 层,包括 5 个卷积层和 3 个全连接层.该网络有 6000 万个学习参数,包括 65 万个神经元.这个大型网络需要在两个 GPU 上运行;第二层、第四层、第五层在自己的 GPU 中与前一层连接,第三层与前两层完全连接,全连接层与两个 GPU 完全连接.在第一层和第二层之后有一个 RPN 层.在 RPN 层和第五个体积层之后有一个最大池化层.可以看出,AlexNet 的基本结构和计算方式与前面介绍的 LeNet-5 基本一致,所以这里就不详细解释了.

(3) 过拟合减少策略

AlexNet 主要使用两种方法来减少过度拟合.一种是数据增强,另一种是随机失活(Dropout).

在数据增强方面,AlexNet 主要使用两种数据增强方法.一种是镜像反射与随机裁剪.虽然以这种方式获得的训练样本会有很强的相关性,但它可以将训练集的大小扩大 2048 倍.如果我们不使用这种方法,会导致严重的过度拟合,这迫使我们使用较小的网络.在测试过程中,AlexNet 将从 5 个测试样本和 5 个镜像反射图像(10 个,4 角和中间位置)中进行预测,并得到 10 个 Softmax 块的平均值作为预测结果.另一种是调整训练样本中的 RGB 通道.PCA 算法用于整个训练集中图片的 RGB 像素值集.对于每个训练图像,添加了几个随机生成的主成分,它们的大小比是相应的特征值乘以随机值(来自高斯分布,平均值为 0,标准差为 0.1).

在随机失活方面,随机失活是有效的模型集成学习方法,具有 0.5 的概率将隐藏神经元设置输出为 0.运用了这种机制的神经元不会干扰前向传递也不会影响后续操作.因此当有输入时,神经网络采用不同的结构,但这些结构共享相同的权重.这就减少了神经元适应的复杂性.测试时,用 0.5 的概率随机失活神经元.随机失活(Dropout)减少了过拟合,也使收敛迭代次数增加一倍.

总的来讲,AlexNet 可以认为是神经网络发展进入低谷阶段之后的又一次发声,奠定了深度学习(深度卷积神经网络)在计算机领域中的主导地位,同时也促进了深度学习向语言认知、自然语言处理、强化认知功能等领域的发展.

4.2 随机森林算法

随机森林是 20 世纪初,由 Leo Breiman 在结合 Bagging 集成机器学习理论和随机子空间后,提出的一种机器学习算法.该算法建立在决策树上,并将其作为基本分类器,以多个基本计算而不是一个优化计算的形式来获得更好的结果.随机森林计算的优点在于,增加了决策树的性能空间,并将更多的信息包容性赋予了异常数据.该方法对于一些多维信息的计算也具有良好的延展性、并行性.目前,该方法已应用于生物信息中基因序列的分析与回归、经济金融行业的客户信用与反欺诈研究、电脑视觉行业的人体检测与监控、大数据挖掘领域的异常监测与度量学习等.

在本节中,我们首先阐述作为随机森林算法的核心——决策树,然后研究基于决策树的随机森林的方法,最后介绍由周志华教授和冯霁博士发表的论文《Deep Forest：Towards an Alternative to Deep Neural Networks》中提出来的一种新的可以与深度神经网络相提并论的深度随机森林算法.

4.2.1 决策树

决策树是一种常见的单一分类器,其结构类似于倒置的树形结构,由三种不同类型的节点构成：根节点、中间节点(也称为内部节点或子节点)以及叶节点(也称为终端节点).

根节点、非叶节点和叶节点分别对应于样本的特征和分类结果.在决策树的生成过程中,节点的分支路径与相应特征值相关联,形成不同的决策路径.

决策树的生成过程是通过递归方法来选择最佳的特征.从根节点开始生成多个子节点,然后对这些子节点进行进一步分裂,如此反复,直到生成叶节点为止.在每个非叶节点的分裂过程中,选择合适的特征,比较它们以找到最佳的分裂特征,并以该特征进行节点分割.决策树生成的差异主要在于节点分裂算法的不同.

本小节将介绍四种不同的决策树生成算法：CLS、ID3、C4.5 和 CART.每种算法都有不同的方式来选择分裂特征和判定节点分裂的条件.

1. CLS 算法

亨特和其他人在 1966 年提出的早期决策树算法被称为概念学习系统,简称 CLS.该算法最大的特点是在节点拆分过程中随机选择一个属性生成一个根节点,然后根据不同的属性值拆分节点.每个属性值对应于每个分支.在此基础上,递归此过程,并使用此方法生成新的子树,直到它到达叶节点.叶节点生成的标志为：当数据集中的样本属于同一类,或者该节点当前对应的数据集为空时,说明叶节点已经生成.

CLS 算法生成决策树的步骤如下：

步骤 1　设置决策树 M 的根节点 (X, Q),其中 X 表示数据样本集,Q 表示数据样本集属性集.

步骤 2　如果当前样本集为空或所有样本类型相同,则表示叶节点已生成,算法结束.否则,转到步骤 3.

步骤 3　从属性集 Q 中随机选择一个特征,并将其记录为特征 B.如果特征有 N 个值,则 X 被特征集 B 划分为 N 个不同的子集,然后从特征 B 生成 N 个子树.

步骤 4　处理每个分支的根节点,然后转到步骤 2.

从以上规则可以看出,CLS 算法在同一训练集中生成的决策树是不同的.这主要是因为节点会随机选择属性,导致决策树具有一定的随机性,这使得 CLS 算法盲目,从而限制了其应用.同时,该方法也为节点拆分算法的发展提供了新的思路,对后续的节点拆分算法具有很好的借鉴意义.

2. ID3 算法

得益于香农在 1948 年提出了信息熵的概念,为了解决 CLS 算法中的盲目随机选择问题,Quinlan 在 1986 年提出了著名的 ID3 算法.与 CLS 算法不同,ID3 算法采用固定的信息熵大小比较方法.

根据香农的信息熵的核心内容,选择特定特征作为分割节点,以描述取随机变量值的可能性.如果取一个随机变量值的概率高,那么随机变量中包含的信息量小,信息熵小;如果这个随机变量可以有很多个值,并且每个值的概率很小,那么这个变量包含的信息很多,对应的信息熵也很大.将信息熵定义如下:

$$Ent(A) = -\sum_{k=1}^{n} p_k \log_2 p_k \tag{4.2.1}$$

其中 A 为事件,其分类为 $(A_1, A_2, \cdots, A_n)$,p_k 为每部分发生的概率.

现在我们了解了信息熵,再让我们看看信息增益.假设离散属性 a 具有 V 个可能的值.如果使用 a 来划分样本集 D,则会生成 V 分支节点.V 分支节点包含 D 中属性 a 值为 a^v 的所有样本,该样本记录为 D^v.根据信息熵的计算公式,计算出 D^v 的信息熵,并考虑到不同分支节点中包含的样本数量不同,赋予分支节点权重 $|D^v| / |D|$,即样本数量越多,分支节点的影响越大,因此可以计算出将样本 D 除以 a 属性获得的信息增益:

$$Gain(D, a) = Ent(D) - \sum_{v=1}^{V} \frac{|D^v|}{|D|} Ent(D^v) \tag{4.2.2}$$

一般来说,信息增益越大,使用属性 a 进行划分获得的"纯度提升"就越大.因此,信息增益可用于选择决策树的分区属性.

ID3 算法的基本思想是先计算根节点每个属性的信息增益,选择信息增益最大的属性作为根节点属性,然后根据属性的每个属性值生成对应的根节点,形成子节点.其他子节点将根据最大信息增益选择最佳属性.当然,原始根节点属性不在以下节点的选择中.在这样的递归循环中,当要到达的节点的数据集为空或所有样本都属于同一类别时,将生成一个叶节点并且算法结束.

ID3 算法的一般步骤如下:

步骤 1　设置决策树 M 的根节点 (X, Q),其中 X 表示数据样本集,Q 表示数据样本集属性集.

步骤 2　如果当前样本集为空或所有样本都属于一个类别,则表示已经生成叶节点并且算法结束. 否则，转到步骤 3.

步骤 3　计算属性集 Q 中每个属性的信息增益，选择信息增益最大的属性 B 作为分类属性，生成 N 个子树. 样本集 X 也分为 N 个不相交子集，分布在每个子节点上.

步骤 4　将上述子节点视为每个子树的根节点，然后循环到步骤 1.

下面举例说明：

例 4.2.1　学校门口附近常见的流动摊贩的收入情况与许多因素相关. 比如天气情况、学生放假情况、城管管理态度情况、活动促销情况等. 为了方便讨论，我们进行一些设定. 将是否下雨作为天气好坏的判别，不下雨为"好"，下雨为"坏"，这样就有两种属性值. 同理，学生放假情况也分为"是"与"否"两种属性. 活动促销情况也分为"是"与"否"两种属性. 而对于流动摊贩的收入，以低于全年平均收入为"低"，高于全年平均收入为"高". 由此可得表 4.2.1，请根据此信息使用 ID3 算法构建决策树.

表 4.2.1　流动摊贩收入情况表

序号	天气	学生放假	促销	收入
1	坏	是	否	低
2	好	否	是	高
3	好	否	否	高
4	坏	否	否	低
5	坏	否	是	高
6	坏	是	是	低
7	好	是	是	低
8	好	否	否	高
9	坏	是	否	低
10	好	否	是	高

解　步骤 1　计算总信息熵：

总共有 10 条记录，收入"高"与"低"各有 5 条，可得总信息熵

$$I(5,5) = -\frac{5}{10}\log_2\frac{5}{10} - \frac{5}{10}\log_2\frac{5}{10} = 1$$

步骤 2　计算各属性的信息熵：

天气属性：

天气好的情况下，收入为"高"的记录为 4 条，收入为"低"的记录为 1 条，可以表示为 $(4,1)$；天气不好的情况下，收入为"高"的记录为 1 条，收入为"低"的记录为 4 条，可以表示为 $(1,4)$. 则天气属性的信息熵的计算过程如下：

$$I(4,1) = -\frac{4}{5}\log_2\frac{4}{5} - \frac{1}{5}\log_2\frac{1}{5} = 0.722$$

$$I(1,4) = -\frac{1}{5}\log_2\frac{1}{5} - \frac{4}{5}\log_2\frac{4}{5} = 0.722$$

$$E(天气) = \frac{5}{10}I(4,1) + \frac{5}{10}I(1,4) = 0.722$$

学生放假属性：

学生放假时，收入为"高"有 0 条，收入为"低"有 4 条，记为(0,4).学生不放假时，收入为"高"有 5 条，收入为"低"有 1 条，记为(5,1).则学生放假属性的信息熵的计算过程如下：

$$I(0,4) = 0 - \frac{4}{4}\log_2\frac{4}{4} = 0$$

$$I(5,1) = -\frac{5}{6}\log_2\frac{5}{6} - \frac{1}{6}\log_2\frac{1}{6} = 0.650$$

$$E(学生放假) = \frac{4}{10}I(0,4) + \frac{6}{10}I(5,1) = 0.390$$

促销属性：

当小贩进行促销时，收入为"高"有 3 条，收入为"低"有 2 条，记为(3,2).当小贩不进行促销时，收入为"高"有 2 条，收入为"低"有 3 条，记为(2,3).则促销属性的信息熵的计算过程如下：

$$I(2,3) = -\frac{2}{5}\log_2\frac{2}{5} - \frac{3}{5}\log_2\frac{3}{5} = 0.971$$

$$I(3,2) = -\frac{3}{5}\log_2\frac{3}{5} - \frac{2}{5}\log_2\frac{2}{5} = 0.971$$

$$E(促销) = \frac{5}{10}I(3,2) + \frac{5}{10}I(2,3) = 0.971$$

步骤3　计算信息增益值：

$$Gain(天气) = I(5,5) - E(天气) = 0.278$$
$$Gain(学生放假) = I(5,5) - E(学生放假) = 0.610$$
$$Gain(促销) = I(5,5) - E(促销) = 0.029$$

由步骤 3 可以知道"学生放假"的信息增益值最大，所以以"学生放假"为节点进行划分，划分为两个分支，分别为"是""否"(指学生是否放假)，然后再循环进行步骤 1～步骤 3 的过程(排除已经进行划分的节点步骤)，对剩下的 2 个节点分支进行划分，再进行信息增益的计算.直至无法形成新的节点，从而生成一棵"决策树".

ID3 算法克服了传统 CLS 方法中盲选特征的问题，使得决策树在节点拆分选择属性时具有一定的目的性和方向性，最终决策树不深.但是，ID3 算法也存在一些难以解决的问题.一是它只能处理离散变量属性，而不能处理连续变量属性；二是属性值较多的属性往往导致决策树的局部最优解.

3. C4.5 算法

C4.5 算法是 Quinlan 于 1993 年提出的，是他在 1986 年提出的 ID3 算法的改进.与 ID3 相比，C4.5 在以下几个方面做了改进：

(1) 利用信息增益率选择属性，克服了使用信息增益选择属性时选择值较多属性的缺点；

(2) 决策树生成过程中的修剪；

(3) 可以完成连续属性的离散化；

(4) 能够处理不完整的数据.

信息增益率定义如下：

$$GainRatio(S,F) = \frac{Gain(S,F)}{Split(S,F)} \tag{4.2.3}$$

其中 S 为样本集，F 为有 V 个不同取值的离散属性且将样本集 S 划分为 V 个子集. $Gain(S,F)$ 为式(4.2.2)中的信息增益. $Split(S,F)$ 为信息分割量，其定义为

$$Split(S,F) = -\sum_{v \in V} \frac{|S_v|}{|S|} \log_2 \left(\frac{|S_v|}{|S|} \right) \tag{4.2.4}$$

C4.5 算法的一般步骤如下：

步骤 1　预处理数据源.

步骤 2　计算各属性的信息增益和信息增益率.

步骤 3　根节点属性的每个可能值对应一个子集，对样本子集递归执行步骤 2，直到分区各子集中的观测数据在分类属性上具有相同的值，生成决策树.

步骤 4　根据构建的决策树提取分类规则，对新数据集进行分类.

4.2.2　随机森林算法

随机森林算法由 Leo Breiman 于 2001 年提出. 随机森林算法是一种通过将多个决策树合并成"随机森林"来训练和预测样本的算法.

1. 随机森林算法的基本思想

随机森林算法的基本思想是从原来的训练样本集 N 中反复随机选择 k 个样本，生成新的训练样本集，然后，根据自助样本集生成 k 个分类树，形成随机森林. 新数据的分类结果由分类树的票数形成的分数决定.

2. 随机森林算法的本质

随机森林算法的本质是决策树算法的改进. 它将多个决策树组合在一起. 每棵树的建立取决于一个独立的样本. 森林中的每棵树都具有相同的分布. 分类误差取决于每棵树的分类能力以及相关性. 特征选择使用随机方法拆分每个节点，然后比较不同条件下产生的错误. 所选特征的数量由内部估计误差、分类能力和可检测的相关性决定. 单棵树的分类能力可能很小，但是在随机生成大量决策树后，测试样本可以通过对每棵树分类结果的统计来选择最可能的分类.

3. 随机森林的构造方式

构建随机森林是综合多个决策树的分类结果，通过投票来生成最终的分类结果. 具体步骤如下：

(1) M 表示训练样本数量，N 表示特征数量.

(2) 对于每个决策树，在节点上随机选择 n 个特征(其中 n 远小于 N)来确定决策结果.

(3) 使用有放回的方式，从 M 个训练样本中抽取 k 个样本，形成一个训练子集(bootstrap 抽样). 然后，使用未选中的样本来预测和评估误差.

(4) 对于每棵树的每个节点，随机选择 n 个特征，利用这些特征确定每个节点的决策，根据这 n 个特征，计算最佳分裂方式.

（5）在每棵树中，允许树生长到最大，无需剪枝.

（6）最后，基于多数投票原则，确定每个样本的分类结果，即通过每个决策树得出的分类结果进行投票，得票最多的类别作为最终的分类结果.

在随机森林中，每个决策树对应于一个训练子集.要构建 N 个决策树，需要进行 N 次采样以生成 N 个训练子集.采样过程的性质取决于是否进行放回抽样.放回抽样和不放回抽样是两种不同的采样策略.

不放回抽样：从 M 个样本中抽取 n 个样本，每次抽取后不再放回，样本数量逐渐减少，从而样本之间的相互影响减弱.

放回抽样：每次从原始样本集中抽取一个样本，并将其放回，样本可以多次抽取，这可以分为带权重抽样和不带权重抽样.在这种情况下，每次抽取都是独立的，样本之间可能重复出现.

（1）Bagging 抽样：Bagging 抽样允许从原始数据集中进行重复抽样.每个样本都有可能被抽取，但不一定会被抽取.被抽取的概率是 $(1 - 1/N)^N$，其中 N 是样本集的总数.

（2）加权更新抽样（boosting）：在这种方法中，为每个子集分配适当的权重.在下一轮训练中，分类效果较差的子集会得到提升的权重.随着多次训练的进行，每个子集的权重都会被更新.这些权重会影响最终投票时的决策，拥有更大权重的投票将有更大的决策权.

随机森林主要使用有放回的 Bagging 抽样.要构建 N 棵树，需要从原始数据集中进行 N 次采样，生成 N 个训练子集.每个训练子集的样本数量大约是原始数据集的三分之二.在生成多个训练子集后，每个子集都会被用来训练生成一个相应的决策树，然后将这些决策树组合成一个随机森林.由于抽样的随机性，决策树之间会有差异，从而有助于克服过拟合问题，因此通常不需要进行剪枝处理.对于单个决策树的构建，如前所述，使用 ID3、C4.5、CART 等节点分割规则来构建决策树.在节点分割时，并不考虑所有特征，而是随机选择一部分特征进行节点分割.这可以适度减少决策树之间的相关性.通常，默认情况下随机选择的特征数为 $\log(2M+1)$，其中 M 是数据集的特征数.然后将构建的决策树合并成随机森林.对于每个测试样本，每个决策树都会生成一个分类结果，然后通过投票来得出最终的分类结果.

4. 随机森林的随机性分析

随机森林的随机性体现在两个方面：一是通过总体随机抽样生成不同的训练子集；二是在节点分割时通过随机选择部分特征进行.这两种随机性可以降低决策树之间的相关性，有效地解决决策树的局部最优和过拟合问题.

根据 Breiman 的理论，随机森林使用有放回的 Bagging 抽样来生成训练子集.这种采样可以看作一种条件概率抽样，生成的每个训练子集都会引入一定程度的变化.这种差异导致每个生成的决策树之间也有所不同，从而体现出随机森林的生长过程的随机性.这种随机性有助于防止过度拟合，避免局部最优解.

在每个决策树的构建过程中，随机森林允许每个决策树都能独立生长，而无需进一步修剪.这主要得益于节点分割时随机选择一部分特征的策略.在节点分割时，并非所有特征都会被用来寻找最佳分割属性，而是从所有特征中随机选择一组大小为 F 的特征，F 可以称为特征向量.这种随机特征选择可以降低森林中各树之间的相关性，从而减少过拟合，提高分类准确性，进一步引入随机因素.

5. 总结

当确定每个决策树拆分节点时，随机森林将产生不同的随机属性集，然后使用属性拆分度量方法在这些随机属性集中选择最佳拆分．由于决策树的每个节点来自不同的随机属性集，因此保证了集成的多样性．根据一定的标准确定最佳拆分的方法在一定程度上保证了基础分类器的准确性．集成学习算法的有效前提是基础分类器的多样性和准确性．因此，随机森林本身的机制可以实现多样性和准确性的双重效果．它可以更精准地处理高维数据，直接将趋向小类的成本引入其中，从而达到平衡小类和大类的效果．如果在所选特征子集上构建的基分类器多样且准确，则可以保证集成性能；否则，集成可能无效．因此，在使用集成特征选择算法对高维不平衡数据进行分类时，需要考虑多样性、准确性和不平衡性．

4.2.3　深度森林算法

近年来，深度神经网络在图像和声音处理领域取得了长足的进步．对于深度神经网络，我们可以简单地将其理解为多个层次的非线性函数的叠加．当发现很难或者不想手动找到两个对象之间的非线性映射关系时，我们会再叠加几层，让机器自己学习这些关系，这是深度学习的初衷．由于神经网络可以堆叠为深度神经网络，我们考虑是否可以堆叠其他学习模型以实现更好的性能，而 GcForest 就是基于此的深度结构．GcForest 以级联方式堆叠多层随机森林，以获得更好的特征表示和学习性能．

深度森林（Deep Forest）是一种新的基于决策树的模型，可以与深度神经网络进行比较，由周志华教授和冯霁博士在 2017 年发表的论文《Deep Forest：Towards an Alternative to Deep Neural Networks》中提出．在本文中，作者将其称为 GcForest（多粒度级联森林）．

虽然目前的深度神经网络已经显示出良好的效果，但仍存在许多问题．第一，它需要大量的训练数据．由于深度神经网络的模型容量较高，需要大量的训练数据，尤其是标记数据，才能获得更好的泛化效果．但是，获取大规模标记数据需要大量的人工成本．第二，深度神经网络的计算复杂度非常高，对参数的要求也很高，尤其是超级参数的优化．例如，网络层数和层节点数．第三，深度神经网络目前缺乏理论解释．

GcForest 使用级联森林结构进行表征学习．它只需要很少的训练数据就可以获得良好的性能，并且不需要调整超级参数的设置．GcForest 的目的不是颠覆深度神经网络，也不是提高系统的性能．其主要目的是对深度结构进行深入研究，确实在一些应用中取得了不错的效果．

本小节首先介绍级联森林的结构图，然后介绍多粒度扫描和 GcForest 的整体流程，最后简要介绍周志华教授在深度森林方法进行多标签学习方面的最新进展．

1. GcForest（多粒度级联森林）

级联森林结构图如图 4.2.1 所示．

每一层都由决策树组成的森林组成，也就是每层都是"集成的集成"．由周志华教授在 2012 年发表的论文中的思想：对集成学习来说，多样的结构是很重要的．所以在 GcForest 中每层都由两种不同的森林所组成．如图 4.2.1 所示，下两个是普通随机森林，而上两个是完全随机森林．

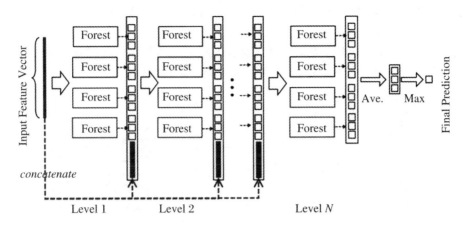

图 4.2.1　级联森林结构图

一个完全随机森林由 1000 个决策树组成. 每个完全随机森林的决策树随机选择一个特征作为分裂树的分裂节点,然后增长,直到每个叶节点仅细分为一个类别或不超过 10 个样本. 同样,一个普通随机森林由 1000 个决策树组成. 每棵树随机选择 $sqrt(k)$(k 代表输入特征维度,即特征数量)候选特征,然后通过基尼系数过滤分割节点. 因此,两种类型的森林之间的主要区别在于候选特征空间. 完全随机森林是通过随机选择完整特征空间中的特征来划分的,而普通随机森林是通过基尼系数选择随机特征子空间中的分裂节点来划分的.

因为决策树连续划分特征空间中的子空间并标注每个子空间,所以在输入测试样本时,每棵树都会根据样本所在子空间中训练样本的类别的比例生成一个类的概率分布,然后取森林中各类树木比例的平均值,并输出整个森林与所有类型的比例. 例如,如图 4.2.2 所示,这是一个基于图 4.2.1 中三个分类问题的简化森林. 输入向量将在每棵树中找到一条路径以查找自己的子空间. 在不同决策树中发现的子空间可能不同,因此可以通过对不同类别的统计得到各类的比例,然后通过对所有树的比例求平均值来生成整个森林的概率分布.

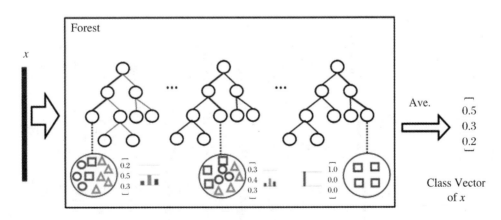

图 4.2.2　类分布向量生成流程图

2. 多粒度扫描

受到深度神经网络处理特征关系的强大能力的启发,深度森林利用多粒度扫描程序对特征进行预处理,生成级联森林的输入特征向量,从而增强级联森林. 如图 4.2.3 所示,对于

400 维序列数据，使用 100 维的滑动窗对输入特征进行处理，得到 301 个 100 维的特征向量．对于 20×20 的图像数据，使用 10×10 的滑动窗对输入特征进行处理，得到 121 个 10×10 的二维特征图．最后，将得到的特征向量分别输入随机森林和完全随机森林中，以三个分类为例，得到 301 个三维类分布向量，并拼接成 1806 维特征向量．

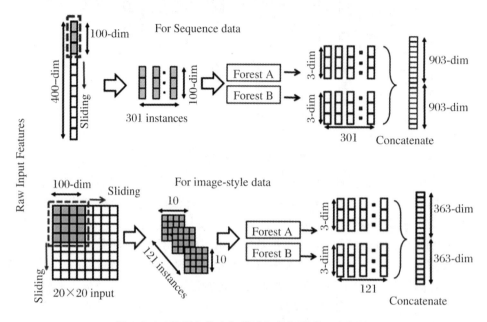

图 4.2.3 使用多粒度扫描进行特征预处理流程图

3. 总体流程

由图 4.2.4 所示，级联森林总体流程大致分为两步：

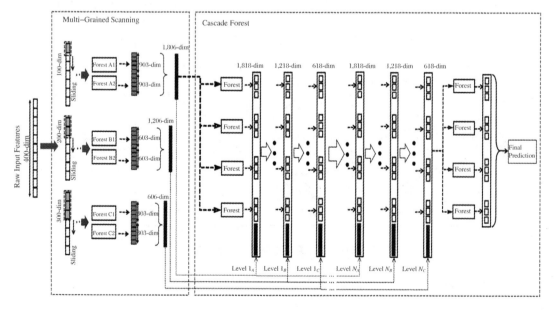

图 4.2.4 级联森林总体流程图

步骤 1　通过多粒度扫描对输入特征进行预处理. 例如, 三个不同大小的滑动窗口是 100-dim, 200-dim, 300-dim. 输入 400-dim 的序列特征, 通过 100-dim 的滑动窗口, 可以得到 301 个 100-dim 向量, 然后将它们输入随机森林和完全随机森林中, 两个森林将分别输出 301 个 3-dim 向量, 拼接两个森林输出的特征向量, 得到 1806-dim 的特征向量. 同样, 使用 200-dim 和 300-dim 的滑动窗口会分别得到 1206-dim 和 606-dim 的特征向量.

步骤 2　将所获得的特征向量输入级联森林中进行训练. 首先将 100-dim 滑动窗口生成 的 1806-dim 特征向量输入第一级联森林中进行训练, 得到 12-dim 的类分布向量(3 分类, 4 棵树); 然后, 将得到的类分布向量与 100-dim 滑动窗口得到的特征向量拼接, 得到 1818-dim 特征向量, 作为第二层的级联森林的输入数据; 再将从第二个级联森林训练中得到的 12-dim 分布向量与从 200-dim 滑动窗口获得的特征向量拼接, 作为第三级联森林的输入数据; 最后 将第三级联森林训练中获得的 12-dim 分布向量与 300-dim 滑动窗口得到的特征向量拼接 为下一层的输入. 重复上述过程, 直到验证收敛性.

4. 总结

深度森林是周志华教授提出的相对于深度神经网络的另一种深度学习结构. 周志华教 授提出, 深度森林并不是要取代深度神经网络, 只是为我们提供一些深度结构研究思路, 确 实在一些应用领域取得了不错的成绩, 是一项非常有意义的研究工作.

与深度神经网络相比, 深度森林有下列优势:

(1) 深度神经网络需要大量的精力来调整参数, 相比之下 GcForest 更容易训练. 事实 上, 在几乎相同的超参数设置下, GcForest 在不同领域处理不同数据时也能达到优异的 性能.

(2) GcForest 的训练过程是高效和可扩展的.

(3) 此外, 深度神经网络需要大规模的训练数据, 而只有小规模训练数据的情况下 GcForest 也可以发挥作用.

(4) 作为一种基于树的方法, GcForest 在理论上也应该比深度神经网络更容易分析.

但深度森林也存在着一些固有的问题. 从当前的计算架构来看, 任务的规模在很大程度 上限制了深度森林的性能, 太大的任务会很快消耗内存, 但深度森林无法像深度学习那样使 用 GPU 加速. 树结构很难在 GPU 上运行, 因为它涉及许多分支选择. 对此, 深度森林的发 明者周志华提出了几个方向: 一方面, 探索深度森林的能力边界, 比如探索深度森林是否具 有传统上只有神经网络才认为的自编码能力; 另一方面, 它研究如何调动更多的计算资源, 更好地利用自身的高并行特性, 做任务级的并行.

第5章 嵌入式硬件平台简介

随着物联网、互联网技术的发展和普及,嵌入式系统应用的领域越来越广泛,逐渐渗透到我们日常生活的方方面面,小到手机、智能手表等电子产品,大到汽车电子、医疗器械、航空航天等,都离不开嵌入式系统.而嵌入式系统的开发和应用离不开嵌入式硬件开发平台的支持.在本章中,我们将从硬件规格、环境配置与实例演示三个方面介绍三种主流的嵌入式硬件平台,分别是英伟达(NVIDIA)公司研发的 Jetson 人工智能平台,联发科技有限公司(以下简称"联发科")研发的 NeuroPilot 人工智能通用开发平台和华为技术有限公司(以下简称"华为")研发的昇腾计算 AI 软硬件平台.

5.1 英伟达系列开发平台

Jetson 是 NVIDIA 自主研发的适用于边缘计算的人工智能平台,每个 NVIDIA Jetson 开发板都是一个完整的系统模组(SOM),其中包括 GPU、CPU、内存、电源管理和高速接口等.其中 Jetson TX2 系列模组能为嵌入式 AI 计算设备提供出色的速度与能效.在本节中将以 Jetson TX2 为例介绍 Jetson 开发平台.

5.1.1 硬件规格

Jetson TX2 的硬件规格如表 5.1.1 所示.

表 5.1.1 Jetson TX2 的硬件规格

AI 性能	1.33TFLOPS
GPU	NVIDIA Pascal™架构,配有 256 个 NVIDIA CUDA 核心
CPU	双核 NVIDIA Denver 2 64 位 CPU 与四核 Arm Cortex A57 MPCore 复合处理器
内存	4GB 128 位 LPDDR4 51.2GB/s
存储	16GB eMMC 5.1
功率	7.5W/15W
PCIe	1×1 + 1×2 PCIe Gen2,总计 30GT/s

CSI 摄像头	最多 5 个摄像头(通过虚拟通道最多可支持 12 个)12 个通道 MIPI CSI-2(3×4 或 5×2) D-PHY 1.2(高达 30Gbps)
视频编码	1×4K60/3×4K30/4×1080p60/8×1080p30(H.265)1×4K60/3×4K30/7×1080p60/ 14×1080p30(H.264)
显示	2 个多模式 DP 1.2/eDP 1.4/HDMI2.0 1 个 2DSI(1.5Gbps/通道)
网络	10/100/1000BASE-T 以太网
规格尺寸	69.6mm×45mm 260 针 SO-DIMM 边缘连接器

更直观地说,经过相关测试,在 lenet-7 层模型进行 mnist 数据集的训练迭代时,TX2 的计算时间是 i5-4590 的 2.88 倍.

同比专业的计算卡:

GTX 1080Ti 是 CPU i5 的 29 倍.

Quadro P4000 是 CPU i5 的 25.4 倍.

Tesla P100 是 CPU i5 的 19 倍.

5.1.2　环境配置

在拿到一款全新的 Jetson TX2 后,我们首先需要配置显示器以及相关输入设备,需要注意的是 NVIDIA Jetson TX2 只支持 HDMI 接口的显示器并且 NVIDIA Jetson TX2 只有一个 USB 接口.在一切准备就绪后,我们就可以开机了.

NVIDIA Jetson TX2 上有四个红色按钮,其中开机按钮下面标注了 POWER BTN 字样,顺着开机按钮分别是 Force Recovery Button、User Defined Button 和 Reset Button.

NVIDIA Jetson TX2 预装有 ubuntu16.04 系统,其默认的用户名和密码都是 nvidia.插上显示器,通上电源,按下开机键之后,稍等片刻,熟悉的 ubuntu 命令行界面就呈现出来了,此时用户界面下有一个名为 NVIDIA-INSTALLER 的文件夹,如果想使用图形界面,可以运行其下的 installer.sh 进行用户图形界面的安装,之后重启机器便可以使用.

在进行简单配置之后,我们使用 NVIDIA SDK Manager 进行系统的更新和 CUDA、AI、Computer Vision、Multiplymedia 模块的安装,以获取最新的系统和程序与程序接口.在进行这个操作之前,还需要准备一台 Linux 主机进行 NVIDIA SDK Manager 的下载安装,之后的工作主要会在这台主机上完成.推荐使用 Ubuntu 系统.

打开官网进入下载界面之后选择对应版本的工具进行下载安装,我们最终下载到的是一个 deb 安装包,进入到安装包所在目录进行安装即可.安装完成之后在命令行界面输入 sdkmanager 即可进入 NVIDIA SDK Manager.在这里,你需要拥有一个 NVIDIA 开发者账号并进行登录,没有的话注册一个也很快.

进入程序之后可以点击右上角的按钮查看用户手册,按照用户手册指示的步骤进行操作,将新的系统以及 CUDA 等组件写入 TX2.至此我们就完成了 TX2 最基本的软件配置.

5.1.3 实例演示

Jetson 提供了多种神经网络实例以及预先加载的模型，包括使用 ImageNet 进行图像识别，使用 DetectNet 进行目标检测，使用 SegNet 进行语义分割等.除此之外，TX2 还可以重新训练模型，包括使用 TensorRT 进行推理和使用 PyTorch 进行迁移学习.接下来将以使用 ImageNet 进行图像分类和在猫狗数据集上重新训练 ResNet-18 为例来介绍 Jetson 的相关操作.

1. 使用 ImageNet 程序对图像进行识别

首先我们来了解一下 ImageNet.ImageNet 图像数据集始于 2009 年，当时李飞飞教授等在 CVPR2009 上发表了一篇名为《ImageNet：A Large-Scale Hierarchical Image Database》的论文，之后就是基于 ImageNet 数据集的 7 届 ImageNet 挑战赛（2010 年开始），2017 年后，ImageNet 由 Kaggle 继续维护.ImageNet 是一项持续性的研究工作，目标是为世界各地的研究人员提供易于访问的图像数据库.

Jetson 上的 ImageNet 项目使用在大型数据集上训练的分类网络来识别场景和对象. ImageNet 项目接受输入图像并输出每个类的概率.在包含 1000 个对象的 ImageNet ILSVRC 数据集上接受训练后，ImageNet 项目在构建步骤中能自动下载 GoogleNet 和 ResNet-18 模型.

构建项目后，需要确保终端位于以下目录 aarch64/bin，或输入指令

```
cd jetson-inference/build/aarch64/bin
```

在确认终端位于目录 aarch64/bin 后，输入以下指令就可以使用程序对示例图像进行分类了：

```
$ ./imagenet.py images/orange_0.jpg images/test/output_0.jpg  # (default network is googlenet)
```

然后，可以直接查看这些图像.经过识别后的输出图像如图 5.1.1 所示.

图 5.1.1　识别后的输出图像

在默认情况下即未指定加载模型的情况下，会加载 GoogleNet.我们也可以指定所用的模型，例如输入指令

```
$ ./imagenet.py --network=resnet-18 images/jellyfish.jpg images/test/output_jellyfish.jpg
```

就可以使用 ResNet-18 模型.

经过 ResNet-18 模型识别后的示例图像如图 5.1.2 所示.

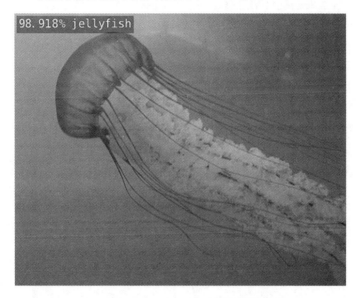

图 5.1.2　ResNet-18 识别后的输出图像

2. 在猫狗数据集上重新训练 ResNet-18

接下来将重新训练一个简单的模型,这个模型可以识别两个类别:猫或狗.

在该示例中提供的是一个 800 MB 的数据集,其中包括 5000 个训练图像、1000 个验证图像和 200 个测试图像,每个图像在类别猫和类别狗之间平均分配.训练图像集用于迁移学习,而验证图像集用于在训练期间评估分类准确性,测试图像集将在训练完成后提供测试使用.

数据集中的图像由许多不同品种的狗和猫组成,包括老虎和美洲狮等大型猫科动物,因为可用的猫图像数量略低于狗.一些图像还描绘了人类,但是基本上会作为背景被忽略.

重新训练 ResNet-18 模型之前,首先需要在 Jetson 上安装 PyTorch,然后下载数据集并开始训练.之后,可在 TensorRT 中用一些静态图像和实时摄像头源测试我们重新训练的模型.

输入以下指令以下载对应数据,建议将数据集存储在主机设备的 jetson-inference/python/training/classification/data 目录下,这样在设备关闭后下载的数据也不会丢失.

```
$ cd jetson-inference/python/training/classification/data
$ wget https://nvidia.box.com/shared/static/o577zd8yp3lmxf5zhm38svrbrv45am3y.gz -O cat_dog.tar.gz
$ tar xvzf cat_dog.tar.gz
```

运行以下命令以启动训练:

```
cd jetson-inference/python/training/classification
python3 train.py --model-dir=models/cat_dog data/cat_dog
```

训练成功开始后，会在控制台中显示如下文本：

如果想要随时停止训练，可以按下 Ctrl + C. 停止训练后可以输入指令--resume 和 --epoch-start重新启动训练，因此无需等待训练完成即可测试模型.

在训练过程中，上面的统计信息输出对应于以下信息：

epoch：epoch 表示在数据集上的一次完整训练. 默认运行 35 个 epoch.

[N/625]：是当前 epoch 中的图像批处理. 训练图像以小批量处理提高性能. 默认批大小为 8 张图像，可以使用--batch = N 指令进行设置.

Time：当前图像批处理的处理时间（以秒为单位）.

Data：当前图像批处理的磁盘加载时间（以秒为单位）.

Loss：模型产生的累积误差（预期误差与预测误差）.

Acc@1：批次中排名前 1 的分类精度即模型准确预测了正确的类.

由图 5.1.3 可知，在 30 epoch 左右，模型准确率达到 80%. 在 65 epoch 左右收敛于 82.5%的准确率.

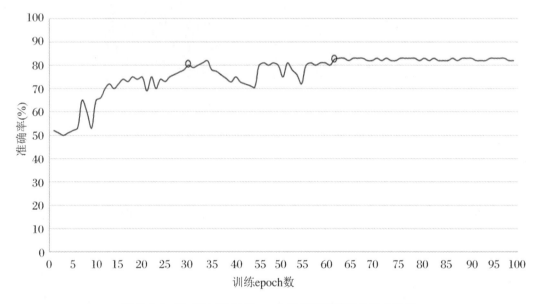

图 5.1.3　ResNet-18 训练 epoch 数与模型精度关系曲线图

如果要使用 TensorRT 运行重新训练的 ResNet-18 模型以进行测试和实时推理，首先需要将 PyTorch 模型转换为 ONNX 格式，以便 TensorRT 可以加载它. ONNX 是一种开放的模型格式，支持许多流行的机器学习框架，包括 PyTorch，TensorFlow，TensorRT 等.

PyTorch 支持将 PyTorch 模型转换为 ONNX，可输入以下命令以使用所提供的脚本来转换 Cat/Dog 模型：

```
python3 onnx_export.py --model-dir=models/cat_dog
```

在转换了模型之后，我们就可以对一些测试图像进行分类了. 我们将使用扩展的命令行参数来加载我们在上面重新训练的自定义 ResNet-18 模型，相应命令如下所示：

```
NET=models/cat_dog
DATASET=data/cat_dog

# Python
imagenet.py --model=$NET/resnet18.onnx --input_blob input_0 --output_blob output_0 --labels=$DATASET/labels.txt $DATASET/test/cat/01.
```

要运行这些命令,终端的工作目录仍应位于:

imagenetjetson-inference/python/training/classification/.

重新训练 ResNet-18 识别后的输出图像如图 5.1.4 所示.

图 5.1.4　重新训练 ResNet-18 识别后的输出图像

5.2　联发科系列开发平台

NeuroPilot 是联发科自主研发的人工智能通用开发平台. 在联发科数量众多的开发板型号中,有 MT8175,MT8168 和 MT3620 等型号支持人工智能方面的开发工作. 在本节中将以 MT3620 为例介绍 NeuroPilot 人工智能通用开发平台.

5.2.1　硬件规格

MT3620 是一款高度集成的单芯片三核 MCU. MT3620 硬件规格如图 5.2.1 所示.

5.2.2　环境配置

在 MT3620 上使用的开发平台 NeuroPilot-Micro 是 NeuroPilot 的一部分,专为嵌入式机器学习而设计. NeuroPilot-Micro 可以使用 NeuroPilot 的优化工具,并提供流行的神经网络框架. 在使用 NeuroPilot-Micro 之前,我们需要在 MT3620 上安装微软开发的 Azure

Sphere 开发工具包.

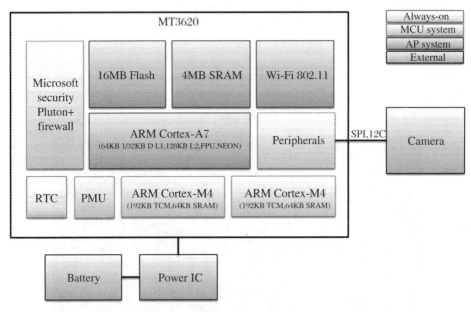

图 5.2.1　MT3620 硬件规格

NeuroPilot-Micro 基于 TFLite-Micro,采用 MTK 优化框架加快推理时间.图 5.2.2 是 NeuroPilot-Micro 的开发流程,可以分为训练和推理部分.上半部分用于训练,我们可以使用 TensorFlow 和 NeuroPilot-MLKit 进行训练、量化和剪枝.训练结果是一个以.tflite 作为后缀的 FlatBuffer-rs 格式模型.

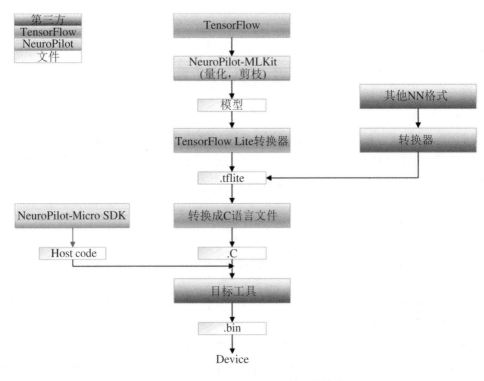

图 5.2.2　NeuroPilot-Micro 的开发流程

下半部分用于推理.. tflite 文件在推理工作之前转换为 .C 文件. NeuroPilot-Micro SDK 框架是推理模块最重要的部分,它对运行时间和资源安排作出响应.最后使用工具链将所有这些组合到一个结果二进制文件中.

5.2.3　实例演示

有很多在线资源可以训练 TFLite 模型,例如 TensorFlow 或 Keras.这里我们以 Keras MNIST 训练为例.训练脚本位于 NeuroPilot-Micro SDK/tools/mnist_keras/keras_cnn. py.在训练脚本中,我们首先定义模型结构,调用 model.compile()构建模型.然后我们调用 model.fit() 或 model.fit generator()来做训练工作.

为了将模型转换为 TFLite FlatBuffers 格式,TensorFlow 提供了以下三个函数来完成这项工作:

TFLiteConverter. from_saved_model()——转换 SavedModel 目录;

TFLiteConverter . from_keras_model()——转换 tf.keras 模型;

TFLiteConverter . from_concrete_functions()——转换具体函数.

示例代码如下:

```
model.add(Convolution2D(14, (3, 3) , activation='relu', input_shape=(28,28,1)))
model.add(Dropout(0.1))
model.add(Convolution2D(10, (1,1) , activation='relu'))
model.add(Dropout(0.1))
model.add(AveragePooling2D(2))
model.add(Convolution2D(14, (3,3) , activation='relu'))
model.add(Dropout(0.1))
model.add(Convolution2D(10, (1,1) , activation='relu'))
model.add(Dropout(0.1))
model.add(AveragePooling2D(2))

model.add(Flatten())
model.add(Dense(128, activation='relu'))
model.add(Dense(10, activation='softmax'))

opt = keras.optimizers.Adadelta(learning_rate=1.0, rho=0.95)
#opt = optimizer=keras.optimizers.Adam()

model.compile(loss=keras.losses.categorical_crossentropy,
              optimizer=opt,
              metrics=['accuracy'])


    if not data_augmentation:
        print('Not using data augmentation.')
        model.fit(x_train, y_train,
            batch_size=batch_size,
            epochs=epochs,
            verbose=1,
            validation_data=(x_test, y_test),
            callbacks=[history])
```

```
else:
    print('Using real-time data augmentation.')
    datagen = ImageDataGenerator(
        rotation_range=15,
        width_shift_range=10,
        height_shift_range=3,
        horizontal_flip=False,
        vertical_flip=False,
        zoom_range=[0.5, 1.1],
        data_format="channels_last")

    datagen.fit(x_train)
    model.fit_generator(datagen.flow(x_train, y_train, batch_size=batch_size),
            epochs=epochs,
            verbose=1,
            validation_data=(x_test, y_test),
            callbacks=[history])
```

在模型训练成功后，我们可以使用该模型来识别手写数字．它接收来自触摸屏的输入，预处理之后从 160×160 下采样到 28×28．然后将数据传输到 Cortex-M4 进行识别．得到结果后，Cortex-M4 通知 Cortex-A7 显示结果．流程与识别结果如图 5.2.3 所示．

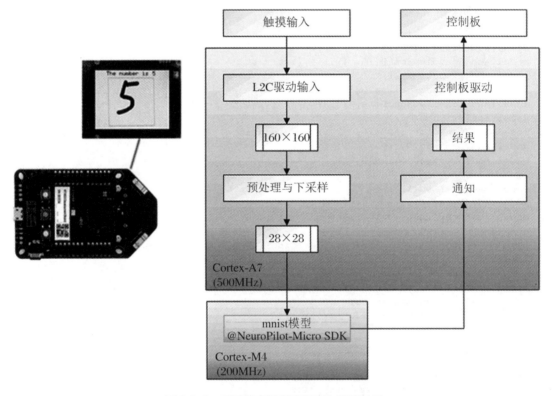

图 5.2.3　手写数字识别流程图与识别结果

5.3　华为系列开发平台

昇腾计算是华为公司自主研发的 AI 软硬件平台.该平台是基于昇腾系列处理器和基础软件构建的全栈 AI 计算基础设施、行业应用及服务,包括昇腾系列处理器、系列硬件、CANN、AI 计算框架、应用使能、开发工具链、管理运维工具、行业应用及服务等全产业链.如图 5.3.1 所示.

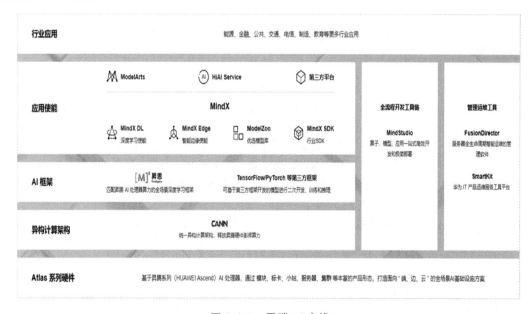

图 5.3.1　昇腾 AI 全栈

在本节中将以 Atlas 200 DK 开发者套件为例,主要介绍与其配套的全流程开发环境 MindStudio 及其在 Atlas 200 DK 的配置方法.在配置好开发环境后,我们将以部署 vgg16 猫狗大战样例为例来介绍 MindStudio 的相关操作.

5.3.1　硬件规格

Atlas 200 DK 的硬件规格如表 5.3.1 所示.

表 5.3.1　Atlas 200 DK 的硬件规格

特　　征	规　　　格
AI 处理器	昇腾 310 AI 处理器 2 个 DaVinci AI Core 8 个 A55 Arm Core(最大主频 1.6GHz)

续表

特　征	规　　格
AI 算力	半精度（FP16）：4/8/11 TFLOPS 整数精度（INT8）：8/16/22 TOPS
内存	类型：LPDDR4X 位宽：128bit/64bit 容量：8GB/4GB 速率：3200Mbps 支持 ECC
存储	内置 SPI flash，容量 64MB 支持外部 MMC 接口，可支持： eMMC4.5 颗粒，支持最高模式 SDR50，最大容量 64GB SD3.0 卡，支持最高模式 SDR50，最大容量 2TB
编解码能力	支持 H.264/H.265 Decoder 硬件解码，20 路 1080P（1920×1080）25FPS，YUV420 支持 H.264/H.265 Decoder 硬件解码，16 路 1080P（1920×1080）30FPS，YUV420 支持 H.264/H.265 Decoder 硬件解码，2 路 4K（3840×2160）60FPS，YUV420 支持 H.264/H.265 Encoder 硬件编码，1 路 108OP（1920×1080）30FPS，YUV420 JPEG 解码能力 1080P（1920×1080）256FPS，编码能力 1080P（1920×1080）64FPS， 最大分辨率：8192×4320 PNG 解码能力 1080P（1920×1080）24FPS，最大分辨率：4096×2160
高速接口	PCle 3.0×4：1 个，支持 RC 或 EP 模式 RGMIl：1 个 USB3.0：1 个，兼容 USB2.0
串行总线接口	UART：2 个 I^{2}C：3 个 SPl：3 个（ SPI3 与 I2C2、UART1 信号复用）
其他接口	eMMC&SD：1 个 PWM：2 个 GPIO：4 个
连接器	144pin BTB 连接器 兼容 4.3mm、6mm 配高
功耗	工作电压：3.5～4.5V，典型值推荐 3.8V 典型功耗： 4GB：6.5W 8GB：9.5W

续表

特　征	规　　格
结构尺寸 （长×宽×高）	52.6mm×38.5mm×8.5mm 说明： Atlas 200 AI 加速模块连接器型号固定,用户可选用不同配高的公座来实现不同 Atlas 200 AI 加速模块配高
净重	30g

5.3.2　环境配置

在进行环境配置前,我们需要准备 Atlas 200 DK 开发者板套件,ubuntu18.04 虚拟机或双系统与联网环境.

1. Atlas 200 DK 开发者板套件简介

Atlas 200 DK 开发者板套件 Atlas 200 Developer Kit(以下简称 Atlas 200 DK)是以昇腾 310 AI 处理器为核心的开发者板形态产品,为开发者提供一站式开发工具包,帮助开发者快速开发 AI 应用.

本节主要介绍用户在使用 Atlas 200 DK 开发、运行 AI 应用程序前的准备工作,包括硬件的安装、系统启动盘的制作、如何进行 Atlas 200 DK 与用户 PC 机的通信连接、如何将 Atlas 200 DK 接入互联网等.

Atlas 200 DK 的系统框图如图 5.3.2 所示.

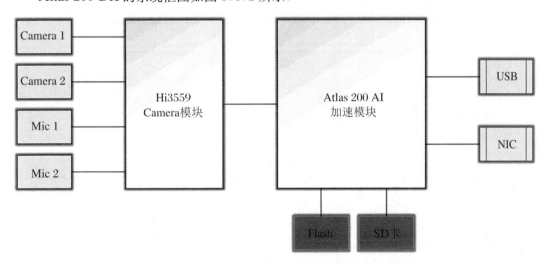

图 5.3.2　Atlas 200 DK 系统框图

Atlas 200 AI 加速模块是一款集成了昇腾 310 AI 处理器的高性能 AI 智能计算模块,可实现图像识别与分类、视频等数据分析和推理计算.

Hi3559 Camera 模块为图像/音频接口模块,用于进行图像/音频的采集和处理.

Atlas 200 DK 提供了 USB 网卡与 NIC 网卡,开发者可通过 USB 网卡与用户 PC 机进行直连通信,可通过 NIC 网卡将 Atlas 200 DK 接入互联网.其中 USB 网卡的默认 IP 地址是 192.168.1.2,NIC 网卡的默认 IP 地址是 192.168.0.2.

2. 开发环境安装部署

开发环境安装部署的流程如图 5.3.3 所示,可以大致分为六个步骤:

(1) 准备 Atlas 200 DK 正常工作所需配件及一台 PC 机.

(2) 进行硬件的安装,包含拆卸上盖及摄像头的安装.

(3) 通过制作 SD 卡的方式安装 Atlas 200 DK 的操作系统及驱动固件.

(4) 配置 Atlas 200 DK 的网络连接,使得 Atlas 200 DK 可与用户 PC 机通信,同时可通过相关配置将 Atlas 200 DK 接入互联网.

(5) 为提升系统安全性,首次登录 Atlas 200 DK 请修改操作系统用户密码.

(6) 安装 CANN 相关软件,部署好开发运行环境.

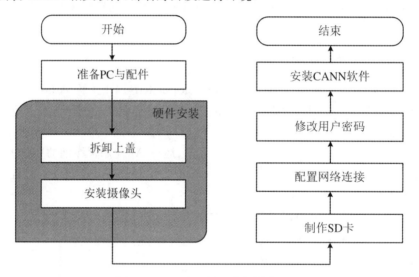

图 5.3.3　开发环境安装部署流程图

下面将详细讲解部分步骤.

1) 准备 PC 机与配件

所需配件如表 5.3.2 所示.

表 5.3.2　配件信息

配件名称	描　　述	推　荐　型　号
SD 卡	用于制作 Atlas 200 DK 开发者板启动系统	推荐使用经过测试的 SD 卡: 三星 UHS-I U3 CLASS 10 64G 金士顿 UHS-I U1 CLASS 10 64G
读卡器	使用读卡器制作 SD 卡的场景	支持 USB3.0 协议
Type-C 连接线	用于与 PC 机通过 USB 方式连接	支持 USB3.0 的 Type-C 连接线

配件名称	描　　述	推　荐　型　号
网线	用于与 PC 机或路由器通过网线方式连接,接入互联网	普通网线,接口类型为 RJ45
摄像头	用于与 Atlas 200 DK 连接获取视频	推荐使用树莓派摄像头. 型号:RASPBERRY PI V2.1 若 Atlas 200 DK 主板为 IT21DMDA,使用树莓派摄像头时需要额外购买黄色的 15 pin 树莓派专用排线
摄像头支架(可选)	用于固定摄像头	树莓派透明摄像头支架
串口线(可选)	用于 Atlas 200 DK 启动灯状态异常或者制卡成功但无法正常与用户 PC 机通信时,通过串口查看启动日志	SB 转 TTL 串口线,3.3V 接口电平

准备一个操作系统为 Ubuntu x86 架构的 PC 机,系统要求如下:

· Ubuntu 操作系统的版本可以为:18.04.4,18.04.5,请从 Ubuntu 官网下载对应版本软件进行安装:

可以下载桌面版"ubuntu-18.04.xx-desktop-amd64.iso",或 Server 版"ubuntu-18.04.xx-server-amd64.iso".

· Ubuntu 操作系统中需要存在 python2.7 与 python3.x.

· 系统空余空间大于等于 20 G.

· 系统内存大于等于 4 G.

此 PC 机的主要作用包含:

· 制作 Atlas 200 DK 的系统启动盘.

· 连接 Atlas 200 DK,以便开发者可以从 PC 机 SSH 登录到 Atlas 200 DK.

· 将此 PC 机作为开发环境,用于进行应用程序的开发及编译.

2) 制作 SD 卡

搭建 Atlas 200 DK 环境需要通过制作 SD 卡将开发者板运行代码和系统程序烧写到开发者板上,所以一切的起点就是安装 SD 卡.

安装 SD 卡的步骤如下:

(1) 在用户 PC 机中安装 qemu-user-static,binfmt-support,yaml,squashfs-tools 与交叉编译器.

(2) 在用户 PC 机中以 root 用户执行如下命令创建制卡工作目录.

mkdir $ HOME/mksd

制卡目录可任意指定.

(3) 将软件包准备获取的 Ubuntu 操作系统镜像包、开发者板驱动包上传到制卡工作目录中(例如:"$ HOME/mksd").

（4）在制卡工作目录下（例如："$ HOME/mksd"）执行如下命令获取制卡脚本.

下载制卡入口脚本"make_sd_card.py".

wget https://gitee.com/ascend/tools/raw/master/makesd/generic_script/make_sd_card.py

下载制作 SD 卡操作系统的脚本"make_ubuntu_sd.sh".

wget https://gitee.com/ascend/tools/raw/master/makesd/generic _ script/make _ ubuntu_sd.sh

（5）执行制卡脚本.

以 root 用户执行如下命令查找 SD 卡所在的 USB 设备名称.

fdisk-l

例如,SD 卡所在 USB 设备名称为"/dev/sda",可通过插拔 SD 卡的方式确定设备名称.

运行 SD 制卡脚本"make_sd_card.py".

python3 make_sd_card.py local /dev/sda

- "local"表示使用本地方式制作 SD 卡.
- "/dev/sda"为 SD 卡所在的 USB 设备名称.

如图 5.3.4 所示,表示制卡成功.

```
root@ascend-HP-ProDesk-600-G4-PCI-MT:/home/ascend/mksd# python3 make_sd_card.py local /dev/sda
Begin to make SD Card...
Please make sure you have installed dependency packages:
        apt-get install -y qemu-user-static binfmt-support gcc-aarch64-linux-gnu g++-aarch64-linux-gnu
Please input Y: continue, other to install them:Y
Step: Start to make SD Card. It need some time, please wait...
Command:
bash /home/ascend/mksd/make_ubuntu_sd.sh   /dev/sda /home/ascend/mksd ubuntu-18.04.4-server-arm64.iso
Make SD Card successfully!
```

图 5.3.4　SD 制卡回显信息示例

如果制卡失败,可以查看当前目录下的 sd_card_making_log 文件夹下的日志文件进行分析.

制卡成功,将 SD 卡从读卡器中取出,然后将其插入 Atlas 200 DK 开发板的插槽中.打开 Atlas 200 DK 开发板的电源.

3）配置网络连接

开发板安装成功后,需要将开发板连接到本地虚拟机中,再通过 ssh 登录开发者板.从而运行环境配置并将开发板连接到虚拟机中(这里以 NIC 连接为例).

配置网络连接的步骤如下:

（1）使用 USB 连接线将 Atlas 200 DK 与 PC 机连接,并配置 PC 机的 USB 网卡的 IP 地址,使其可与 Atlas 200 DK 通信.

Atlas 200 DK 的 USB 网卡的默认 IP 地址为 192.168.1.2,所以需要修改 PC 机的 USB 网卡的 IP 地址为 192.168.1.x(x 取值范围为 0～1,3～254),使 PC 机可以和 Atlas 200 DK 通信.

（2）将 Atlas 200 DK 通过网线接入路由器,并开启路由器的 DHCP 功能.

（3）配置 Atlas 200 DK 的 NIC 网卡 IP 地址获取方式为 DHCP.

① 在 PC 机中,以 HwHiAiUser 用户 SSH 登录到 Atlas 200 DK 开发者板.

以默认 USB 网卡的 IP 地址 192.168.1.2 为例，执行如下命令登录：

ssh HwHiAiUser@192.168.1.2

用户名为 HwHiAiUser，登录密码为 Mind@123.

② 修改登录密码.

首次登录时，系统将提示密码已过期：

WARNING：Your password has expired.

此时，必须修改密码并重新登录.请参见下文修改用户密码，修改完成后，系统会强制退出，并出现如下提示：

passwd：password updated successfully

Connection to 192.168.1.2 closed

请使用修改后的密码，执行如下命令重新登录：

ssh HwHiAiUser@192.168.1.2

③ 登录后，执行如下命令，切换到 root 用户：

su-root

此时系统会强制用户更改密码，请进行密码修改.

④ 执行如下命令，打开网络配置文件.

vi /etc/netplan/01-netcfg.yaml

⑤ 修改 eth0 网卡的 IP 地址获取方式为 DHCP.

把 eth0 的配置修改为如下内容：

    eth0：

dhcp4：true

addresses：[]

optional：true

⑥ 保存退出.

（4）执行如下命令重启网络服务.

netplan apply

至此就可以在 Atlas 200 DK 开发者板上连接网络了.

（5）执行 ifconfig 命令获取 eth0 网卡的 IP 地址，我们可以使用此 IP 地址与 PC 机通信.当然也可以继续使用 USB 网卡的 IP 地址与 PC 机通信.

4）修改用户密码

执行 passwd 命令修改 HwHiAiUser 用户密码.如图 5.3.5 所示.

5）安装 CANN 软件

（1）准备软件包.

至官网下载配套驱动版本的开发套件包"Ascend-cann-toolkit_{version}_linux-aarch64.run".

驱动与 CANN 版本的配套关系请参见官网的版本配套说明.

（2）准备参考资料.

从开发者文档获取配套版本的《CANN 软件安装指南》.

（3）准备安装及运行用户.

制作 SD 卡时，已经在 Atlas 200 DK 上创建了用于运行应用程序的 HwHiAiUser 用

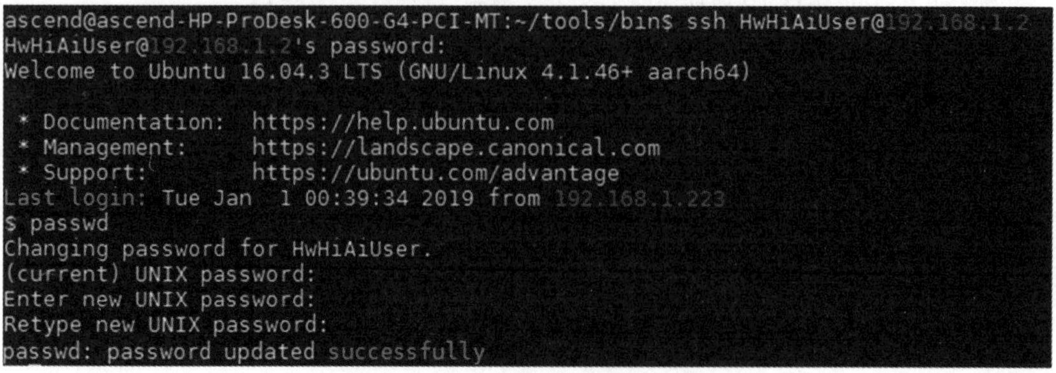

图 5.3.5 修改 HwHiAiUser 用户密码

户,直接使用此用户作为 CANN 软件的安装运行用户即可.

(4) 安装 OS 依赖.

请参见《CANN 软件安装指南》的"安装开发环境 ＞ 安装 OS 依赖 ＞ 安装步骤 (Ubuntu 18.04)"进行操作系统源的配置、依赖的安装.

(5) 安装开发套件包.

① 以 HwHiAiUser 用户将开发套件包上传到 Atlas 200 DK 任意目录.

② 执行如下命令为安装包增加可执行权限.

chmod ＋x ＊.run

③ 执行如下校验安装包的一致性和完整性.

./Ascend-cann-toolkit_{version}_linux-aarch64.run --check

④ 执行如下命令进行 toolkit 软件包的安装.

./Ascend-cann-toolkit_{version}_linux-aarch64.run--install--chip＝Ascend310-minirc

(6) 配置环境变量.

CANN 软件提供进程级环境变量设置脚本,供用户在进程中引用,以自动完成环境变量设置.用户进程结束后自动失效.示例如下(以 HwHiAiUser 用户默认安装路径为例):

./home/HwHiAiUser/Ascend/ascend－toolkit/set_env.sh

用户也可以通过修改～/.bashrc 文件方式设置永久环境变量,操作如下:

① 以运行用户在任意目录下执行 vi ～/.bashrc 命令,打开.bashrc 文件,在文件最后一行后面添加上述内容.

② 执行 wq! 命令保存文件并退出.

③ 执行 source ～/.bashrc 命令使其立即生效.

5.3.3 实例演示

在昇腾 AI 全栈中的优选模型库 ModelZoo 上提供了许多神经网络实例与相关模型,在此以运行 vgg16 猫狗图片分类模型、deeplabv3 ＋-MindSpore 系列语义分割样例和 YOLOV4 车道线与车辆检测为例来介绍昇腾平台和 Atlas 200 DK 的有关操作.

1. 运行 vgg16 猫狗图片分类模型

VGGNet 是牛津大学视觉几何小组提出的一个模型,该模型在 2014 ImageNet 图像分类与定位挑战赛 ILSVRC-2014 中取得分类任务第二、定位任务第一的优异成绩.VGGNet 的突出贡献在于,它证明了小卷积可以通过增加网络深度来有效提高性能.VGGNet 很好地继承了 AlexNet 的衣钵,并具有鲜明的特点.也就是说,网络级别更深.

1) 前置条件

在 Atlas 200 DK 上运行 vgg16_cat_dog_picture 样例所需前置条件如表 5.3.3 所示.

表 5.3.3　前置条件

条　件	要　求
CANN 版本	≥5.0.4
硬件要求	Atlas 200 DK
第三方依赖	python-acllite

2) 样例准备

(1) 获取源码包.

git clone https：//gitee.com/ascend/samples.git

(2) 获取此应用中所需要的模型.

执行以下代码获取所需模型:

cd ＄HOME/samples/python/level2_simple_inference/1_classification/vgg16_cat_dog_picture/model

wget https：//obs-9be7.obs.cn-east-2.myhuaweicloud.com/003_Atc_Models/AE/ATC%20Model/vgg16_cat_dog/vgg16_cat_dog.pb

wget https：//obs-9be7.obs.cn-east-2.myhuaweicloud.com/003_Atc_Models/AE/ATC%20Model/vgg16_cat_dog/insert_op.cfg

atc --output_type＝FP32 --input_shape＝"input_1：1,224,224,3" --input_format＝NHWC --output＝"vgg16_cat_dog" --soc_version＝Ascend310 --insert_op_conf＝insert_op.cfg --framework＝3 --model＝"./vgg16_cat_dog.pb"

获取样例需要的测试图片.

执行以下命令,进入样例的 data 文件夹中,下载对应的测试图片.

cd ＄HOME/samples/python/level2_simple_inference/1_classification/vgg16_cat_dog_picture/data

wget https：//obs-9be7.obs.cn-east-2.myhuaweicloud.com/models/vgg16_cat_dog/test_image/cat.jpg

cd ../src

3) 样例运行

执行以下命令运行样例.

python3.6 main.py

4）查看结果

运行完成后,会在样例工程的 out 目录下生成带推理结果的 jpg 图片,显示对比结果如图 5.3.6 所示.

图 5.3.6　样例对比结果

2. deeplabv3 + -MindSpore 系列语义分割样例

1）前置条件

在 Atlas 200 DK 上运行 deeplabv3 + -MindSpore 样例所需前置条件如表 5.3.4 所示.

表 5.3.4　前置条件

条　　件	要　　求
CANN 版本	⩾5.0.4
硬件要求	Atlas 200 DK
第三方依赖	python-acllite

2）样例准备

（1）获取源码包.

执行以下命令获取源码包.

git clone https：//gitee. com/ascend/samples. git

（2）获取此应用中所需要的原始网络模型.

执行以下命令获取原始网络模型.

$ {HOME}/samples/python/level2_simple_inference/3_segmentat ion/deeplabv3_pascal_pic/model

wget https：//obs-9be7. obs. cn-east-2. myhuaweicloud. com：443/003 _ Atc _ Models/ nkxiaolei/DeepLapV3_Plus/deeplabv3_plus. pb

atc --model = . /deeplabv3_plus. pb --framework = 3 --output = deeplabv3_plus --soc_ version = Ascend310　 --input _ shape = "ImageTensor：1, 513, 513, 3" --output _ type = "SemanticPredictions：0：FP32" --out_nodes = "SemanticPredictions：0"

（3）获取样例需要的测试图片．

执行以下命令获取测试图片．

cd ＄{HOME}/samples/python/level2_simple_inference/3_segmen

tation/deeplabv3_pascal_pic/data

wget https：//obs-9be7. obs. cn-east-2. myhuaweicloud. com/mode

ls/deeplabv3/girl. jpg

wget https：//obs-9be7. obs. cn-east-2. myhuaweicloud. com/models/deeplabv3/

dog. jpg

wget https：//obs-9be7. obs. cn-east-2. myhuaweicloud. com/models/deeplabv3/

cat. jpg

3）样例运行

运行工程．

python3.6 deeplabv3.py ../data

4）查看结果

运行完成后，会在 out 目录下生成推理后的 jpg 图片．

推理前：如图 5.3.7 所示．

图 5.3.7　推理前图片

推理后：如图 5.3.8 所示．

图 5.3.8　推理后图片

3. YOLOV4 车道线与车辆检测

1）前置条件

在 Atlas 200 DK 上运行 YOLOV4 车道线与车辆检测样例所需前置条件如表 5.3.5 所示.

表 5.3.5　前置条件

条　件	要　求
CANN 版本	≥5.0.4
硬件要求	Atlas 200 DK
第三方依赖	python-acllite

2）样例准备

（1）获取源码包.

执行以下命令获取源码包.

git clone https：//gitee.com/ascend/samples.git

（2）获取此应用中所需要的原始网络模型.

执行以下命令获取原始网络模型.

cd ＄{HOME}/samples/python/level2_simple_inference/2_object _detection/YOLOV4_coco_detection_car_picture/model

wget https：//obs-9be7.obs.cn-east-2.myhuaweicloud.com/003＿Atc＿Models/AE/ATC%20Model/YOLOv4_onnx/yolov4_dynamic_bs.onnx

atc --model＝./yolov4_dynamic_bs.onnx --framework＝5 --output＝yolov4_bs1 --input_format＝NCHW --soc_version＝Ascend310 --input_shape＝"input：1,3,608,608" --out_nodes＝"Conv_434：0;Conv_418：0;Conv_402：0"

图 5.3.9　检测结果图片

（3）获取样例需要的测试图片.

执行以下命令，进入样例的 data 文件夹中，下载对应的测试图片.

cd ＄HOME/samples/python/level2_simple_inference/2_object_detection/YOLOV4 _coco_detection_car_picture/data

wget https：//obs－9be7.obs.cn－east－2.myhuaweicloud.com/models/YOLOV4＿

coco_detection_car_picture/test_image/test.jpg

　　cd ../src

　　3) 样例运行

　　运行工程.

　　python3.6 yolov4.py

　　4) 查看结果

　　运行完成后,结果图片保存在 out 目录下.

第6章　模型压缩与系统轻量化介绍

如今,深度学习已成为机器学习最主流的分支之一.它的广泛应用数不胜数.但是,众所周知深度神经网络(DNN)有一个很大的缺点,即计算量太大.这在很大程度上阻碍了基于深度学习方法的产品化,特别是在一些边缘设备上.由于大多数边缘设备不是为完成密集型任务而设计的,因此如果简单地部署它们,则功耗和延迟将成为问题.即使在服务器端,更多的计算也会直接增加成本.人们正试图从各个角度来克服这个问题,比如近年来如火如荼的各种神经网络芯片,其想法是使用专用硬件来加速给定的计算任务.另一种是考虑模型中的计算是否必要? 如果没有,是否可以简化模型以减少计算和存储量.本章主要讨论这种方法,称为模型压缩(Model compression).它是一种应用成本低的软件方法,与硬件加速方法不矛盾,可以相互补充.在细分方面,模型压缩可以分为许多方法,如剪枝(Pruning)、量化(Quantization)、低秩分解(Low-rank factorization)、知识蒸馏(Knowledge distillation).本章将分别介绍这些方法.

6.1　参数剪枝、量化与共享

6.1.1　参数剪枝

网络剪枝是建立在深度神经网络存在过度参数化问题这一共识上的方法.众所周知,与许多机器学习模型一样,深度神经网络可以分为两个阶段:训练阶段,其任务是通过数据来学习模型参数(主要是神经网络中的权重);推理阶段,将新数据输入模型,然后模型输出相应的结果.深度神经网络的过度参数化意味着为了捕捉数据中微小的信息,我们需要在训练阶段学习大量参数.然而在推理阶段,这么多的参数就不再是必要的.这种观点启发了我们在模型部署之前对其进行简化.网络剪枝和量化等模型压缩方法即是基于此原则.模型的简化带来了多个优势,包括:

(1) 减少计算量,从而降低计算时间和功耗;

(2) 减少内存占用,适用于更小、更多的边缘设备;

(3) 更小的软件包有助于软件发布和更新.

从上述讨论中可以明显看出,模型压缩在理论上是可行的.然而,如何有效地实现模型压缩却是一个核心问题.随机裁剪显然是不适合的,因为它会使模型精度下降到不可接受的水平.当然,在某些情况下,随机裁剪后的模型精度可能会提升,通常这是因为原模型存在过度拟合,剪枝实际上起到了一种正则化作用.

网络剪枝的核心挑战在于如何在最小化精度损失的基础上,有效地修剪模型.自 20 世纪 80 年代末到 90 年代初以来,神经网络剪枝问题一直受到关注.早期的方法如 OBD 和 OBS 基于损失函数对权重的二阶导数来衡量权重在网络中的重要性,然后相应地进行网络修剪.然而,在那个时候,神经网络并不是机器学习领域的主要关注点,因此对网络剪枝问题的研究较少.尽管如此,OBD 和 OBS 方法的思想与解决思路对后续工作产生了深远影响.到 2012 年底,深度学习开始崭露头角,研究重点逐渐深化和强化网络结构以提高准确性.从 2015 年到 2016 年,Hang Song 等人发表了一系列关于深度神经网络模型压缩的文章.它们对经典的 AlexNet 和 VGG 模型进行了压缩,结合了网络剪枝、量化、哈夫曼编码等技术,使模型规模大幅度减小,性能大幅提升.在此基础上,它们采用了重复剪枝方法来补偿精度损失.这引发了人们对神经网络参数冗余性的深刻认识.此后几年,模型压缩领域逐渐壮大,衍生出多种模型压缩方法.

1. 非结构化剪枝与结构化剪枝

与非结构化剪枝相比,结构化剪枝的剪枝权重的粒度较大.如图 6.1.1 所示,结构化剪枝的粒度较大,主要在卷积核的通道 channel 和滤波器 Filter 维数上,而非结构化剪枝主要在单个权重的裁剪上.这两种剪枝方法各有优势.在保证模型性能的前提下,非结构化剪枝可以实现更高的压缩率,但是它的稀疏结构对硬件不友好,实际加速效果不明显,而结构化剪枝则相反.

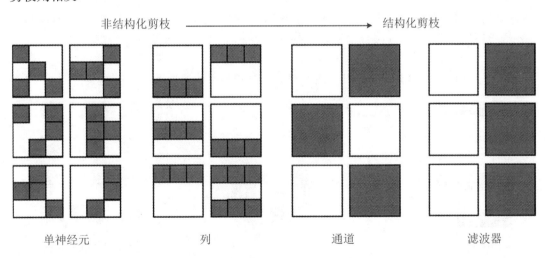

非结构化剪枝 —————————————————————→ 结构化剪枝

单神经元　　　　　列　　　　　通道　　　　　滤波器

图 6.1.1　非结构化剪枝与结构化剪枝比较图

在结构化剪枝中,根据裁剪的结构级别,可分为滤波器级别剪枝、阶段级别剪枝和块级别剪枝.在深入分析结构化剪枝算法之前,我们先来了解测量模型计算复杂度(即浮点计算量,Floating-point operations,FLOPS)与参数量(parameter,param)的度量.

浮点计算是指在卷积层或全连接层上执行浮点运算的次数.FLOPS 的计算实际上是计算模型中乘法和加法运算的次数.卷积层的 *FLOPS* 与参数 *param* 的计算公式如下:

$$FLOPS_{conv} = (2K^2 c_{in} c_{out} + c_{out}) \times H \times W \tag{6.1.1}$$

$$param_{conv} = K^2 c_{in} c_{out} + c_{out} \tag{6.1.2}$$

其中 K 是卷积核的大小,c_{in} 是卷积层输入的通道数,c_{out} 是卷积层输出的通道数,H,W 分别是特征图的高度和宽度.在这里我们将一次乘加(multiply and accumulate)计算为两个浮点运算.

1)滤波器级别剪枝

接下来我们用一个例题来演示滤波器剪枝算法以及 $FLOPS$ 与 $param$ 的计算.

例 6.1.1 如图 6.1.2 所示,有一个两层的卷积网络.为简化模型,该卷积网络使用卷积核为 3、步长为 1 的普通卷积且无偏置操作.第一层卷积的输入、输出通道数分别为 C_1,C_2,第二层卷积的输入、输出通道数分别为 C_2,C_3.特征图大小为 $H \times W$.计算该两层卷积网络的参数量与浮点计算量,并对其使用滤波器剪枝.

解 首先计算剪枝前的参数量与浮点计算量.

将 C_1,C_2,C_3,H,W 和卷积层大小 $K = 3$ 代入式(6.1.1)和式(6.1.2).

由于无偏置量,易得:

第一层卷积的参数量为 $param_1 = 3^2 \times C_1 \times C_2 = 9C_1C_2$.

第一层卷积的浮点计算量为 $FLOPS_1 = 2 \times 3^2 \times C_1C_2 \times H \times W = 18HWC_1C_2$.

第二层卷积的参数量为 $param_2 = 3^2 \times C_2 \times C_3 = 9C_2C_3$.

第二层卷积的浮点计算量为 $FLOPS_2 = 2 \times 3^2 \times C_2C_3 \times H \times W = 18HWC_2C_3$.

该两层卷积网络的参数量为 $param = 9C_2(C_1 + C_3)$.

该两层卷积网络的浮点计算量为 $FLOPS = 18HWC_2(C_1 + C_3)$.

接下来对这个简单的双层卷积模型进行剪枝,将中间层特征由 C_2 个通道减至 C_2' 个通道.那么第一层卷积层中产生 $C_2 - C_2'$ 个对应通道特征的卷积单元变得不再需要,所以新的卷积层可以表示为 $[C_2', C_1, 3]$;第二个卷积层中和相应通道特征进行卷积的参数也变得不再需要,所以新的卷积层可以表示为 $[C_3, C_2', 3]$.因此,第一个卷积的输出通道数量和第二个卷积的输入通道数量都由 C_2 相应减少到 C_2',至此一个滤波器剪枝过程结束.

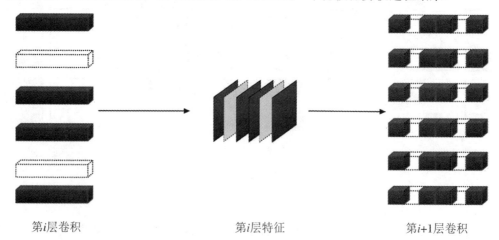

第 i 层卷积　　　　　　　第 i 层特征　　　　　　　第 $i+1$ 层卷积

图 6.1.2 两层卷积网络示意图

那很容易就能算得剪枝之后的双层卷积网络,其参数量变为 $9C_2'(C_1 + C_3)$,计算量变为 $18HWC_2'(C_1 + C_3)$.当 C_2' 减小到 C_2 的一半时,这个简单双层网络的参数量和计算量都将减半.

在例 6.1.1 中,两个相邻的卷积层紧密相连,第一个卷积层输出维度的变化将导致第二个卷积层输入维度的相应变化.这种卷积操作可以从第一个和第二个卷积层的组合,直到倒数第二个和最后一个卷积层的组合.由于卷积层是神经网络用于视觉任务的基础,因此过滤器级别剪枝(filter-level pruning)可用于减少几乎所有网络结构的参数和计算量.大多数剪枝算法也基于滤波器级别剪枝来简化模型.滤波器级别剪枝的核心是减少中间特征的数量,其先前和后续卷积层需要相应地更改.

2) 阶段级别剪枝

现在使用的大多数卷积神经网络都引用了 ResNet 中的残差结构.残差结构的具体形式并非独一无二的,ResNet 中的残差结构由三层卷积和跨层连接组成;在 MobileNetV2 中,逐点卷积和逐层卷积用于减少参数量和计算量,还有一个跨层连接.此外,还有许多其他形式,但无论具体何种构造形式,残差结构都可以表示为

$$y(x) = f(x) + x \tag{6.1.3}$$

也就是说,残差结构的输出是通过逐点添加两部分获得的:一部分是残差结构中最后一个卷积的输出,另一部分是残差结构的输入.由于需要逐点运算,因此这两部分的张量维度必须一致.当一个残差结构的输出直接用作下一个残差结构的输入时,意味着两个残差结构的输出通道数相等,因此两个残差结构紧密相连.通常,其他操作夹在两个残差结构块之间(如普通卷积层、汇合层等),使两个残差结构块之间的连接断开.在残差结构块连接断开之前,多个残差结构块将紧密相连,这些残差结构块的输出通道是对应的.我们将相互影响的多个残差结构块视为一个"阶段".通常的 ResNet-50 有四个阶段,分别是 3,4,6,3 个残差结构块.

滤波器级别剪枝只能作用于残差结构块内的卷积层,如果仅执行滤波器级别剪枝,则模型将形成两头宽中间窄的沙漏状结构.这样的结构将影响网络的参数量和计算量.在这种情况下,阶段级别剪枝能弥补滤波器级别剪枝的不足.如上所述,阶段中的残差结构块紧密相连,如图 6.1.3 所示,当一个阶段的输出特征发生变化(某些特征被丢弃)时,每个残差结构的相应输入和输出特征也会相应变化,因此整个阶段中每个残差结构的第一个卷积层的输入通道数,以及最后一个卷积层的输出通道数都会发生相应变化.由于这种影响仅限定于当前阶段,不会影响之前和后续阶段,因此我们将此剪枝过程称为阶段级别剪枝.

阶段级别剪枝加上滤波器级别剪枝可以使网络形状更加均匀,避免出现沙漏状网络结构.此外,阶段级别剪枝可以修剪更多的网络参数,支持进一步的网络压缩.

3) 块级别剪枝

当我们想要得到一个相对比较小的剪枝模型(计算量是原始模型的 10% 或更少)时,我们需要大大地减少各层特征的通道数,这样模型的宽度会大幅地减少,而深度不会发生改变,最终会形成一个特别窄但是仍然比较深的模型.此时,模型的深度会限制模型的速度,盲目减少模型的宽度可能会导致某些层出现极其狭窄的情况.这时,块级别剪枝可以帮助解决这些困难.

块级别剪枝是直接丢弃一些残差结构块,因为残差结构的数学形式可以表达为 $y(x) = f(x) + x$,在丢弃残差结构后,这一层就变成了 $y = x$.以 ResNet 为例,每个阶段的第一个残差结构通常会降低特征图的分辨率,增加特征图的通道数,因此,除了每个阶段的第一个残差结构块之外,其他残差结构块可以直接丢弃,而不会影响整个网络的运行.这样做的好处是可以降低网络的深度,使得块级别剪枝方法在获得相同大小的剪枝模型时,不能将每一层中的通道数减少太多.添加块级别剪枝后,ResNet-50 模型可以轻松剪枝,得到计算量为 5 或

更少的子模型.

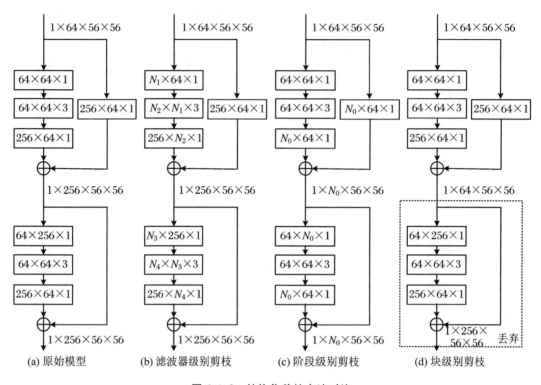

(a) 原始模型   (b) 滤波器级别剪枝   (c) 阶段级别剪枝   (d) 块级别剪枝

图 6.1.3　结构化剪枝方法对比

2. 剪枝算法流程

剪枝是减少模型参数量和计算量的经典方法.随着深度学习的兴起和卷积神经网络在图像分类领域的广泛应用,各种剪枝方法也层出不穷.虽然剪枝方法有很多种,但其核心思想是剪枝神经网络的结构.目前剪枝算法的整体流程非常相似,可以分为标准剪枝和基于子模型采样的剪枝两类,如图 6.1.4 所示.

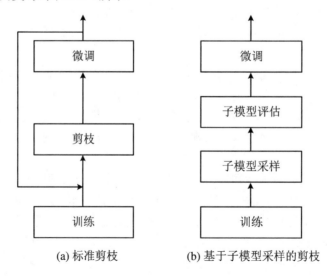

(a) 标准剪枝   (b) 基于子模型采样的剪枝

图 6.1.4　剪枝流程

　　标准剪枝主要包含训练、剪枝和微调三个部分,如图 6.1.4(a)所示.标准剪枝流程详细说明如下:

　　(1) 训练.在剪枝流程中,训练部分只需进行一次,训练的目的是获得针对剪枝算法在特定任务上训练好的原始模型.

　　(2) 剪枝.剪枝最重要的部分是评估网络结构的重要性,这也是各种剪枝算法的主要区别之一.评估模型结构主要包括滤波器、块和其他结构.网络结构的重要性评估可分为两种类型:网络参数驱动评估和数据驱动评估.

　　网络参数驱动方法使用模型本身的参数信息来衡量模型结构的重要性,例如参数的 L1 正则化或者 L2 正则化,该方法的评估过程不依赖于输入数据.

　　数据驱动方法利用训练数据评估网络结构的重要性,例如在滤波器的输出结果通过激活层计算后 0 值的个数来评价滤波器的重要性.

　　(3) 微调.微调是恢复受剪枝操作影响的模型表达能力的必要步骤.结构模型剪枝会调整原始模型结构,因此虽然剪枝后保留了原始模型参数,但由于模型结构的变化,一定程度上会影响被剪枝的模型的表达能力.微调过程可以通过微调训练集中剪枝后的子模型来恢复子模型的表达能力.

　　(4) 再剪枝.再剪枝过程将微调后的子模型发送回剪枝模块中,再次进行模型结构评估和剪枝过程.再剪枝过程,使得每次剪枝都在性能更优的模型上面进行,对剪枝模型进行分阶段不断优化,直到模型能够满足剪枝目标要求.

　　标准剪枝流程是当前剪枝算法的主要流程.同时,一些相关工作在标准剪枝的基础上改进了标准剪枝过程.有的算法剪枝过程被集成到模型微调中,不再区分微调和剪枝;为剪枝过程提出了一个新的可训练网络层.网络层生成二进制码,并剪枝二进制码中的 0 值对应的网络结构.有的算法通过计算原始模型与去掉对应网络结构的子模型之间的 KL 散度来衡量每个网络结构的重要性,这种计算方法使网络结构评估不局限于局部特征或参数,而是利用全局特征使评估结果更加准确,因此无需进一步剪枝即可达到良好的剪枝效果.除了标准剪枝外,基于子模型采样的剪枝最近也显示出良好的剪枝效果.

　　基于子模型采样的剪枝流程如图 6.1.4(b)所示,得到训练好的模型后,进行子模型采样过程.主要的子模型采样过程如下:

　　(1) 根据剪枝目标对训练好的原模型中的可修剪的网络结构进行采样,采样可以是随机的,或按照网络结构的重要性进行概率采样.

　　(2) 对采样出的网络结构进行修剪,得到采样子模型.子模型采样过程通常进行 $n(n \geqslant 1)$ 次,得到 n 个子模型,然后对每个子模型的性能进行评估.子模型评估后,选择最佳子模型进行微调,得到最终的剪枝模型.

3. 彩票假设

　　彩票假设是 ICLR 2019 最佳论文《The Lottery Ticket Hypothesis:Finding Sparse, Trainable Neural Networks》中提出来的假设.其核心思想是:虽然传统的剪枝技术可以减少 90% 的网络参数,减小模型的大小,提高计算效率,并且不会影响推理的准确性,但这种技术有一个缺点,即很难从头训练稀疏网络.其意思是:如果现在已经得到了一个经修剪的网络,我们可以通过继承大网络的权重来训练,然后我们就可以得到类似的性能.但是,如果从头开始训练网络,则无法获得类似的性能.

彩票假设是在密集随机初始化的神经网络中存在一些子网络,当从头开始独立训练时,这些子网络可以在相似的迭代次数内实现与原始网络相同的测试精度.这些特殊子网络更容易从头开始训练.假设一个大型网络包含数万个子网络,并且我们将这些子网络视为一张张彩票,那么这类特殊的子网络就被称为中奖彩票,中奖彩票有两个特点:一是在相似的迭代次数中达到与原始网络相同的测试精度;二是从头开始训练很容易.

因此,寻找高质量的中奖彩票的方法是该论文的核心贡献之一.该论文中采用的办法是:训练一个网络,剪掉一部分,剩下没剪掉的连接或者权重就形成中奖彩票集合.需要指出的是,在初始化时,剩余的权值必须与原始网络训练前的初始化值完全一致,然后根据初始化值对子网络进行训练.

主要实验步骤如下:

步骤1　随机初始化神经网络 $f(x;\theta_0)$;

步骤2　训练网络 j 次迭代后,得到参数 θ_j;

步骤3　在参数 θ_j 中剪掉 $p\%$ 的参数,生成一个 $mask$ m;

步骤4　在剩余的结构中用原始初始化参数 θ_0 进行训练,得到中奖彩票 $f(x;m\odot\theta_0)$.

如上面的描述,这种基于彩票假设的剪枝做法是一种 One-Shot 的办法,即网络使用 θ_0 做权重初始化,一共只需要训练 1 次,剪掉 $p\%$ 的权重,剩下的权重再按照 θ_0 做初始化.得到的这个新的网络就叫作中奖彩票.彩票假设剪枝流程如图 6.1.5 所示.

原始的网络经过训练得到精度为 a 的网络,我们对它进行剪枝以后,再按照原始网络初始化的权重初始化剪枝后的网络,这步得到的就是中奖彩票,再将它重新训练得到一个精度更好于 a 的子网络.这样一来,通过得到中奖彩票,我们获得了剪枝率为 $p\%$ 的精度不变的网络.值得注意的是框内的步骤可以循环进行,如果循环 n 次,我们每一步的剪枝率为 $p^{\frac{1}{n}}\%$ 即可.

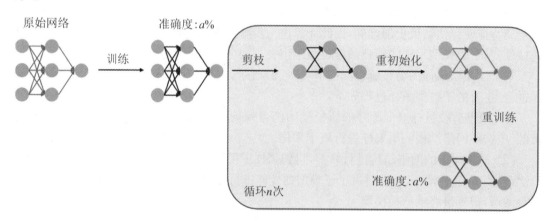

图 6.1.5　基于彩票假设的剪枝做法

彩票假设是一个令人兴奋和潜力巨大的视角,它使我们能够更好地理解和改进深度神经网络.如果能在一开始就找到中奖彩票,我们不仅可以利用当前计算资源的一小部分来构建强大的深度学习系统,还可以利用它们来提高现有大规模网络的性能.

4. 总结

与深度神经网络训练不同,平台的多样性是部署深度神经网络面临的巨大挑战之一.不仅云端和终端的硬件平台存在很大差异,终端设备在硬件功能和类型方面也存在很大差异.业界对加速硬件的多样性进行了大量的研究和实验.但是,计算能力的差异仍然是一个大问题.以手机为例,不同价位的手机计算能力也会有很大的差异.基本上这是一个结合了性能和准确性的多目标优化问题.如果要在多个平台上使用相同深度的神经网络,则需要根据不同的计算能力进行裁剪和训练,这样做成本高且可扩展性差.模型压缩是解决多种类型平台统一部署的选项之一.

6.1.2　量化

在本小节中,我们将重点介绍另一种模型压缩方法——量化.模型量化有三个主要优点:

一是提高了计算效率.对于大多数处理器,浮点指令的效率低于相应的整数运算.以 CPU 为例,浮点运算指令的平均时延要长于对应的整数运算指令,尤其是早期的 CPU.对于 FPGA 来说,浮点运算比较麻烦.而且,乘法的复杂度通常与操作数宽度的平方成正比,因此降低表示精度可以有效降低复杂度.

二是减少了内存和存储占用.量化可以对模型的压缩产生立竿见影的影响.它带来了两个好处:第一,减少内存占用.我们知道推理性能的瓶颈不是计算,而是内存访问.在这种情况下,增加计算密度将大大减少推理时间;第二,它节省了存储空间,减小了应用程序的大小,并方便了软件的升级和更新.

三是降低了能耗.我们知道能耗主要来自计算和内存访问.一方面,以乘加运算为例,8 位整数的能耗与 32 浮点相比可以相差几个数量级.另一方面,获取存储是电力的大量消耗者.假设只能放入 DRAM 的模型在量化后可以放入 SRAM,不仅可以提高性能,还可以降低能耗.

与其他模型压缩方法一样,模型量化方法也是基于这种共识.也就是说,在训练中需要一个复杂且高精度的模型,因为我们需要在优化中捕获微小的梯度变化,但在推理中却没有必要.换句话说,网络中有许多不重要的参数,或者它们不需要太精细的精度来表示.这个想法与网络修剪一脉相承.此外,实验表明神经网络对噪声具有鲁棒性,量化也可以视为噪声.这意味着我们可以在部署之前简化模型,而简化的重要手段之一就是降低表示精度.大多数深度学习训练框架默认为 32 位浮点模型参数和 32 位浮点计算.模型量化的基本思想是用较低的精度(如 8 位整数)代替原来的浮点精度.

1. 量化原理与分类

对于浮点到整数量化,其本质是将实数字段的一段映射到整数字段.量化的基本原理如下:如果使用线性量化,其一般形式可表示为

$$q = round(sx + z) \tag{6.1.4}$$

其中 x 和 q 是量化前后的数,s 是比例因子,z 是零点.此零点是原始域内的 0 上量化后的值.权重或激励中会有很多零,所以我们需要考虑量化后能否准确表达实数 0.

为了使量化在指定的整数表示范围内(如 n 位),这里比例缩放因子可以取

$$s = \frac{2^n - 1}{x_{\max} - x_{\min}}$$

其中 $x_{\max}$ 和 $x_{\min}$ 分别是量化对象动态范围的上限和下限.如果这种动态范围很大,或者是一个非常奇怪的边界,那么比特位就会浪费在一些不太密集的区域,导致信息丢失.因此,另一种方法是先剪裁动态范围,消除信息很少的部分.即

$$q = round(s * clip(x, \alpha, \beta) + z) \tag{6.1.5}$$

其中 α 和 β 分别为修剪的上、下限,作为量化参数.

上述方法称为非对称量化,因为它不需要原值域和量化后值域关于 0 对称.如果上面的零点设置为 0,则称为对称量化.可以说,对称量化是非对称量化的特例.此外,由于内部计算机由补码表示,因此其表示范围不是关于 0 对称的.对于对称量化,将删除整数值范围的最小值,如 8 位有符号整型表示范围$[-128, 127]$,截取后变成$[-127, 127]$.这样,整型值域才是真正对称的,否则会有偏差.相比之下,非对称量化的优点是可以充分利用比特位,因为对于对称量化,如果动态范围在 0 的两侧严重不对称,它将是低效的.但这也是有代价的,那就是计算比较复杂.通常,对称量化和非对称量化各有优缺点.

量化方法也分为均匀量化和非均匀量化.最简单的方法是使量化级别之间的距离相等.这种量化称为均匀量化.但直观地说,会有更多的信息丢失,因为一般来说动态范围中肯定有些区域点密集,有些稀疏.因此,如果存在均匀量化,则存在非均匀量化.它指的是量化级别之间的不等长,例如对数量化.更高级的一点是通过学习获得更大程度的自由映射.直观地说,非均匀量化似乎达到了更高的精度,但其缺点不利于硬件加速.

有三个主要的定量对象.在实践中,可能是量化许多甚至全部:

(1)权重:权重的量化是最常规和最常见的.量化权重可以减少模型的大小和内存占用.

(2)激活函数输出:在实践中,激活函数往往是内存使用量最大的部分,因此量化激活函数可以大大减少内存使用量.此外,结合量化权重,我们可以充分利用整数运算来获得更好的性能.

(3)梯度:比以上两种略小,因为它主要用于训练.它的主要功能是减少分布式计算中的通信开销.

除上述分类方法外,根据量化过程中是否需要训练,可以分为两类:

一类是 PTQ(训练后量化):顾名思义,就是模型训练后的量化.另一类是 QAT(量化感知训练):模型训练中的量化.

一般来说,QAT 可以获得更高的精度,但同时也需要更强的假设,即相应的训练数据、训练环境和所需的成本.在某些情况下,很难满足此假设.例如,在云服务中,不可能为给定模型提供数据和训练环境.

在讨论技术细节和具体的量化方案之前,我们先讨论量化的硬件背景,以及它如何在设备上实现高效推理.图 6.1.6 给出了神经网络加速器中矩阵向量乘法的计算示意图.

这是神经网络中较大的矩阵-矩阵乘法和卷积的构建模块.这种硬件模块旨在通过并行执行尽可能多的计算来提高神经网络推理的效率.该神经网络加速器的两个基本组件是处理元件 $C_{n,m}$ 和累加器 A_n.图 6.1.6 中的示例具有 16 个排列在方形网格中的处理元件和 4 个累加器.计算从用偏置值 b_n 加载累加器开始.然后将权重值 $W_{n,m}$ 和输入值 x_m 加载到数组中,并于单个循环内在各个处理元件 $C_{n,m} = W_{n,m} x_m$ 中计算它们的乘积,最后将它们的结果添加到累加器中:

$$A_n = b_n + \sum_m C_{n,m} \tag{6.1.6}$$

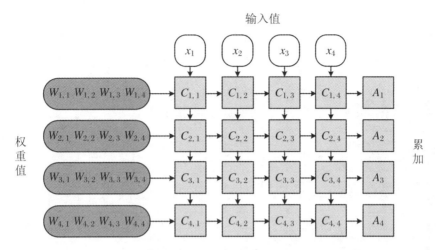

图 6.1.6　神经网络加速器硬件中矩阵乘法逻辑的示意图

上述操作也称为乘加(Multiply-Accumulate,简称 MAC).对于较大的矩阵向量乘法,此步骤将重复多次.完成所有循环后,累加器中的值将被移回内存,供下一个神经网络层使用.神经网络通常使用 FP32 权重和激活进行训练.如果要在 FP32 中执行推理,处理单元和累加器必须支持浮点逻辑,并且需要将 32 位数据从存储器传输到处理单元.MAC 的操作和数据传输占了神经网络推理过程中所需的大部分资源.因此,通过使用这些数据的较低定点或定量表示可以获得显著的结果.低位定点表示,例如 INT8,不仅减少了数据传输量,还降低了运算的大小和能耗.这是因为数字运算的成本通常与使用的位数成线性到二次方关系,并且因为定点加法比浮点加法更加有效.

　　为了从浮点运算转移到高效的定点运算,我们需要一种将浮点向量转换为整数的方案.浮点向量 x 可以近似表示为标量乘以整数值向量:

$$\hat{x} = s_x \cdot x_{\text{int}} \approx x \tag{6.1.7}$$

其中 s_x 是浮点比例因子,x_{int} 是整数值向量,例如 INT8.我们将这个向量的量化版本表示为 b_x.通过量化权重和激励,我们可以写出累积方程的量化版本:

$$\hat{A}_n = \hat{b}_n + \sum_m \hat{W}_{n,m} \hat{x}_m$$

$$= \hat{b}_n + \sum_m (s_w W_{n,m}^{\text{int}})(s_x x_m^{\text{int}})$$

$$= \hat{b}_n + s_w s_x \sum_m W_{n,m}^{\text{int}} x_m^{\text{int}} \tag{6.1.8}$$

我们对权重 s_w 和激励 s_x 使用单独的比例因子.这提供了灵活性并减少了量化误差.由于每个比例因子都应用于整个张量,因此该方案允许我们从式(6.1.8)的求和中分解比例因子,并以定点格式执行 MAC 运算.忽略偏差量化的原因是偏差通常存储在更高的位宽(32 位)中,其比例因子取决于权重和激励.图 6.1.7 显示了引入量化时神经网络加速器的变化.

　　为了便于讨论,在示例中使用了 INT8 算法,但它可以是任何量化格式.通常,累加器保持较高的位宽,例如 32 位.否则,累加器会因为计算量较大而溢出,最终造成损失.存储在 32 位累加器中的激励需要先写入存储器,然后才能被下一层使用.为了降低数据传输和下一层操作的复杂性,这些激励将被量化回到 INT8 格式.这需要一个重量化(requantization)的步骤.

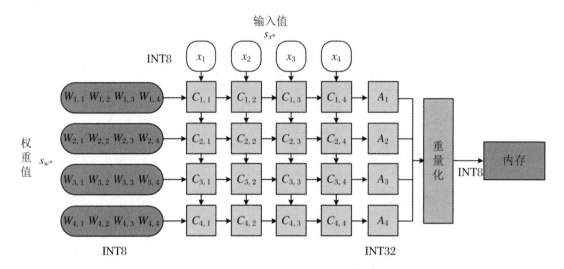

图 6.1.7 引入量化时的神经网络加速器示意图

2. 具体量化方案

具体量化方案如下:均匀映射量化、对称量化和二次幂量化.

1) 均匀映射量化

均匀映射量化也叫非对称量化.

首先,均匀映射量化由三个量化参数定义,包括比例因子 s、零点 z 和位宽 b.比例因子 s 和零点 z 就是用来保证浮点区间内的变量都能无一缺漏地映射到取值为位宽 b 的取值区间内.其中,比例因子通常为浮点数,而零点 z 是一个整数,也被叫作偏移,可确保实数零被准确地量化.这是确保 ReLU 等常见操作不会引起量化误差的重要操作之一.

一旦定义了三个量化参数,我们就可以继续进行量化操作.从实值向量 x 开始,我们首先将其映射到无符号整数网格 $\{0,\cdots,2^b-1\}$:

$$x_{\text{int}} = clamp\left(\left\lceil\frac{X}{s}\right\rceil + z; 0, 2^b - 1\right) \tag{6.1.9}$$

其中 $\lceil\cdot\rceil$ 为四舍五入运算符,且 clamp 定义为

$$clamp(x; a, b) = \begin{cases} a, & x < a \\ x, & a \leqslant x \leqslant b \\ b, & x > b \end{cases}$$

为了逼近实值输入 x,执行一个反量化步骤:

$$x \approx \hat{x} = s(x_{\text{int}} - z) \tag{6.1.10}$$

结合以上两个步骤,我们可以为量化函数 $q(\cdot)$ 提供一个通用定义,如下所示:

$$\hat{x} = q(x; s, z, b) = s\left(clamp\left(\left\lceil\frac{X}{s}\right\rceil + z; 0, 2^b - 1\right) - z\right) \tag{6.1.11}$$

通过反量化步骤,我们还可以定义量化栅格限制 $(q_{\min}, q_{\max})$,其中 $q_{\min} = -sz$ 和 $q_{\max} = s(2^b - 1 - z)$.超出此范围的任何 x 值都将被裁剪到该范围,从而导致裁剪误差.如果想减少裁剪误差,我们可以通过增加比例因子来扩大量化范围.然而,增加比例因子会导致舍入误

差增加,因为舍入误差取值范围为 $\left[-\dfrac{1}{2}s,\dfrac{1}{2}s\right]$.

2) 对称量化

对称量化是简化版的均匀映射量化.

对称量化将零点限制为 0. 这减少了在累加操作期间处理零点偏移的计算开销. 但是缺少偏移限制了整数域和浮点域之间的映射. 因此,选择有符号或无符号整数网格很重要:

$$\hat{x} = sx_{\text{int}} \tag{6.1.12}$$

若有符号

$$x_{\text{int}} = clamp\left(\lceil\dfrac{X}{s}\rceil; -2^{b-1}, 2^{b-1}-1\right) \tag{6.1.13}$$

若无符号

$$x_{\text{int}} = clamp\left(\lceil\dfrac{X}{s}\rceil; 0, 2^{b}-1\right) \tag{6.1.14}$$

无符号对称量化非常适合单尾分布,例如 ReLU 激活. 另一方面,可以为关于零大致对称的分布选择带符号的对称量化.

3) 二次幂量化

二次幂量化是对称量化的一种特殊情况. 二次幂量化中的比例因子被限制为二次幂,即 $s = 2^{-k}$. 这种选择可以提高硬件效率,因为用 s 缩放对应于简单的位移位. 然而,比例因子的表达能力有限会使舍入和裁剪误差之间的权衡复杂化.

其中均匀映射量化和对称量化两个方案是比较常用的量化方案.

3. 量化仿真

为了测试使用量化方法后神经网络的运行情况,研究人员经常在用于训练神经网络的通用硬件上模拟量化方法,这就是量化仿真. 如前所述,量化的目标是使用浮点来近似定点运算. 与在实际的量化硬件上运行实验或使用量化内核相比这种模拟更容易实现. 量化仿真使研究人员能够有效地测试各种量化方法,并使用 GPU 加速进行量化感知训练. 在本小节中,我们首先解释仿真过程的基本知识,然后讨论可以帮助减少两者差异的技术模拟和实际设备性能.

前面解释了如何在专用的定点计算硬件中计算矩阵向量乘法. 如图 6.1.8 所示,整个过程可以概括为一个卷积层,但为了更逼真,还加入了一个激活函数.

在设备推理过程中,硬件的所有输入(偏差、权重和输入激励)均采用定点格式. 然而,当我们使用常见的深度学习框架和常见的硬件模拟量化时,这些量是浮点数. 这就是为什么我们在计算中引入量化器块以引入量化效果. 图 6.1.9 显示了如何在深度学习框架中对同一卷积层建模. 在权重和卷积之间添加量化器块以模拟权重量化,并在激活函数之后添加以模拟激活量化.

偏差通常不进行量化,因为它的存储精度较高. 量化模块用于实现式 (6.1.11) 的量化函数,且每个量化模块由一组量化参数(比例因子、零点、位宽)定义. 量化器的输入和输出都是浮点格式,但输出位于量化网格上.

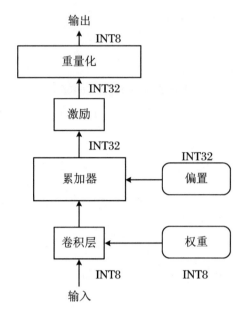

图 6.1.8　使用定点运算的量化设备推理图

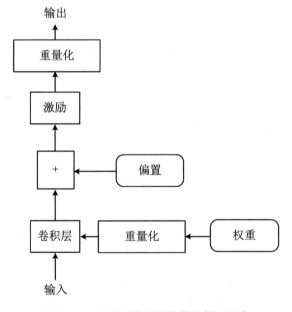

图 6.1.9　通用浮点硬件的量化推理仿真

1）批量归一化

批量归一化是现代卷积网络的标准组件之一．批量归一化在缩放和添加偏移量之前对线性层的输出进行归一化，如式(6.1.15)所示．对于设备上的推理，这些操作在称为批量归一化折叠的步骤中折叠到上一个或下一个线性层中，这将完全从网络中移除批量归一化操作，因为计算将被吸收到相邻的线性层中．除了减少额外缩放和偏移的计算开销外，还可以防止额外的数据移动和层输出的量化．更正式地说，在推理过程中，批量归一化定义为输出 x 的仿射变换：

$$BatchNorm(x) = \gamma\left(\frac{x-\mu}{\sqrt{\sigma^2+c}}\right) + \beta \qquad (6.1.15)$$

其中 μ 和 σ 是训练期间计算的均值和方差,作为批量统计的指数移动平均值. γ 和 β 则是每个通道学习的仿射超参数. 如果在线性层 $y = BatchNorm(Wx)$ 之后立即应用批量归一化,我们可以重写这些项,以便批量归一化操作与线性层本身融合. 假设权重矩阵 $W \in \mathbf{R}^{n \times m}$,我们对每个输出 y_k 应用批量归一化,其中 $k = \{1, \cdots, n\}$:

$$y_k = BatchNorm(W_{k,:}x) = \gamma_k\left(\frac{W_{k,:}x-\mu_k}{\sqrt{\sigma_k^2+\varepsilon}}\right) + \beta_k$$

$$= \gamma_k\left(\frac{W_{k,:}x-\mu_k}{\sqrt{\sigma_k^2+\varepsilon}}\right) + \beta_k = \frac{\gamma_k W_{k,:}}{\sqrt{\sigma_k^2+\varepsilon}}x + \left(\beta_k - \frac{\gamma_k\mu_k}{\sqrt{\sigma_k^2+\varepsilon}}\right)$$

$$= \widetilde{W}_{k,:}x + \widetilde{b}_k \qquad (6.1.16)$$

其中

$$\widetilde{W}_{k,:} = \frac{\gamma_k W_{k,:}}{\sqrt{\sigma_k^2+\varepsilon}} \qquad (6.1.17)$$

$$\widetilde{b}_k = \beta_k - \frac{\gamma_k\mu_k}{\sqrt{\sigma_k^2+\varepsilon}} \qquad (6.1.18)$$

2）激励函数融合

在前面介绍的量化加速器中,我们可以看到激励的再量化发生在矩阵乘法或卷积输出值的计算之后. 然而,在实践中,卷积神经网络通常在线性运算之后直接执行非线性运算. 将线性层的激活写入内存,然后将其加载回计算核心以应用非线性是浪费资源. 因此,许多硬件解决方案都附带一个硬件单元,该单元在重新量化步骤之前应用非线性. 如果是这种情况,我们只需要模拟非线性后的重新量化. 例如,ReLU 非线性可以通过重新量化模块轻松建模,因为只需要将激活量化的最小可表示值设置为 0.

其他更复杂的激活函数,如 Sigmoid 或 Swish,需要更专业的支持. 如果没有这种支持,我们需要在非线性模块之前和之后添加一个量化步骤. 这将对量化模型的准确性产生很大的影响. 尽管较新的激活函数（如 Swish 函数）在浮点精度方面有所提高,但这些改进可能会在量化后消失,或者部署在定点硬件上的模型的效率可能较低.

4. 总结

现在,深度学习可以在众多电子设备和服务中找到,从智能手机和家用电器到无人机、机器人和自动驾驶汽车. 深度学习已经成为许多机器学习应用中不可或缺的一部分. 随着深度学习在我们日常生活中的普及,对快速高效的神经网络推理的需求也在增加. 神经网络的量化是降低神经网络在推理过程中的能量和延迟要求的最有效方法之一. 量化使我们能够从浮点表示转换为定点格式,并使用高效的定点操作将其与专用硬件相结合,以实现显著的功率增益和推理加速.

6.2 低秩分解与知识蒸馏

6.2.1 低秩分解

本小节涉及线性代数的知识,因此有必要先了解基本的概念.了解了基本概念后,我们将讲解三种常用的低秩分解方法.

低秩分解首先涉及矩阵中最基本的概念之一,即"秩".为了从方程组中删除冗余方程,引出了矩阵的"秩".矩阵的秩用于衡量矩阵的行和列之间的相关性.为了得到矩阵 A 的秩,我们通过矩阵的初等变换将矩阵 A 转换为阶梯矩阵.如果阶梯矩阵有 r 个非零行,那矩阵 A 的秩 rank(A)就等于 r.如果矩阵的行或列是线性独立的,那么称矩阵 A 为满秩,秩等于行数.

了解了"秩"的概念后,再来了解一下"低秩"的概念.如果 X 是包含 m 行和 n 列的数值矩阵,则 rank(X)是 X 的秩,假如 rank(X)远小于 m 和 n,那么我们称 X 为低秩矩阵.低秩矩阵的每一行或每一列都可以用其他的行或列线性表示,这表明它包含了很多冗余信息.使用此冗余信息,可以恢复丢失的数据,也可以提取数据特征.

低秩分解(low rank filters)是一种利用低秩矩阵的特性来消除冗余并减少权值参数的方法.低秩分解的一般思路是用 $K \times 1 + 1 \times K$ 组合卷积替换 $K \times K$ 卷积核.低秩分解基于权值向量主要分布在一些低秩子空间中的原理,因此可以用少数基来重构权值矩阵.

了解了基本概念后,我们再来看看低秩分解的常见方法.低秩分解主要分为以下三种方法:奇异值分解、张量分解和 Block Term 分解.

1. 奇异值(SVD)分解

在机器学习中,特征值分解和奇异值分解是一种常见的算法,它可以帮助机器学习提取重要特征,复杂的矩阵可以通过一些更小和更简单的子矩阵的乘积来表示.这些小矩阵描述了矩阵的重要特征.特征值分解与奇异值分解密切相关,目标相同,即提取出一个矩阵最重要的特征.它们之间的区别在于特征值分解只能应用于方阵,而奇异值分解可以应用于任意矩阵.因此,我们应该先了解特征值分解,然后再逐步了解奇异值分解.

1) 特征值分解

如果说一个向量 v 是方阵 A 的特征向量,则一定可以表示成下面的形式:$Av = \lambda v$,这时候 λ 就被称为特征向量 v 对应的特征值,一个矩阵的一组特征向量是一组正交向量.特征值分解是将一个矩阵分解成下面的形式:

$$A = Q\Sigma Q^{-1} \tag{6.2.1}$$

其中 Σ 是一个对角线上的元素均为 A 的特征值的对角阵,Q 是由矩阵 A 的特征向量组成的矩阵.

特征值分解可以获得特征值与特征向量,特征向量表示特征是什么,特征值反映特征的重要性,每个特征向量都可以看作一个线性子空间,我们可以使用这些线性子空间来做很多事情.然而,特征值分解也有许多局限性,主要限制是特征值分解只能用于方阵.

正交矩阵是其在欧几里得空间里得称呼,在酉空间中称其为酉矩阵.正交矩阵对应的变换称为正交变换.正交变换的特点是不改变向量之间的角度和向量的大小.如图 6.2.1 所示.

假设二维空间中的向量 OA,它在标准坐标系中表示为 (a,b).现在用另一组坐标 e_1',e_2' 表示为 (a',b'),那么存在矩阵 U 使得 $(a',b') = U(a,b)$,而矩阵 U 就是正交矩阵.

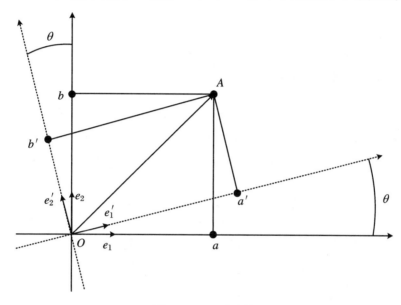

图 6.2.1　正交变换

由图 6.2.1 可知,正交变换仅使用另一组正交基来表示变换向量.在这个过程中并没有对向量作拉伸,也不改变向量的空间位置,对两个向量同时做正交变换,变换的前后两个向量的夹角显然也不会改变.图 6.2.1 是一个旋转的正交变换,可以把 e_1',e_2' 坐标系看作 e_1,e_2 坐标系经过旋转某个 θ 角度得到,具体的旋转规则如下:

$$x = \begin{bmatrix} a \\ b \end{bmatrix}$$
$$a' = x \cdot e_1' = e_1'^{\mathrm{T}} x$$
$$b' = x \cdot e_2' = e_2'^{\mathrm{T}} x$$

a' 和 b' 实际上是 x 在 e_1' 和 e_2' 轴上投影的大小,所以直接做内积可得

$$\begin{bmatrix} a' \\ b' \end{bmatrix} = \begin{bmatrix} e_1' \\ e_2' \end{bmatrix} x$$

从图中可以看到

$$e_1' = \begin{bmatrix} \cos\theta \\ \sin\theta \end{bmatrix} e_2' = \begin{bmatrix} -\sin\theta \\ \cos\theta \end{bmatrix}$$

所以

$$U = \begin{bmatrix} \cos\theta & \sin\theta \\ -\sin\theta & \cos\theta \end{bmatrix}$$

正交矩阵 U 的行(列)都是单位正交向量,对向量进行旋转变换.这里有个说明:旋转是相对的.至于图 6.2.1,我们可以说向量的空间位置没有变化,标准参考系向左旋转了 θ 角,如果我们选择 e_1', e_2' 作为新的标准坐标系,OA(原标准坐标系的表示)在新坐标系中就变成了 OA',因此看起来就好像坐标系不动,将 OA 沿顺时针方向旋转 θ 角,这个操作易于实现.转换后的矢量坐标仍以当前坐标系表示.正交变换的另一个方面是反射变换,也即 e_1' 的方向与图中方向相反.

正交矩阵的特点是其行(列)向量是两个正交单位向量,正交矩阵对应的变换为正交变换.

2) 奇异值分解

特征值分解是提取矩阵特征的好方法,但它仅限于方阵.奇异值分解可以解决任何矩阵的分解问题.奇异值分解定义如下:

$$A = U\Sigma V^{\mathrm{T}} \tag{6.2.2}$$

假设 A 是 $M \times N$ 矩阵,则得到的 U 是 $M \times M$ 方阵(里面的向量是正交的,U 里面的向量称为左奇异向量),Σ 是 $M \times N$ 矩阵(除了对角线的元素都是 0,对角线上的元素称为奇异值),V^{T} 是一个 $N \times N$ 矩阵,里面的向量也是正交的(V 中的向量称为右奇异向量).

矩阵 A 的奇异值和方阵的特征值是什么关系?

我们将矩阵 A 乘以它的转置得到一个方阵,使用此方阵来计算特征值以获得

$$(A^{\mathrm{T}}A)V_i = \lambda_i v_i \tag{6.2.3}$$

这里得到的 V_i 就是上面的右奇异向量,此外,我们还可以得到:

$$\sigma_i = \sqrt{\lambda_i} \tag{6.2.4}$$

$$u_i = \frac{1}{\sigma_i} A V_i \tag{6.2.5}$$

这里的 σ_i 就是上面提到的奇异值,u_i 就是上面的左奇异向量.奇异值 σ 与特征值相似,在矩阵 Σ 中它们也从大到小排列,σ 的值下降得非常快,在许多情况下,前 10% 甚至 1% 奇异值的总和就占全部奇异值总和的 99% 以上.也就是说,奇异值可以按大小降序排列,前 r 个奇异值可以用来近似描述矩阵,定义了奇异值的分解:

$$A_{m \times n} \approx U_{m \times r} \Sigma_{r \times r} V_{r \times n}^{\mathrm{T}} \tag{6.2.6}$$

其中 r 是远小于 m 和 n 的值.

式(6.2.6)右侧三个矩阵的相乘结果是接近于 A 的矩阵,r 越接近 n,相乘的结果就越接近 A.三个矩阵的面积之和(从存储的角度来看,矩阵的面积越小,存储容量越小)比原始矩阵 A 小得多,如果要用压缩空间来表示原矩阵 A,存储 U, Σ, V 三个矩阵就足够了.

上述特征值分解的矩阵 A 是对称阵,通过特征值分解,可以得到一个(超)矩形使得变换后还是(超)矩形,即 A 可以将一组正交基映射到另一组正交基.那么对于任何 $M \times N$ 矩阵,我们能不能找到一组正交基,使基变换后仍然是正交基? 答案是肯定的,这是奇异值分解的本质.

现在假设有一个 $M \times N$ 矩阵 A,它将 n 维空间中的向量映射到 $k(k \leqslant m)$ 维空间中,$k = \text{rank}(A)$.现在的目标是在 n 维空间中找一组正交基,以便它们在 A 变换后仍然是正交的.假设已经找到了这样一组正交基:

$$\{v_1, v_2, v_3, \cdots, v_n\}$$

则矩阵 A 将这组基映射为 $\{Av_1, Av_2, Av_3, \cdots, Av_n\}$.

如果要使它们两两正交,即

$$Av_i \cdot Av_j = (Av_i)^T Av_j = v_i^T A^T A v_j = 0$$

根据假设,存在:$v_i^T v_j = v_i v_j = 0$.

因此,如果选择正交基 v 作为 $A^T A$ 的特征向量,因为 $A^T A$ 是一个对称矩阵,则 v 之间两两正交,那么

$$v_i^T A^T A v_j = v_i^T \lambda_j v_j = \lambda_j v_i^T v_j = \lambda_j v_i v_j = 0$$

通过这种方式,找到一组正交基,使它们在映射后仍然是正交的.现在,映射的正交基被单位化,因为

$$Av_i \cdot Av_i = \lambda_i v_i \cdot v_i = \lambda_i$$

因此得到

$$|Av_i|^2 = \lambda_i \geqslant 0$$

所以取单位向量

$$Av_i = \sigma_i u_i, \quad 0 \leqslant i \leqslant k, \quad k = \mathrm{rank}(A)$$

当 $k < i \leqslant m$ 时,把 $u_1, u_2, \cdots, u_k$ 扩展为 $u_{k+1}, \cdots, u_m$,使得 $u_1, u_2, \cdots, u_m$ 是 m 维空间中的一组正交基,即将 $\{u_1, u_2, \cdots, u_k\}$ 正交基扩展成 m 维空间的单位正交基 $\{u_1, u_2, \cdots, u_m\}$,类似地,对 $v_1, v_2, \cdots, v_k$ 进行扩展 $v_{k+1}, \cdots, v_n$(这 $n-k$ 个向量存在于 A 的零空间中,即 $Ax = 0$ 的解空间的基),使得 $v_1, v_2, \cdots, v_n$ 就是 n 维空间中的一组正交基,即在 A 的零空间中选择 $\{v_{k+1}, v_{k+2}, \cdots, v_n\}$ 使得 $Av_i = 0, i > k$ 并取 $\sigma = 0$,则可得到

$$A[v_1 \ v_2 \ \cdots \ v_k \mid v_{k+1} \ \cdots \ v_n] = [u_1 \ u_2 \ \cdots \ u_k \mid u_{k+1} \ \cdots \ u_m] \begin{bmatrix} \sigma_1 & & & & 0 \\ & \ddots & & & \\ & & \sigma_k & & \\ \hline & 0 & & & 0 \end{bmatrix}$$

然后得到 A 矩阵的奇异值分解:

$$A = U \Sigma V^T \tag{6.2.7}$$

其中 V 是 $n \times n$ 的正交矩阵,U 是 $m \times m$ 的正交矩阵,Σ 是 $m \times n$ 的对角矩阵.

现在我们可以分析 A 矩阵的映射过程:如果在 n 维空间中找到一个(超)矩形,并且它的边落在 $A^T A$ 的特征向量的方向上,则 A 变换后的形状仍然是(超)矩形.

v_i 为 $A^T A$ 的特征向量,称为 A 的右奇异向量,$u_i = Av_i$ 实际上为 AA^T 的特征向量,称为 A 的左奇异向量.下面利用 SVD 证明一开始的满秩分解:

$$A = [u_1 \ u_2 \ \cdots \ u_k \mid u_{k+1} \ \cdots \ u_m] \begin{bmatrix} \sigma_1 & & & & 0 \\ & \ddots & & & \\ & & \sigma_k & & \\ \hline & 0 & & & 0 \end{bmatrix} \begin{bmatrix} v_1^T \\ \vdots \\ v_k^T \\ \hline v_{k+1}^T \\ \vdots \\ v_n^T \end{bmatrix}$$

利用矩阵分块乘法展开得

$$A = [u_1 \ \cdots \ u_k] \begin{bmatrix} \sigma_1 & & \\ & \ddots & \\ & & \sigma_k \end{bmatrix} \begin{bmatrix} v_1^T \\ \vdots \\ v_k^T \end{bmatrix} + [u_{k+1} \ \cdots \ u_m][0] \begin{bmatrix} v_{k+1}^T \\ \vdots \\ v_n^T \end{bmatrix}$$

可以看到第二项为 0,故

$$A = \begin{bmatrix} u_1 & \cdots & u_k \end{bmatrix} \begin{bmatrix} \sigma_1 & & \\ & \ddots & \\ & & \sigma_k \end{bmatrix} \begin{bmatrix} v_1^{\mathrm{T}} \\ \vdots \\ v_k^{\mathrm{T}} \end{bmatrix}$$

令

$$X = \begin{bmatrix} u_1 & \cdots & u_k \end{bmatrix} \begin{bmatrix} \sigma_1 & & \\ & \ddots & \\ & & \sigma_k \end{bmatrix} \begin{bmatrix} v_1^{\mathrm{T}} \\ \vdots \\ v_k^{\mathrm{T}} \end{bmatrix} = \begin{bmatrix} \sigma_1 u_1 & \cdots & \sigma_k u_k \end{bmatrix} \begin{bmatrix} v_1^{\mathrm{T}} \\ \vdots \\ v_k^{\mathrm{T}} \end{bmatrix}$$

则 $A = XY$ 即是 A 的满秩分解.

2. 张量分解

我们把一种多维数据存储形式称为张量（tensor），而把数据的维度称为张量的阶. 张量可以看作向量和矩阵在多维空间中的扩展，向量可以看作一维张量，矩阵可以看作二维张量. 图 6.2.2 是三阶张量的示例.

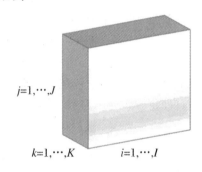

图 6.2.2　三阶张量

它有三维即三种模式. 值得注意的是，这里的张量是一组有某种排列形式的数据的集合，与物理学中的张量场不同. 传统的方法（如 ICA、PCA、SVD 和 NMF）在处理高维数据时，一般将数据转换为二维数据形式（矩阵）进行处理，这种处理方式会造成数据结构信息的丢失，往往导致解法不准确. 张量用于数据存储，可以保留数据的结构信息，因此，近年来它们已广泛应用于图像处理和计算机视觉. 在介绍张量分解之前，我们先介绍一下张量的相关概念、基础知识以及一些相关的运算符号.

1）张量基础知识

a）子数组

由于张量可以视为多维数组，因此在对多维数组的各个维度进行选择后，就会产生子数组. 在这种情况下，我们使用冒号"："来表示选择该维度上的所有值.

举例来说，对于矩阵 A，第 j 列可以表示为 $a_{:j}$，而第 i 行可以表示为 $a_{i:}$. 为了更加简洁，将矩阵的列 $a_{:j}$ 表示为 a_j.

b）fiber

fiber 在高阶张量中类似于矩阵的行和列. 更正式地说，当我们在一个高阶张量中固定大部分维度，只保留其中的一个维度时，所得到的子数组被称为 fiber.

举例来说，对于一个矩阵，其第 1 模（mode-1）fiber 指的是矩阵的列，而第 2 模（mode-2）fiber 则指的是矩阵的行. 在三阶张量中，我们有三种类型的 fiber，分别是行、列和通道

(tube)的 fiber,它们分别表示为 $X_{:jk}$,$X_{i:k}$ 和 $X_{ij:}$.

c) slice

通过将一个张量的大部分维度固定,只保留其中的两个维度所形成的子数据,我们称之为"slice".

以三阶张量 X 为例,其水平、垂直和通道的 slice 分别表示为 $X_{i::}$,$X_{:j:}$ 和 $X_{::k}$.更加简洁地,三阶张量的第 k 个通道 slice 可以表示为 X_k.

d) 范数与内积

张量的范数与矩阵的 Frobenius 范数类似,即通过对张量中所有元素的平方求和,然后取平方根,即

$$\| X \| = \sqrt{\sum_{i_1=1}^{I_1} \sum_{i_2=1}^{I_2} \cdots \sum_{i_N=1}^{I_N} x_{i_1 i_2 \cdots i_N}^2}$$

将两个具有相同形状的张量的对应分量相乘,并将所有这些乘积相加的结果称作张量的内积.

设 $X,Y \in \mathbf{R}^{I_1 \times I_2 \times \cdots \times I_N}$,则两张量内积为

$$\langle X, Y \rangle = \sum_{i_1=1}^{I_1} \sum_{i_2=1}^{I_2} \cdots \sum_{i_N=1}^{I_N} x_{i_1 i_2 \cdots i_N} y_{i_1 i_2 \cdots i_N}$$

e) 单秩张量

若一个 N 阶向量 $X \in \mathbf{R}^{I_1 \times I_2 \times \cdots \times I_N}$ 可写成 N 个向量的叉乘形式,即

$$X = a^{(1)} \times a^{(2)} \times \cdots \times a^{(N)}$$

这种张量就被称为单秩张量.

从微观的视角来看,单秩张量的每个元素都是通过对应向量分量的乘法得到的:

$$x_{i_1 i_2 \cdots i_N} = a_{i_1}^{(1)} a_{i_2}^{(2)} \cdots a_{i_N}^{(N)}$$

可以解释为,每个向量代表着最终张量的一个维度,而向量的分量则成为张量各维度取值乘积中的一个因子.

f) 张量的 n 模积乘法

在不同的组合方式下,张量可以以多种方式相乘.在此处仅介绍 n 模积,即张量在维度 n 上与矩阵或向量相乘.

首先介绍张量与矩阵相乘.对于给定的 N 阶张量 $X \in \mathbf{R}^{I_1 \times I_2 \times \cdots \times I_N}$ 和矩阵 $U \in \mathbf{R}^{J \times I_n}$,它们的 n 模积可以表示为 $X \times_n U$,其结果是一个维度为 $I_1 \times I_2 \times \cdots \times I_{n-1} \times J \times I_{n+1} \times \cdots \times I_N$ 的张量,即将维度 I_n 转变为 J.从 slice 的角度来看,由于 n 模 slice 是一个矩阵,因此 n 模积可以视为张量 X 的所有 n 模 slice 乘以矩阵 U.假设 $Y = X \times_n U$,则张量 Y 的 n 模 slice 等于张量 X 的 n 模 slice 乘以矩阵 U,即

$$Y_{(n)} = UX_{(n)}$$

这种操作可以理解为,在 n 维上,将张量 X 的每个 slice 都与矩阵 U 相乘,得到相应的结果 slice,从而构成张量 Y 的 n 模 slice.

接下来介绍张量与向量相乘.对于给定的 N 阶张量 $X \in \mathbf{R}^{I_1 \times I_2 \times \cdots \times I_N}$ 和向量 $v \in \mathbf{R}^{I_n}$,它们的 n 模积可以表示为 $X \cdot_n v$,其结果是一个维度为 $I_1 \times I_2 \times \cdots \times I_{n-1} \times I_{n+1} \times \cdots \times I_N$ 的 $N-1$ 阶张量,即在结果张量中消除了原张量的第 n 维.

从 fiber 的角度来看,由于 n 模 fiber 是一个向量,因此 n 模积可以被视为张量 X 的所有 n 模 fiber 与向量 v 相乘.鉴于向量间的乘法采用的是内积运算,因此最终导致结果张量

的维度为 $N-1$.

从微观的角度来看，这可以被理解为

$$(X \bullet_n v)_{i_1 i_2 \cdots i_{n-1} i_{n+1} \cdots i_N} = \sum_{i_n=1}^{I_n} x_{i_1 i_2 \cdots i_N} v_{i_n}$$

g) 矩阵的 Kronecker、Khatri-Rao、Hadamard 积

Kronecker 积是将一个矩阵的每个元素与另一个矩阵的所有元素分别相乘，然后将得到的结果排列成一个更大的矩阵的运算方式. 假设有矩阵 $A \in \mathbf{R}^{I \times J}$ 和矩阵 $B \in \mathbf{R}^{K \times L}$，它们的 Kronecker 积可以用符号 $A \otimes B$ 表示，其结果形成一个大小为 $(I \cdot K) \times (J \cdot L)$ 的矩阵，即

$$A \otimes B = \begin{bmatrix} a_{11}B & a_{12}B & \cdots & a_{1J}B \\ a_{21}B & a_{22}B & \cdots & a_{2J}B \\ \vdots & \vdots & \ddots & \vdots \\ a_{I1}B & a_{I2}B & \cdots & a_{IJ}B \end{bmatrix}$$

$$= \begin{bmatrix} a_1 \otimes b_1 & a_1 \otimes b_2 & a_1 \otimes b_3 & \cdots & a_J \otimes b_{L-1} & a_J \otimes b_L \end{bmatrix}$$

这里 $a_i \otimes b_j = \begin{bmatrix} a_{i1}b_j \\ \vdots \\ a_{iI}b_j \end{bmatrix}$.

类似于 Kronecker 积，考虑矩阵 $A \in \mathbf{R}^{I \times K}$ 和矩阵 $B \in \mathbf{R}^{J \times K}$，它们的 Khatri-Rao 积用符号 $A \odot B$ 表示. Khatri-Rao 积的结果形成一个大小为 $(I \cdot J) \times K$ 的矩阵，即

$$A \odot B = \begin{bmatrix} a_1 \otimes b_1 & a_2 \otimes b_2 & \cdots & a_K \otimes b_K \end{bmatrix}$$

两个向量的 Kronecker 积和 Khatri-Rao 积是完全等价的，比如 $a \otimes b = a \odot b$.

2）张量分解

张量分解的两种常见类型是 CP 分解（Canonical Polyadic Decomposition）和 Tucker 分解（Tucker Decomposition）. 接下来，我们将重点介绍这两种分解方法，并阐述它们在图像处理中的一些应用.

（1）CP 分解

Hitchcock 在 1927 年提出 CP 分解. CP 分解将 N 阶张量 $X \in \mathbf{R}^{I_1 \times I_2 \times \cdots \times I_N}$ 分解为秩为 1 的 R 个张量和的形式，即

$$X = \sum_{r=1}^{R} \lambda_r a_r^{(1)} \bullet a_r^{(2)} \bullet a_r^{(3)} \bullet \cdots \bullet a_r^{(N)} \tag{6.2.8}$$

通常 $a_r^{(n)}$ 是一个单位向量. 设 $A^{(n)} = \begin{vmatrix} a_1^n & a_2^n & a_3^n & \cdots & a_R^n \end{vmatrix}$，$D = \mathrm{diag}(\lambda)$，那么式 (6.2.8) 可以写为

$$X = D \times_1 A^{(1)} \times_2 A^{(2)} \cdots \times_N A^{(N)} \tag{6.2.9}$$

矩阵的表达形式即为

$$X_{(n)} = A^n D (A^{(N)} \odot \cdots \odot A^{(n+1)} \odot A^{(n-1)} \odot \cdots \odot A^1)^{\mathrm{T}} \tag{6.2.10}$$

特别地，当张量 X 的阶数为 3 时，其分解形式如图 6.2.3 所示.

下面介绍张量的低秩近似. 与矩阵的定义类似，R 的最小值为张量的秩，记作 $\mathrm{Rank}(X) = R$，这种 CP 分解也称为张量的秩分解. 值得注意的是，秩在张量中的定义并不是唯一的，张量秩数的求解是一个 NP 问题. 对于矩阵 A，其奇异值分解定义为

$$A = \sum_{r=1}^{R} \sigma_r u_r \bullet v_r, \quad \sigma_1 \geqslant \sigma_2 \geqslant \cdots \geqslant \sigma_R \geqslant 0 \tag{6.2.11}$$

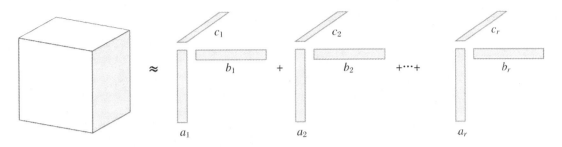

图 6.2.3　三阶张量分解

矩阵 A 的低秩近似可以通过取奇异值分解得到的前 k 个因子作为矩阵 A 的近似. 类似于矩阵中的定义, 我们将张量的前 k 个因子作为张量 X 的低秩近似, 即

$$X = \sum_{k=1}^{K} \lambda_k \alpha_k^{(1)} \alpha_k^{(2)} \alpha_k^{(3)} \cdots \alpha_k^{(N)} \tag{6.2.12}$$

与矩阵的低秩近似不同, 张量的秩 n 近似不能渐进得到. 也就是说, 张量的 $n+1$ 秩近似中不包括 n 秩近似.

要解决 CP 分解, 第一步是确定分解的秩 1 张量的数量, 如前所述, 张量的秩 n 近似不能逐渐取得. 我们通常对 R 从 1 开始通过迭代的方法遍历, 直到找到一个合适的解. 当数据无噪声时, 重建误差为 0 对应的解即 CP 分解的解, 当数据有噪声时, 可以通过 CORCONDIA 算法估计 R. 分解的秩 1 张量的数量确定后, 可以通过交替最小二乘方法 (ALS 算法) 求解 CP 分解. 让我们以三阶张量为例来说明 ALS 算法.

假设 $X \in \mathbf{R}^{I \times J \times K}$ 是一个三阶张量, 张量分解的目标表达式为

$$\min_{\hat{X}} \| X - \hat{X} \|, \quad \hat{X} = \sum_{r=1}^{R} \lambda_r a_r \cdot b_r \cdot v_r = [[\lambda; A, B, C]] \tag{6.2.13}$$

ALS 算法先将 B, C 固定去求解 A, 然后固定 A 和 C 去求解 B, 再固定 B 和 C 去求解 A, 反复迭代, 直到达到收敛条件. 固定矩阵 B 和 C, 我们可以得到式 (6.2.13) 在 mode-1 矩阵的展开式:

$$\min_{\hat{A}} = \| X_{(1)} - \hat{A}(C \odot B) T \|_F \tag{6.2.14}$$

其中 $\hat{A} = A \cdot \mathrm{diag}(\lambda)$, 那么上述式子的最优解为

$$\hat{A} = X_{(1)} [(C \odot B)^{\mathrm{T}}] \tag{6.2.15}$$

为了防止数值计算的病态问题, 通常把 $\hat{A}$ 的每列单位化, 即

$$\lambda_r = |\hat{a}_r|, \quad a_r = \hat{a}_r / \lambda_r \tag{6.2.16}$$

将上述式子推广到高阶形式可以得到

$$A^{(n)} = X^n (A^{(n)} \odot \cdots \odot A^{(n+1)} \odot A^{(n-1)} \odot \cdots \odot A^{(1)}) V$$

其中 $V = A^{(1)\mathrm{T}} (A^{(1)} \odot \cdots \odot A^{(n-1)} \odot A^{(n+1)} \odot \cdots \odot A^{(N)\mathrm{T}} \odot A^{(N)})$. ALS 求解是假设分解 Rank-1 张量的个数 R 预先知道, 对于每个因子的初始化, 可以使用随机初始化方法.

(2) Tucker 分解 (Tucker Decomposition)

Tucker 分解是 Tucker 在 1966 年首次提出的张量分解方法. 三阶张量的 Tucker 分解

如图 6.2.4 所示.

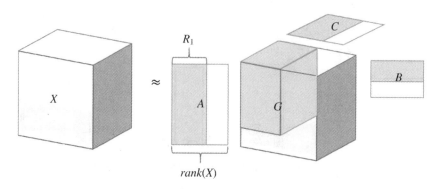

$$rank(X)$$

图 6.2.4 三阶张量的 Tucker 分解

对于三阶张量 $X \in \mathbf{R}^{I \times J \times K}$, 可以通过 Tucker 分解获得三个因子矩阵($A \in \mathbf{R}^{I \times P}$, $B \in \mathbf{R}^{J \times Q}$, $C \in \mathbf{R}^{K \times R}$) 和核张量 $G \in \mathbf{R}^{P \times Q \times R}$, 每个 mode 上的因子矩阵称为在每个 mode 上张量的基矩阵或者主成分, 因此 Tucker 分解也称为高阶 PCA、高阶 SVD 等. 从图 6.2.4 中可以看出, CP 分解是 Tucker 分解的一种特殊形式: 如果核张量的维数相同且是对角的, Tucker 分解就退化为 CP 分解.

在三阶张量形式中, 有

$$X = G \times A \times B \times C = \sum_{p=1}^{P} \sum_{q=1}^{Q} \sum_{r=1}^{R} g_{pqr} a_p \cdot b_q \cdot c_r = [[G; A, B, C]] \quad (6.2.17)$$

用矩阵的形式来表达上面的公式, 即

$$X_1 = AG_{(1)} (C \otimes B)^{\mathrm{T}} X_2 = BG_{(2)} (C \otimes A)^{\mathrm{T}} X_3 = CG_{(3)} (B \otimes A)^{\mathrm{T}} \quad (6.2.18)$$

对于三阶张量, 如果将因子矩阵固定为单位矩阵, 则得到 Tucker 分解一个重要特例: Tucker2. 例如, 如果固定 $C = I$, 它将退化为

$$X = G \times A \times B = [[G; A, B, I]]$$

此外, 如果两个因子矩阵是固定的, 则获得 Tucker1. 例如, 如果 $C = I, B = I$ 固定, Tucker 分解将退化为普通 PCA:

$$X = G \times A = [[G; A, I, I]]$$

通过将上面的公式扩展到 N 阶模型, 我们可以得到

$$X = G \times A^{(1)} \times A^{(2)} \times \cdots \times A^{(N)} = [[G; A^{(1)}, A^{(2)}, \cdots, A^{(N)}]] \quad (6.2.19)$$

写成矩阵形式, 即

$$X_{(n)} = A^{(n)} G_{(n)} (A^{(N)} \otimes \cdots \otimes A^{(n+1)} \otimes A^{(n-1)} \otimes \cdots \otimes A^{(1)})^{\mathrm{T}} \quad (6.2.20)$$

n-秩也称为多线性秩. N 阶张量 X 的 n-mode 秩定义为

$$rank_n(X) = rank(X_{(n)}) \quad (6.2.21)$$

设 $rank_n(X) = R_n, n = 1, \cdots, N$, 则 X 称为秩 $(R_1, R_2, \cdots, R_N)$ 的张量. R_n 可以看作张量 X 在每种 mode 上 fiber 所形成的空间维度. 如果 $rank_n(X) = R_n, n = 1, \cdots, N$, 很容易得到 X 的一个精确秩-$(R_1, R_2, \cdots, R_N)$ Tucker 分解; 但是, 如果至少有一个 n 使得 $rank_n(X) > R_n$, 那么通过 Tucker 分解得到的是 X 的秩-$(R_1, R_2, \cdots, R_N)$ 近似. 图 6.2.4 显示了三阶张量的低秩近似.

接下来, 我们将讲述 Tucker 分解的求解. 对于固定的 n-秩, Tucker 分解的唯一性无法保证, 通常, 会添加一些约束, 例如通过分解得到的因子单位正交约束. 例如, HO-SVD(High

Order SVD)求解算法,它通过张量每个 mode 上的 SVD 分解求解每个 mode 上的因子矩阵,最后计算张量在每个 mode 上的投影后的张量作为核张量.

正如我们前面所说,Tucker 分解可以看作 PCA 的多线性版本,因此它可以用于数据降维、特征提取、张量子空间学习等.例如低秩张量近似可以执行一些去噪操作.Tucker 分解在高光谱图像中也有应用,如用于高光谱图像去噪的低秩 Tucker 分解、高光谱图像特征选择的张量子空间、数据压缩的 Tucker 分解等.

3. 总结

低秩分解方法对全连接层有很好的效果,但运行时间没有太大的提升空间.一般来说,它可以达到 1.5 倍.当将低秩逼近的压缩算法应用于卷积层时,会发生误差累积效应,图像的最终精度损失较大,需要对网络进行逐层微调,既费时又费力.

6.2.2　知识蒸馏

1. 概述

知识蒸馏(Knowledge Distillation,简称 KD)是一种从复杂模型中提取知识并将其压缩为单个模型以便将其部署在实际应用中的方法.人工智能教父 Geoffrey Hinton 和他在谷歌的两位同事 Oriol Vinyals、Jeff Dean 在 2015 年引入了深度学习中的知识蒸馏.

知识蒸馏是指将一个大的或者多个模型集成的模型(教师)的学习行为转移到另一个轻量级模型(学生)中.其中,教师产生的输出被用作训练学生的"软目标".知识蒸馏可分为两个阶段.

第一阶段是原始模型训练:训练"Teacher",简称 Net-T.Net-T 的特点是其相对复杂的模型,也可以通过多个单独训练的模型进行集成.我们不对"教师模型"在模型架构、参数数量和集成方面施加任何限制.唯一的要求是,对于输入 X,它可以输出 Y,其中 Y 由 Softmax 映射,输出值对应于相应类别的概率值.

第二阶段是简化模型训练:训练"Student",简称 Net-S.Net-S 是一个参数小、模型结构相对简单的单一模型.同样,对于输入 X,它可以输出 Y,Y 也可以输出 Softmax 映射后相应类别的概率值.

机器学习的根本目的是在某个问题上训练出一个具有较强泛化能力的模型.泛化能力强的模型是能够很好地反映问题上的所有数据(无论是训练数据、测试数据还是属于问题的任何未知数据)的输入和输出关系的模型.

在现实中,因为我们不可能把某个问题的所有数据都收集到训练数据中,而新数据总源源不断地产生,所以我们只能退而求其次.训练目标变成了在现有训练数据集上对输入和输出之间的关系进行建模.由于训练数据集是真实数据分布的抽样,因此训练数据集上的最优解往往偏离真实最优解.

在知识蒸馏中,因为我们有一个泛化能力很强的 Net-T,当我们用 Net-T 蒸馏训练 Net-S 时,可以直接让 Net-S 学习 Net-T 的泛化能力.迁移泛化能力的一种非常直接有效的方法是使用 Softmax 层输出的类别概率作为 soft target.

2. 具体方法

一般的知识蒸馏流程如图 6.2.5 所示.

知识蒸馏主要分为两个步骤.第一步是训练 Net-T；第二步是在高温 T 下将 Net-T 的知识蒸馏到 Net-S.

训练 Net-T 的过程非常简单.下面详细讲解第二步：高温蒸馏过程.

高温蒸馏过程的目标函数是通过加权 distill loss（对应 soft target）和 student loss（对应 hard target）得到的.如图 6.2.6 所示.

$$L = \alpha L_{\text{soft}} + \beta L_{\text{hard}} \tag{6.2.28}$$

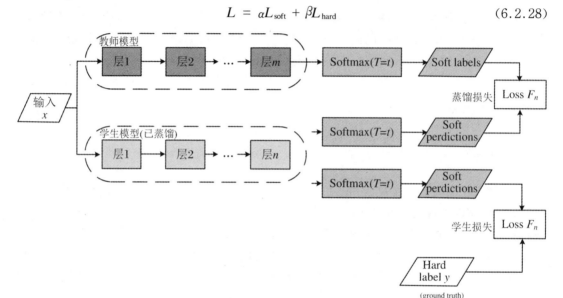

图 6.2.5　知识蒸馏流程图

在下文的公式中，我们设定：

v_i：Net-T 的 *logits*.

z_i：Net-S 的 *logits*.

p_i^T：Net-T 的在温度 T 下的 Softmax 输出在第 i 类上的值.

q_i^T：Net-S 的在温度 T 下的 Softmax 输出在第 i 类上的值.

c_i：在第 i 类上的 ground truth 值，[公式]，正标签取 1，负标签取 0.

N：总标签数量.Net-T 和 Net-S 同时输入转换集（用于训练 Net-T 的训练集可以在这里直接复用）.用 Net-T 产生的 Softmax distribution 来作为 soft target.相同温度 T 条件下，Net-S 的 Softmax 输出和 soft target 的交叉熵是 Loss 函数的第一部分 L_{soft}.

$$L_{\text{soft}} = -\sum_i^N p_i^T \log(q_i^T) \tag{6.2.29}$$

其中 $p_i^T = \dfrac{\exp(z_i/T)}{\sum\limits_k^N \exp(v_k/T)}$，$q_i^T = \dfrac{\exp(z_i/T)}{\sum\limits_k^N \exp(z_k/T)}$.

而 Loss 函数的第二部分 L_{hard} 就是在 $T=1$ 的条件下，Net-S 的 Softmax 输出和 ground truth 的交叉熵：

$$L_{hard} = - \sum_j^N c_j \log(q_j^1) \qquad (6.2.29)$$

第二部分 Loss L_{hard} 的必要性,这很容易理解,Net-T 也有一定的错误率,使用 ground truth 可以有效降低错误传播到 Net-S 的可能性.例如,虽然老师比学生知识渊博得多,但他仍然有犯错的可能.这时,如果学生能够在老师教学的同时,参考到老师的标准答案,这样可以有效地减少被老师偶尔的错误"带偏"的可能性.

3. 知识蒸馏的"温度"

我们日常生活中使用的蒸馏需要在更高的温度下进行,知识蒸馏中也有"温度"的概念.那么这个蒸馏温度代表什么呢? 如何选择合适的温度?

在回答这个问题之前,先讨论一下温度 T 的特性.

原始的 Softmax 函数是 $T = 1$ 的特例.当 $T < 1$ 时,概率分布比原始分布更"陡峭",当 $T > 1$ 时,概率分布比原始分布更"温和".大致图形如图 6.2.6 所示.

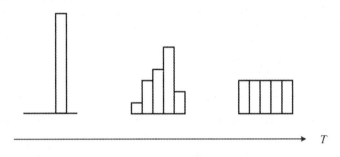

图 6.2.6　随着温度 T 的增大,概率分布的熵逐渐增大

温度越高,Softmax 上每个值的分布越平均,因此当 T 趋于 ∞ 时,Softmax 的值分布均匀;当 T 趋于 0 时,Softmax 的值等效于 argmax,即最大概率处的值接近 1,而其他值接近 0.

然而,无论温度 T 如何取值,soft target 都倾向于忽略相对较小的 p_i 携带的信息.

那么温度 T 到底代表什么呢? 如何选择合适的温度?

温度的高低改变 Net-S 训练过程中对负标签的关注程度:当温度较低时,对负标签的关注度较低,尤其是那些明显低于平均值的标签;当温度较高时,负标签的相关值会相对增加,Net-S 会更加关注负标签.

事实上,负标签包含某些信息,尤其是那些值明显高于平均值的信息.但是,由于 Net-T 的训练过程决定了负标签部分噪声较多;负标签的值越低,其信息就越不可靠.因此,温度的选择取决于经验判断,本质上是在以下两件事之间进行选择:

当我们想从带有一些信息的负标签中学习时,温度应该更高.而当我们想防止负标签中的噪声影响时,温度应该更低.

一般来说,T 的选择与 Net-S 的大小有关.当 Net-S 的参数量比较小时,可以选择相对较低的温度.

4. 总结

知识蒸馏可以提高模型精度,减少模型时延,压缩网络参数并减少标注量.目前,知识蒸馏算法已经广泛应用于图像语义识别、目标检测等场景,针对不同的研究场景对蒸馏方法进行部分的定制化修改.同时,在行人检测、人脸识别、姿态检测、图像域迁移、视频检测等方面,知识蒸馏也是提高模型性能和精度的重要手段.

6.3 轻量化架构设计

本节研究和比较近年来提出的四种轻量级模型：SqueezeNet,MobileNet,ShuffleNet 和 Xception.表 6.3.1 显示了有关四个模型的创作团队和发布时间的信息.

表 6.3.1 模型的作者团队及发表时间的相关信息

模型名称	最早公开日期	发表情况	作者团队
SqueezeNet	2016.2	ICLR2017	伯克利＆斯坦福
MobileNet	2016.4	CVPR2017	Google
ShuffleNet	2016.6	CVPR2017	Face＋＋
Xception	2016.10	N/A	Google

SqueezeNet 在 ShuffleNet 论文中被引用；Xception 论文中引用了 MobileNet 轻量级模型.

由于这四个轻量级模型只是在卷积模式上发生变化,因此本节只详细描述轻量级模型的创新.对实验和实施细节感兴趣的同学,请详细阅读相关论文.

6.3.1 SqueezeNet

来自伯克利和斯坦福大学的研究人员在 ICLR-2017 上发表了有关 SqueezeNet 的论文,标题为《SqueezeNet：AlexNet-level Accuracy with 50x Fewer Parameters and ＜ 0.5MB》.

1. 创新点

SqueezeNet 采用了与传统卷积不同的卷积方法,并提出了 fire module.

SqueezeNet 的核心是 fire module. fire module 由两层组成,即 squeeze 层和 expand 层,如图 6.3.1 所示.squeeze 层是 1×1 卷积核的卷积层,expand 层是 1×1 和 3×3 卷积核的卷积层.在 expand 层中,将 1×1 和 3×3 得到的特征图进行合并.

具体操作如图 6.3.2 所示.

fire module 的输入特征图为 $H \times W \times M$,输出特征图是 $H \times W \times (e_1 + e_3)$,可以看出,特征图的分辨率没有变化,仅维数(即通道数)变化了,与 VGG 的思想一致.

首先,$H \times W \times M$ 的特征图经过 squeeze 层得到 S_1 个特征图,这里的 S_1 均是小于 M 的,从而达到压缩的目的.

其次,$H \times W \times S_1$ 的特征图输入到 expand 层,然后通过 1×1 卷积层和 3×3 卷积层进

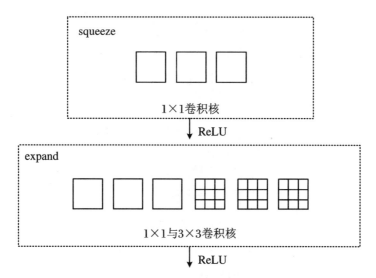

图 6.3.1　fire module 示意图

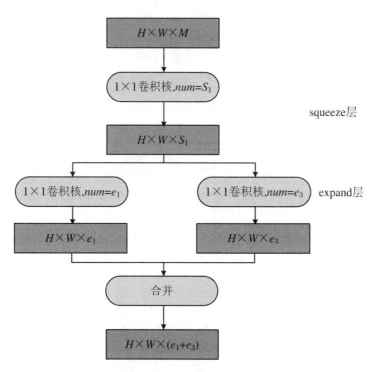

图 6.3.2　fire module 具体操作

行卷积,再将结果合并得到 fire module 的输出,即 $H \times W \times (e_1 + e_3)$ 的特征图. fire module 有三个可调参数:S_1, e_1, e_3,分别表示卷积核的数量和相应输出特征图的维数,在论文中提出的 SqueezeNet 结构中,$e_1 = e_3 = 4S_1$.

说完 SqueezeNet 的核心——fire module 后,我们来看看 SqueezeNet 的网络结构. 图 6.3.3 为 SqueezeNet 的网络结构.

网络结构的设计思想与 VGG 相似,堆叠使用卷积操作,只不过这里堆叠使用本书提出的 fire module(图中 fire2 部分).

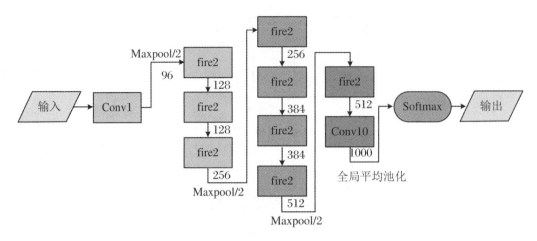

图 6.3.3　SqueezeNet 的网络结构

然后看一下 SqueezeNet 的参数数量和性能，如图 6.3.4 所示.

CNN architecture	Compression Approach	Data Type	Original → Compressed Model Size	Reduction in Model Size vs. AlexNet	Top-1 ImageNet Accuracy	Top-5 ImageNet Accuracy
AlexNet	None (baseline)	32 bit	240MB	1x	57.2%	80.3%
AlexNet	SVD (Denton et al., 2014)	32 bit	240MB → 48MB	5x	56.0%	79.4%
AlexNet	Network Pruning (Han et al., 2015b)	32 bit	240MB → 27MB	9x	57.2%	80.3%
AlexNet	Deep Compression (Han et al., 2015a)	5-8 bit	240MB → 6.9MB	35x	57.2%	80.3%
SqueezeNet (ours)	None	32 bit	4.8MB	**50x**	57.5%	80.3%
SqueezeNet (ours)	Deep Compression	8 bit	4.8MB → 0.66MB	**363x**	57.5%	80.3%
SqueezeNet (ours)	Deep Compression	6 bit	4.8MB → 0.47MB	**510x**	57.5%	80.3%

图 6.3.4　SquezeeNet 的参数量和性能对比

从这里可以看出，论文题目中提到的值小于 0.5 M，是使用 Deep Compression 进行模型压缩的结果.

2. 小结

SqueezeNet 将 3×3 卷积替换为 1×1 卷积，通过卷积压缩，参数数量是性能相同的 AlexNet 的 2.14%. 从参数数量上来看，SqueezeNet 的目的已经达到. SqueezeNet 最大的贡献是它开创了模型压缩的新思路，并翻开了模型压缩的新篇章.

但 SqueezeNet 也有明显的缺点，主要缺点是它测试时间的性能很差. SqueezeNet 专注于嵌入式环境的应用方向. 目前，嵌入式环境的主要问题是实时性. SqueezeNet 可以通过更深的深度替换更少的参数来减少网络参数，但它失去了网络的并行能力，测试时间会更长，这与当前的主要挑战背道而驰.

6.3.2　MobileNet

MobileNet 由谷歌团队提出，源于 2017 年 4 月发布在 CVPR-2017 上的论文

《MobileNets：Efficient Convolutional Neural Networks for Mobile Vision Applications》.

1. 创新点

采用深度可分离卷积（depth-wise separable convolution）代替传统卷积，降低网络权重参数，提高运算速度.

逐通道卷积和分组卷积类似.逐通道卷积是一个卷积核负责一部分特征图，每个特征图仅由一个卷积核卷积；分组卷积是一组特征图由一组卷积核负责，每组特征图仅由一组卷积核卷积.逐通道卷积可以看作一种特殊的分组卷积，即每个通道都是一个组.

深度卷积的采用涉及两个超参数：Width Multiplier 和 Resolution Multiplier，这两个超参数仅便于设置网络大小和量化模型大小.

MobileNet 将标准卷积分为两个步骤：

第一步是逐通道卷积.一个卷积核负责一个通道，一个通道仅由一个卷积内核过滤.

第二步是逐点卷积，将深度卷积得到的特征图像"串"起来.重要的是要注意这个"串"."串"是什么意思？为什么我们仍然需要逐点卷积？作者说："它只过滤输入通道，并没有将它们组合起来创建新功能.因此，为了生成这些新特征，需要额外的层通过 1×1 卷积计算深度卷积输出的线性组合."从另一个角度来看，实际上每个特征图输出都应该包含输入层的所有特征图的信息.但是，仅使用逐通道卷积是不可能做到这一点的，因此需要逐点卷积的帮助.

标准卷积、逐通道卷积和逐点卷积示意图如图 6.3.5 所示.

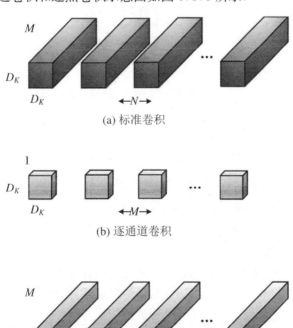

图 6.3.5　标准卷积、逐通道卷积、逐点卷积示意图

其中输入的特征图有 M 个,输出的特征图有 N 个.

对于逐通道卷积,一个卷积核负责一个通道,而一个通道只能由一个卷积核卷积;一共有 M 个卷积核;对于卷积,为了输出 N 个特征图,使用 N 个 1×1 的卷积核进行卷积.这里的卷积方法与传统的卷积方法相同,除了 1×1 卷积核;目的是使每个新的特征图都包含上层每个特征图的信息.这里可以理解为将深度卷积的输出"串"起来.对于标准卷积,采用 N 个大小为 $D_K\times D_K$ 的卷积核进行运算,那么深度卷积和逐点卷积需要的卷积核呢? 对于逐通道卷积,一个卷积核负责一个通道,而一个通道只能由一个卷积核卷积;共有 M 个 $D_K\times D_K$ 的卷积核;对于 1×1 卷积,为了输出 N 个特征图,使用 N 个 1×1 的卷积核进行卷积.这里的卷积方法与传统的卷积方法相同,只不过采用了 1×1 的卷积核;目的是使每个新的特征图都包含上层每个特征图的信息.这里可以理解为将深度卷积的输出"串"起来.

下面举例讲解标准卷积、逐通道卷积和逐点卷积.

假设输入一个三通道 5×5 的特征图,输出四个大小是 3×3 的特征图.卷积核大小为 3×3.

标准卷积过程如图 6.3.6 所示.

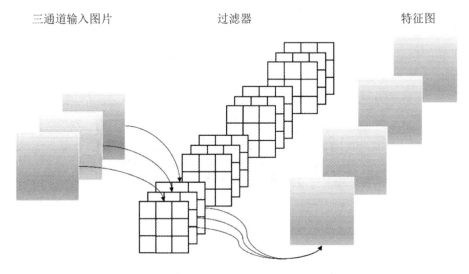

三通道输入图片　　　　　　过滤器　　　　　　特征图

图 6.3.6　标准卷积过程

可知卷积层的参数量 $param = 4\times3\times3\times3 = 108$.

接下来考虑深度卷积.将其分为逐通道卷积与逐点卷积.

逐通道卷积过程如图 6.3.7 所示.

对于 5×5 像素,三通道彩色输入图像,逐通道卷积首先进行第一次卷积运算,DW 完全在二维平面内进行.卷积核的数量与上一层的通道数量相同(通道与卷积核是一一对应的).因此,一幅三通道图像经过运算后生成三个特征图.

其中一个过滤器仅包含一个大小为 3×3 的卷积核,卷积部分的参数数量计算如下(即卷积核 $W\times$卷积核 $H\times$输入通道数):$param\_depthwise = 3\times3\times3 = 27$.

接下来考虑逐点卷积.逐点卷积运算与常规卷积运算非常相似,其卷积核大小为 $1\times1\times M$,M 是前一层中的通道数.因此,这里的卷积运算将在深度方向上对上一步的特征图进行加权,以生成新的特征图.有几个卷积核则有几个输出特征图.逐点卷积过程如图 6.3.8 所示.

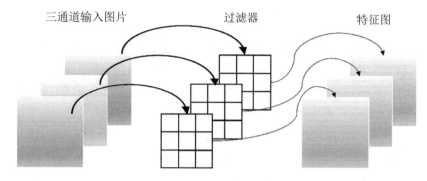

图 6.3.7　逐通道卷积过程

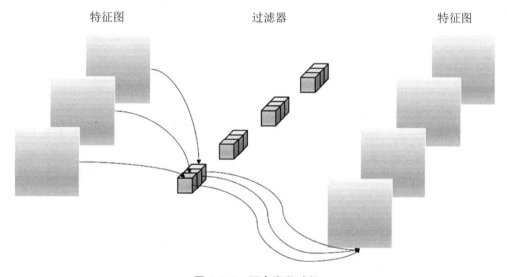

图 6.3.8　逐点卷积过程

由于采用 1×1 卷积方法,在此步骤中,卷积中涉及的参数数量可以计算为(即 $1\times1\times$ 输入通道数 $\times$ 输出通道数): $param\_pointwise = 1\times1\times3\times4 = 12$.

回顾一下,常规卷积的参数个数为:

$param\_std = 4\times3\times3\times3 = 108$.

Separable Convolution 的参数由两部分相加得到:

$param\_depthwise = 3\times3\times3 = 27$.

$param\_pointwise = 1\times1\times3\times4 = 12$.

$param\_separable = param\_depthwise + param\_pointwise = 39$.

由此可得,相同的输入,同样是得到 4 张特征图,深度卷积的参数个数约是标准卷积的 1/3.

从 MobileNet 的网络结构可以看出,MobileNet 共有 28 层,下采样方法没有采用池化层,而是在使用深度卷积时将步长设置为 2 以达到下采样的目的. 与 GoogleNet 相比,虽然参数是一个数量级,但计算量却比 GoogleNet 小了一个数量级,这就是深度卷积的作用.

2. 小结

MobileNet 的核心思想是使用深度卷积运算.在相同权值参数数量情况下,与标准卷积运算相比,可以大大减少计算量,从而提高网络运算速度.但是,使用深度卷积存在一个问题,即信息流不流畅,也就是输出的特征图仅包含输入的特征图的一部分,在这里,MobileNet 采用了逐点卷积解决这个问题.

6.3.3 ShuffleNet

ShuffleNet 由 Face＋＋团队提出,发布在 CVPR-2017 中,比 MobileNet 晚两个月后在 arXiv 上公开.论文标题为《ShuffleNet：An Extremely Efficient Convolutional Neural Network for Mobile Devices》.

1. 创新点

ShuffleNet 采用分组卷积(group convolution)和通道洗牌(channel shuffle)设计卷积神经网络模型,来减少模型使用的参数数量.

分组卷积的使用会导致信息流不合理,因此提出了通道洗牌.通道洗牌是有前提的,使用时要注意条件.

比较 MobileNet,将 1×1 卷积替换成 shuffle,这样可以大量减少权值参数,因为在 MobileNet 中,1×1 卷积层上有很多卷积核,计算量巨大,MobileNet 各层的参数量和计算量如表 6.3.2 所示.

表 6.3.2　MobileNet 各层的参数量和运算量

类型	运算量	参数量
Conv 1×1	94.86%	74.59%
Conv DW 3×3	3.06%	1.06%
Conv 3×3	1.19%	0.02%
全连接层	0.18%	24.33%

ShuffleNet 的创新之处在于它使用了分组卷积和通道洗牌,因此有必要研究分组卷积和通道洗牌.

分组卷积从 AlexNet 开始就存在了.当时由于硬件的限制采用了分组卷积;然后,在 2016 年的 ResNet 上,证明了采用分组卷积可获得高效的网络;此外,Xception 和 MobileNet 都使用了深度卷积.

如图 6.3.9(a)所示,为了提高模型的效率,采用了分组卷积,但会有一个副作用,即信息流较差.因此,我们采用通道洗牌的方法来改善群间信息流动不畅的问题,如图 6.3.9(b)所示.

具体方法是将每个组的通道划分为 g(图中 $g = 3$),然后依次重建特征图.

信道变换的操作非常简单.接下来,看看 ShuffleNet.ShuffleNet 借鉴了 ResNet 的思想,从基本的 ResNet 瓶颈单元逐渐演变为 ShuffleNet 瓶颈单元,再使用 ShuffleNet 单元堆

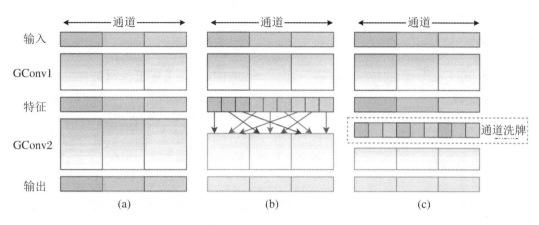

图 6.3.9　分组卷积示意图

叠得到 ShuffleNet.

图 6.3.10 展示了 ShuffleNet 单元的演化过程.

图 6.3.10(a)：是一个带有分组卷积的瓶颈单元.

图 6.3.10(b)：作者在图 6.3.10(a)的基础上进行变化,将 1×1 Conv 换成 1×1 GConv,并在第一个 1×1 卷积之后增加一个通道洗牌操作.

图 6.3.10(c)：在旁路增加了 AVG Pool,目的是减小特征的分辨率;因为分辨率小了,所以最后不采用增添而是合并的方法,从而弥补了分辨率减小而带来的信息损失.

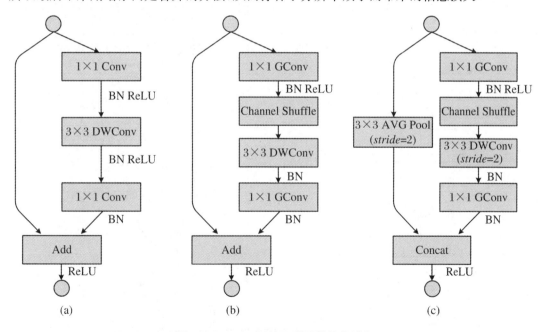

图 6.3.10　ShuffleNet 单元的演化过程

文中两次提到：小型网络最好多使用通道.因此,如果未来涉及小型网络,我们可以考虑如何提高通道使用效率.对于实验比较,我们没有给出模型参数量的大小比较,而是使用复杂度(complexity,MFLOPs)指数,将 ShuffleNet 与相同复杂度(MFLOPs)下的各种网络进行比较,也专门与 MobileNet 进行比较,ShuffleNet 比 MobileNet 少了 1×1 卷积层,大大提高了算法的效率.

2. 小结

和 MobileNet 一样,它使用深度卷积,但是 ShuffleNet 使用通道洗牌来解决分组卷积导致的信息流不佳的问题. 在网络拓扑结构上,ShuffleNet 采用了 ResNet 的思想,MobileNet 采用了 VGG 的思想,SqueezeNet 也采用了 VGG 堆叠的思想.

6.3.4 Xception

Xception 并不是一个真正的轻量化模型,但它借鉴了分组卷积,而分组卷积是上述轻量化模型的重点.因此,其思想非常值得借鉴.

Xception 由谷歌提出,arXiv V1 版本于 2016 年 10 月发布论文,标题为《Xception: Deep Learning with Depth-wise Separable Convolutions》.

1. 创新点

Xception 的创新主要体现为通过借鉴深度卷积对 Inception V3 进行改进.由于改进了 Inception V3,那就有必要提到关于 Inception 的思想了,那就是:在卷积过程中要将通道的卷积与空间的卷积分开,这样会更好.这个思想无理论证明,只有实验证明.

既然它是在 Inception V3 上改进的,那么 Xception 是如何从 Inception V3 一步一步演变而来的呢.

图 6.3.11(a)是 Inception module,图 6.3.10(b)是作者简化了的 Inception module.

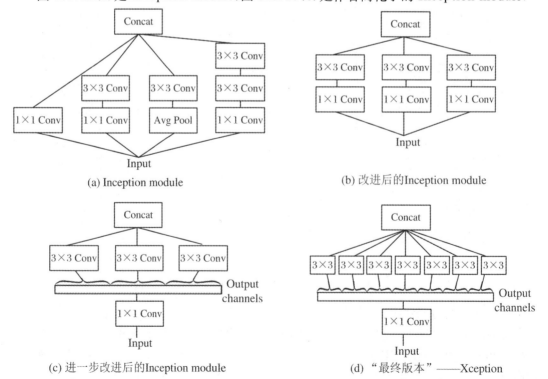

(a) Inception module

(b) 改进后的Inception module

(c) 进一步改进后的Inception module

(d) "最终版本"——Xception

图 6.3.11　Inception module

在假设一个简化的 Inception module 后,进一步假设将 3 个 1×1 卷积核统一为 1 个 1×1卷积,后面的 3 个 3×3 分别"负责"一部分通道,如图 6.3.10(c)所示;最后提出了 Xception.首先用 1×1 卷积核对各通道之间(cross-channel)进行卷积,如图 6.3.10(d) 所示.

作者在论文中还提到,这种卷积和深度卷积几乎一样.深度卷积最早被用于图像分类的 网络设计是来自《Rigid-Motion Scatteringfor Image Classification》,但它是何时被提出的 尚不清楚,至少 2012 年就有相关研究,例如 AlexNet,由于内存原因被分成两组卷积.

Xception 是借鉴 Rigid-Motion Scatteringfor Image Classification 的深度卷积,但 Xception 与原版的深度卷积有两个不同之处:其一原版深度卷积是先逐通道卷积,再 1×1 卷积;但 Xception 则相反,先 1×1 卷积,再逐通道卷积.其二原版深度卷积的两个卷积之间 没有激活函数,但 Xception 在经过 1×1 卷积之后,会增加一个 ReLU 的非线性激活函数.

Xception 结构如图 6.3.12 所示,共 36 层,分为 Entry flow,Middle flow,Exit flow.

Entry flow 包含 8 个 Conv;Middle flow 包含 3×8＝24 个 Conv;Exit flow 包含 4 个 Conv,所以 Xception 共 36 层.

文中对 Xception 实验部分进行了详细介绍,有关详情可参阅论文.

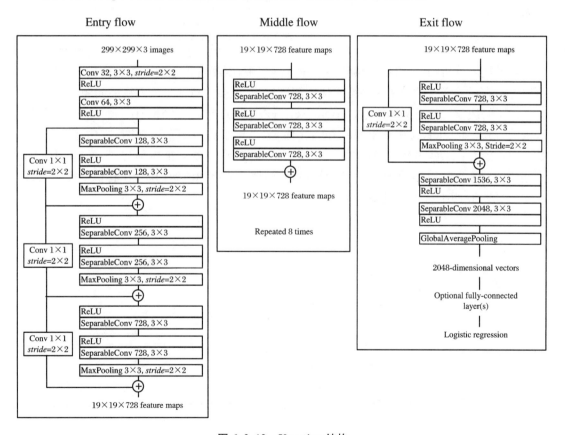

图 6.3.12　Xception 结构

2. 小结

Xception 基于 Inception V3,并结合了深度卷积,其优点是提高了网络效率,并在有相同数量的参数条件下，在大规模数据集上比 Inception V3 有更好的效果．这也提供了另一个"轻量化"的思路：在给定硬件资源的情况下，尽可能提高网络效率和性能，也可以理解为充分利用硬件资源．

6.3.5 总结

本节简要介绍了四个轻量化网络模型，分别是 SqueezeNet，MobileNet，ShuffleNet 和 Xception，前三个是真正意义上的轻量化网络，而 Xception 则提高了网络效率，在相同参数的数量条件下获得更高的性能．

在此列出表格 6.3.3，以比较四种网络是如何达到网络轻量化的．

表 6.3.3　网络轻量化技巧对比

	实现轻量化技巧
SqueezeNet	1＋1 卷积核"压缩"feature map 数量
MobileNet	深度卷积
ShuffleNet	深度卷积
Xception	在深度卷积上有所改进

经过比较分析，我们可以观察到在轻量化网络中，深度卷积起到了关键作用．因此，我们可以考虑在设计自己的轻量化网络时使用深度卷积，但要注意信息流不畅的问题．

为了解决信息流不畅的难题，MobileNet 引入了逐点卷积，而 ShuffleNet 则采用了通道洗牌的方式．MobileNet 相对于 ShuffleNet 而言，采用了更多的卷积操作，这在计算量和参数量上可能存在一些劣势，但它增加了非线性层，从理论上使特征更为先进．而 ShuffleNet 则通过舍弃逐点卷积，采用通道洗牌的策略，使整体结构更加清晰简明；在卷积步骤中，通过减少参数数量，实现了轻量化的效果．

第 7 章 计算机视觉感知框架与流程详解

计算机视觉的应用无处不在,已经走进千家万户,成为人们日常生活的一部分.人脸识别技术已经广泛应用于高铁站、手机 APP,甚至学校门口.在前面的章节中,我们初步学习了计算机视觉的理论基础,如图像处理和模式识别.为了真正学习和掌握计算机视觉,我们需要理论与实践相结合.本章将通过网络构建和实验流程详细介绍计算机视觉领域的三个开源框架,包括经典的 ResNet、专注于速度和灵活性的 YOLO 系列以及备受广泛关注的计算机视觉 Transformer.

7.1 ResNet——深度残差网络

7.1.1 简介

深度残差网络(deep residual network,简称 ResNet)的提出是 CNN 图像历史上的一个里程碑.让我们来看看 ResNet 在 ILSVRC 和 COCO 2015 上的战绩.如图 7.1.1 所示.

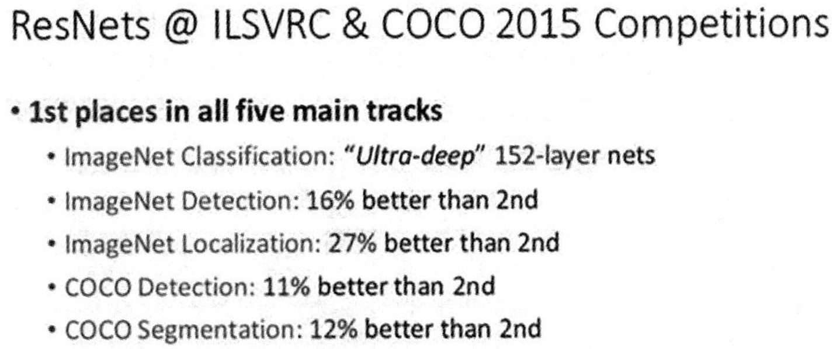

ResNets @ ILSVRC & COCO 2015 Competitions

- **1st places in all five main tracks**
  - ImageNet Classification: *"Ultra-deep"* 152-layer nets
  - ImageNet Detection: 16% better than 2nd
  - ImageNet Localization: 27% better than 2nd
  - COCO Detection: 11% better than 2nd
  - COCO Segmentation: 12% better than 2nd

图 7.1.1 ResNet 在 ILSVRC 和 COCO 2015 上的战绩

ResNet 实现了 5 项第一,再次刷新了 CNN 模型在 ImageNet 上的历史.ResNet 的作者何凯明也获得了 CVPR 2016 年度最佳论文奖.当然,何博士的成就远不止于此.感兴趣的人可以去查阅他后来的辉煌成就.那么为什么 ResNet 会表现得这么好呢? ResNet 实际上解决了深度 CNN 模型难训练的问题.从图 7.1.2 中我们可以看到,2014 年的 VGG 只有 19 层,而 2015 年的 ResNet 有 152 层,这在网络深度上不是一个量级.所以你如果第一次看这幅图的话，肯定会觉得 ResNet 在深度上占优势．当然，事实也是这样．但是 ResNet 也有架构上的创新，这使得网络的深度发挥了作用，这种创新就是残差学习（residual learning）．下面将详细介绍 ResNet 的理论和实现．

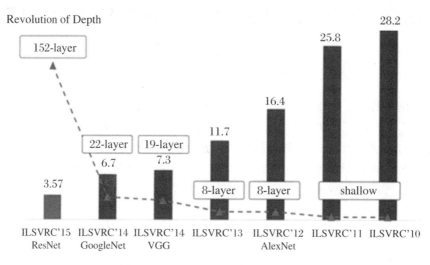

图 7.1.2 ImageNet 分类 Top-5 误差

7.1.2 ResNet 的理论及实现

从经验来看，网络的深度对模型的性能至关重要，随着网络层数的增加，网络可以提取出更复杂的特征模式，因此当模型越深，理论上可以得到更好的结果．从图 7.1.2 中，我们还可以看到一个实践证据，即网络越深，效果越好．但是更深层次的网络性能会更好吗？实验发现深度网络存在退化问题（degradation problem）：当网络深度增加时，网络的精度趋于饱和，甚至下降．这种现象可以从图 7.1.3 中直接看出，56 层的网络效果比 20 层网络差．这并不是过拟合问题，因为 56 层网络的训练误差也很高．我们知道，深层网络的梯度消失或爆炸，使得深度学习模型很难训练．但在当时，有使用一些技术手段，如 BatchNor 来缓解这个问题．因此，深度网络的退化是非常令人惊讶的．

深度网络的退化至少表明，深度网络不容易训练．但让我们考虑这样一个事实，现在你有一个浅层网络，你想通过向上堆积新的层来建立深层网络．一种极端情况是，这些增加的层没有学习任何东西，只是复制了浅层网络的特征，也就是说，新增加的层是恒等映射（identity mapping）．在这种情况下，深层网络的性能至少应该和浅层网络相同，并且不应该有退化．但是，你不得不承认目前的训练方法肯定存在问题，这使得深层网络很难找到一个好的参数．

这个有趣的假设启发了何博士，他提出了残差学习来解决退化问题．对于一个堆积层结构（几层堆积而成），当输入为 $H(x)$ 时，学习到的特征记为 $F(x) = H(x) - x$，现在我们希望它能学习残差 $F(x) + x$．其原因是残差比原始特征更容易直接学习．当残差为 0 时，此时堆积层只做恒等映射，至少网络性能不会下降，而且实际上残差不会为 0，这也会使堆积层根据输入特征学习新的特征，从而有更好的性能．残差学习的结构如图 7.1.4 所示．这类似于电路中的"短路"，所以是短路连接（shortcut connection）．

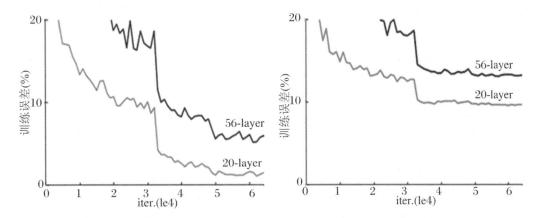

图 7.1.3　20 层与 56 层网络在 CIFAR-10 上的误差

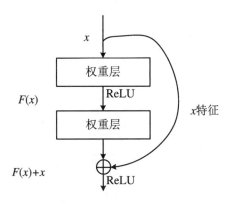

图 7.1.4　残差学习单元

1. ResNet 理论

为什么残差学习相对更容易,从直观上看残差学习需要学习的内容少,因为残差一般会比较小,学习难度小.不过我们可以从数学的角度来分析这个问题,首先残差单元可以表示为

$$y_l = h(x_l) + F(x_l, W_l) \tag{7.1.1}$$
$$x_{l+1} = f(y_l) \tag{7.1.2}$$

其中 x_l 和 x_{l+1} 分别表示的是第 l 个残差单元的输入和输出,注意每个残差单元一般包含多层结构. F 是残差函数,表示学习到的残差,而 $h(x_l) = x_l$ 表示恒等映射, f 是 ReLU 激活函数.基于式(7.1.1)与式(7.1.2),我们求得从浅层 l 到深层 L 的学习特征为

$$x_L = x_l + \sum_{i=1}^{L-1} F(x_i, W_i) \tag{7.1.3}$$

利用链式规则,可以求得反向过程的梯度:

$$\frac{\partial loss}{\partial x_l} = \frac{\partial loss}{\partial x_L} \cdot \frac{\partial x_L}{\partial x_l} = \frac{\partial loss}{\partial x_L} \cdot \left(1 + \frac{\partial}{\partial x_l} \sum_{i=l}^{L-1} F(x_i, W_i)\right) \tag{7.1.4}$$

式子的第一个因子 $\dfrac{\partial loss}{\partial x_L}$ 表示的损失函数到达 L 的梯度,小括号中的 1 表明短路机制可以无损地传播梯度,而另外一项残差梯度则需要经过带有 weights 的层,梯度不是直接传递过来

的.残差梯度一般不会全为-1,而且就算其比较小,有1的存在也不会导致梯度消失.所以残差学习会更容易.

2. ResNet 的网络结构

ResNet 网络是指 VGG19 网络,经过修改,通过短路机制添加了残差单元,如图 7.1.5 所示.这些变化主要体现在 ResNet 直接使用 $stride=2$ 的卷积做下采样,以及用全局平均池化层替换全连接层.ResNet 的一个重要设计原则是:当特征图的大小减小一半时,特征图的数量增加一倍,从而保持了网络层的复杂度.从图 7.1.5 中可以看出,与普通网络相比,ResNet 每两层之间增加了一个短路机制,形成了残差学习.虚线表示特征图的数量已改变.图 7.1.5 所示的 34-layer 的 ResNet,也可以构建更深层次的网络,如表 7.1.1 所示.从表中可以看出,对于 18-layer 和 34-layer 的 ResNet,进行了两层之间的残差学习.当网络更深时,进行三层之间的残差学习,三层的卷积核分别为 1×1,3×3 和 1×1.值得注意的是,隐含层的特征图数量相对较少,是输出特征图数量的 1/4.

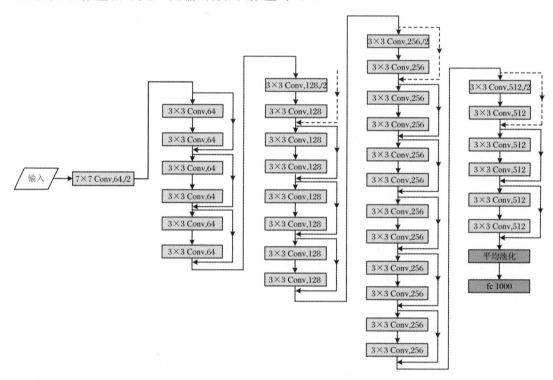

图 7.1.5 34-layer 的 ResNet

下面我们再分析一下残差单元,ResNet 使用两种残差单元,如图 7.1.6 所示.左图对应的是浅层网络,而右图对应的是深层网络.对于短路连接,当输入和输出维度一致时,可以直接将输入加到输出上.但是当维度不一致时(对应的是维度增加一倍),这就不能直接相加.有如下两种策略:

表 7.1.1 不同层的 ResNet

层名	输出尺寸	18 层	34 层	50 层	101 层	152 层
Conv1	112×112	7×7,64,步长 2				
Conv2_x	56×56	$\begin{bmatrix}3\times3,64\\3\times3,64\end{bmatrix}\times2$	$\begin{bmatrix}3\times3,64\\3\times3,64\end{bmatrix}\times3$	$\begin{bmatrix}1\times1,64\\3\times3,64\\1\times1,256\end{bmatrix}\times3$	$\begin{bmatrix}1\times1,64\\3\times3,64\\1\times1,256\end{bmatrix}\times3$	$\begin{bmatrix}1\times1,64\\3\times3,64\\1\times1,256\end{bmatrix}\times3$
Conv3_x	28×28	$\begin{bmatrix}3\times3,128\\3\times3,128\end{bmatrix}\times2$	$\begin{bmatrix}3\times3,128\\3\times3,128\end{bmatrix}\times4$	$\begin{bmatrix}1\times1,128\\3\times3,128\\1\times1,512\end{bmatrix}\times4$	$\begin{bmatrix}1\times1,128\\3\times3,128\\1\times1,512\end{bmatrix}\times4$	$\begin{bmatrix}1\times1,128\\3\times3,128\\1\times1,512\end{bmatrix}\times8$
Conv4_x	14×14	$\begin{bmatrix}3\times3,256\\3\times3,256\end{bmatrix}\times2$	$\begin{bmatrix}3\times3,256\\3\times3,256\end{bmatrix}\times6$	$\begin{bmatrix}1\times1,256\\3\times3,256\\1\times1,1024\end{bmatrix}\times6$	$\begin{bmatrix}1\times1,256\\3\times3,256\\1\times1,1024\end{bmatrix}\times23$	$\begin{bmatrix}1\times1,256\\3\times3,256\\1\times1,1024\end{bmatrix}\times36$
Conv5_x	7×7	$\begin{bmatrix}3\times3,512\\3\times3,512\end{bmatrix}\times2$	$\begin{bmatrix}3\times3,512\\3\times3,512\end{bmatrix}\times3$	$\begin{bmatrix}1\times1,512\\3\times3,512\\1\times1,2048\end{bmatrix}\times3$	$\begin{bmatrix}1\times1,512\\3\times3,512\\1\times1,2048\end{bmatrix}\times3$	$\begin{bmatrix}1\times1,512\\3\times3,512\\1\times1,2048\end{bmatrix}\times3$
	1×1	平均池化,1000-d fc,Softmax				
FLOPs		1.8×10^9	3.6×10^9	3.8×10^9	7.6×10^9	11.3×10^9

注: 在 Conv2_x 前还有 3×3,最大池化,步长 2。

（1）采用 zero-padding 增加维度,此时一般要先做一个降采样,可以采用 $stride=2$ 的池化,这样不会增加参数;

（2）采用新的映射（projection shortcut）,一般采用 1×1 的卷积,这样会增加参数,也会增加计算量.短路连接除了直接使用恒等映射,当然也可以采用 projection shortcut.

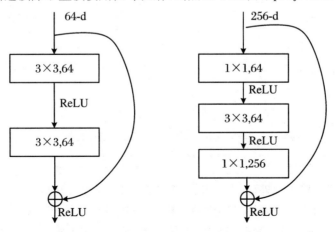

图 7.1.6 不同的残差单元

作者对比 18-layer 和 34-layer 的网络效果，如图 7.1.7 所示.可以看到普通的网络出现退化现象，但是 ResNet 很好地解决了退化问题.

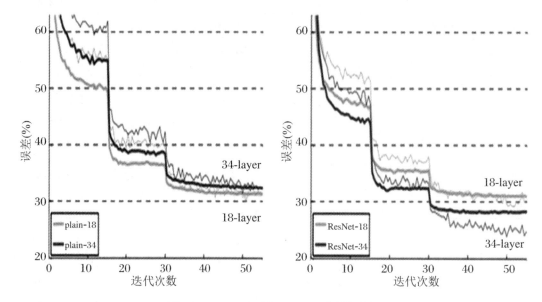

图 7.1.7　18-layer 和 34-layer 的网络效果

最后展示一下 ResNet 网络与其他网络在 ImageNet 上的对比结果，如表 7.1.2 所示.可以看到 ResNet-152 其误差降到了 4.49%，当采用集成模型后，误差可以降到 3.57%.

表 7.1.2　ResNet 与其他网络的对比结果

方法	Top-1 误差	Top-5 误差
VGG	–	8.43
GoogleNet	–	7.89
VGG	24.40	7.1
PReLU-net	21.59	5.71
BN-inception	21.99	5.81
ResNet-34B	21.84	5.71
ResNet-34C	21.53	5.60
ResNet-50	20.74	5.25
ResNet-101	19.87	4.60
ResNet-152	19.38	4.49

说一点关于残差单元题外话，上面我们说到了短路连接的几种处理方式，其实作者在其他论文中又对不同的残差单元做了细致的分析与实验，这里我们直接抛出最优的残差结构，如图 7.1.8 所示.改进前后一个明显的变化是采用 pre-activation，BN 和 ReLU 都提前了.而且作者推荐短路连接采用恒等变换，这样保证短路连接不会有阻碍.

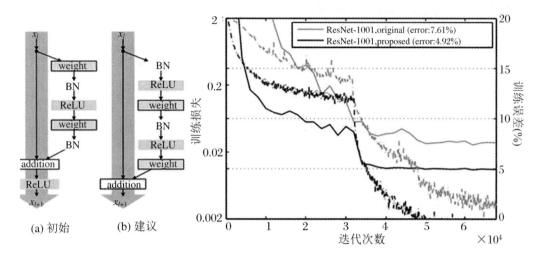

图 7.1.8　改进后的残差单元及效果

3. 实验流程

在此我们将使用华为的 MindSpore 框架来搭建 ResNetV2-101,并使用昇腾 910 服务器处理器来进行网络训练,在昇腾 310 上完成推理.

昇腾处理器以及 MindSpore 相关环境搭建详见 5.3.2 小节,在此不做赘述.

训练数据准备流程如图 7.1.9 所示.

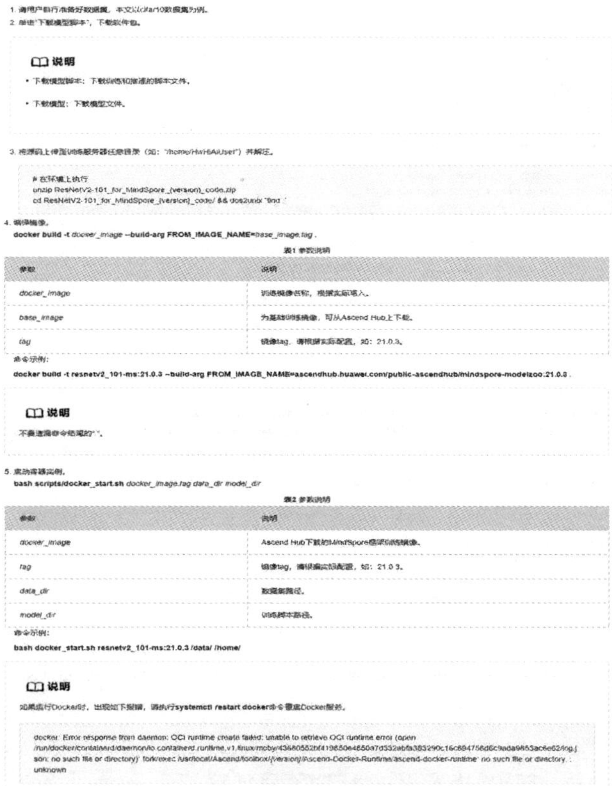

图 7.1.9

推理数据准备流程如图 7.1.10 所示.

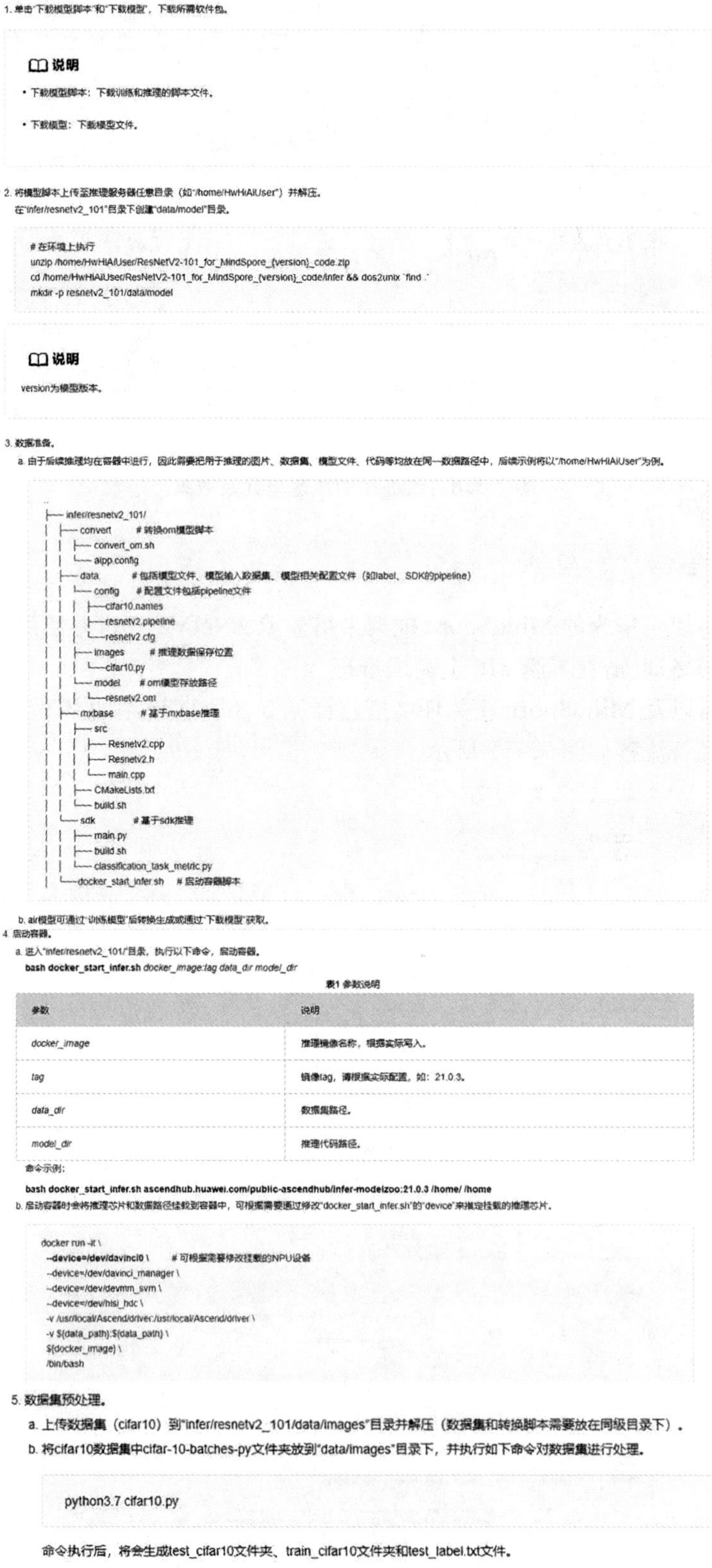

1. 单击"下载模型脚本"和"下载模型"，下载所需软件包。

> 📖 **说明**
>
> - 下载模型脚本：下载训练和推理的脚本文件。
>
> - 下载模型：下载模型文件。

2. 将模型脚本上传至推理服务器任意目录（如"/home/HwHiAiUser"）并解压。
   在"infer/resnetv2_101"目录下创建"data/model"目录。

```
# 在环境上执行
unzip /home/HwHiAiUser/ResNetV2-101_for_MindSpore_{version}_code.zip
cd /home/HwHiAiUser/ResNetV2-101_for_MindSpore_{version}_code/infer && dos2unix `find .`
mkdir -p resnetv2_101/data/model
```

> 📖 **说明**
>
> version为模型版本。

3. 数据准备。

   a. 由于后续推理均在容器中运行，因此需要把用于推理的图片、数据集、模型文件、代码等均放在同一数据路径中，后续示例将以"/home/HwHiAiUser"为例。

```
..
├── infer/resnetv2_101/
│   ├── convert              # 转换om模型脚本
│   │   ├── convert_om.sh
│   │   └── aipp.config
│   ├── data                 # 包括模型文件、模型输入数据集、模型相关配置文件（如label、SDK的pipeline）
│   │   ├── config           # 配置文件包括pipeline文件
│   │   │   ├── cifar10.names
│   │   │   ├── resnetv2.pipeline
│   │   │   └── resnetv2.cfg
│   │   ├── images           # 推理数据保存位置
│   │   │   └── cifar10.py
│   │   └── model            # om模型存放路径
│   │       └── resnetv2.om
│   ├── mxbase               # 基于mxbase推理
│   │   ├── src
│   │   │   ├── Resnetv2.cpp
│   │   │   ├── Resnetv2.h
│   │   │   └── main.cpp
│   │   ├── CMakeLists.txt
│   │   └── build.sh
│   ├── sdk                  # 基于sdk推理
│   │   ├── main.py
│   │   ├── build.sh
│   │   └── classification_task_metric.py
│   └── docker_start_infer.sh   # 启动容器脚本
```

   b. air模型可通过"训练模型"后转换生成或通过"下载模型"获取。

4. 启动容器。

   a. 进入"infer/resnetv2_101"目录，执行以下命令，启动容器。

   bash docker_start_infer.sh *docker_image:tag data_dir model_dir*

表1 参数说明

参数	说明
docker_image	推理镜像名称，根据实际写入。
tag	镜像tag，请根据实际配置，如：21.0.3。
data_dir	数据集路径。
model_dir	推理代码路径。

命令示例：

bash docker_start_infer.sh ascendhub.huawei.com/public-ascendhub/infer-modelzoo:21.0.3 /home/ /home

   b. 启动容器时会将推理芯片和数据路径挂载到容器中，可根据需要通过修改"docker_start_infer.sh"的"device"来指定挂载的推理芯片。

```
docker run -it \
    --device=/dev/davinci0 \       # 可根据需要修改挂载的NPU设备
    --device=/dev/davinci_manager \
    --device=/dev/devmm_svm \
    --device=/dev/hisi_hdc \
    -v /usr/local/Ascend/driver:/usr/local/Ascend/driver \
    -v ${data_path}:${data_path} \
    ${docker_image} \
    /bin/bash
```

5. 数据集预处理。

   a. 上传数据集（cifar10）到"infer/resnetv2_101/data/images"目录并解压（数据集和转换脚本需要放在同级目录下）。

   b. 将cifar10数据集中cifar-10-batches-py文件夹放到"data/images"目录下，并执行如下命令对数据集进行处理。

```
python3.7 cifar10.py
```

   命令执行后，将会生成test_cifar10文件夹、train_cifar10文件夹和test_label.txt文件。

图 7.1.10

训练流程如图 7.1.11 所示.

a. 进入"src/config.py"文件中，分别修改单卡和八卡训练的训练轮次"epoch_size"的值为"10"和"200"。

```
# config for ResNetv2, cifar10
config1 = ed({
    "class_num": 10,
    "batch_size": 32,
    "loss_scale": 1024,
    "momentum": 0.9,
    "weight_decay": 5e-4,
    "epoch_size": 10,
    "pretrain_epoch_size": 0,
    "save_checkpoint": True,
    "save_checkpoint_epochs": 5,
    "keep_checkpoint_max": 10,
    "save_checkpoint_path": "./checkpoint",
    "low_memory": False,
    "warmup_epochs": 5,
    "lr_decay_mode": "cosine",
    "lr_init": 0.1,
    "lr_end": 0.0000000005,
    "lr_max": 0.1,
})
...
```

b. 开始训练。

```
# 单卡训练
bash scripts/run_standalone_train.sh [MODEL_NAME] [DATASET_NAME] [DATASET_PATH]
# 命令示例:
bash scripts/run_standalone_train.sh resnetv2_101 cifar10 /data/cifar10/cifar-10-batches-bin/cifar-10-batches-bin/

# 分布式训练
bash run_distribute_train_ascend.sh [MODEL_NAME] [DATASET_NAME] [RANK_TABLE_FILE] [DATASET_PATH]
# 命令示例:
bash scripts/run_distribute_train.sh resnetv2_101 cifar10 hccl_8p_01234567_51.38.67.179.json /data/cifar10/cifar-10-batches-bin/cifar-10-batches-bin/
```

2. 开始测试。

评估脚本中涉及表2 参数说明的参数路径都需要根据实际情况修改。更多测试相关参数请参见"高级参考"。

```
bash scripts/run_eval_ascend.sh [MODEL_NAME] [DATASET_NAME] [DATASET_PATH] [CKPT_PATH]
# 命令示例:
bash scripts/run_eval.sh resnetv2_101 cifar10 /data/cifar10/cifar-10-batches-bin/cifar-10-verify-bin/ /home/HwHiAiUser/ResNetV2-101_for_MindSpore_{version}_code/checkpoint/train_resnetv2_101_cifar10_1-200_195.ckpt
```

3. 转换air模型。

若训练的模型要在昇腾310上推理，则在训练结束后将ckpt模型转换为air模型。

a. 修改代码根目录下的"export.py"文件，将"batch_size"的值改为"1"。

```
...
parser.add_argument('--dataset', type=str, default='cifar10', help='Dataset, cifar10, cifar100')
parser.add_argument("--device_id", type=int, default=0, help="Device id")
parser.add_argument("--batch_size", type=int, default=1, help="batch size")
parser.add_argument("--ckpt_file", type=str, required=True, help="Checkpoint file path.")
parser.add_argument("--file_name", type=str, default="resnetv2", help="output file name.")
...
```

b. 转换模型，在容器内执行以下命令。

```
python export.py --net [MODEL_NAME] --ckpt_file [CKPT_PATH] --file_name [FILE_NAME] --file_format [FILE_FORMAT]
# 命令示例:
python export.py --net resnetv2_101 --ckpt_file ./checkpoint/train_resnetv2_101_cifar10_1-200_195.ckpt --file_name resnetv2_101 --file_format AIR
```

图 7.1.11

转换模型流程如图 7.1.12 所示.

1. 准备air模型文件。

air模型为在昇腾910服务器上导出的模型,导出air模型的详细步骤请参考"训练模型"。

将air模型放到"infer/resnetv2_101/data/model"路径下。

2. 进入"infer/resnetv2_101/convert"目录进行模型转换,转换详细信息可查看转换脚本和对应的配置文件,在"convert_om.sh"脚本文件中,配置相关参数。

```
air_path=$1
aipp_cfg_path=$2
om_path=$3

atc --model="$air_path" \
--framework=1 \
--output="$om_path" \
--input_format=NCHW --input_shape="actual_input_1:1,3,32,32" \
--enable_small_channel=1 \
--log=error \
--soc_version=Ascend310 \
--insert_op_conf="$aipp_cfg_path" \
--output_type=FP32
```

转换命令如下。

bash convert_om.sh *air_path aipp_cfg_path om_path*

1. 修改配置文件。

可根据实际情况修改"infer/resnetv2_101/data/config"目录下的resnetv2.pipeline文件。

```
            },
            "factory": "mxpi_imageresize",
            "next": "mxpi_tensorinfer0"
        },
        "mxpi_tensorinfer0": {
            "props": {
                "dataSource": "mxpi_imageresize0",
                "modelPath": "../data/model/resnetv2_101.om",    # 请视据实际情况,修改om模型路径
                "waitingTime": "1",
                "outputDeviceId": "-1"
            },
            "factory": "mxpi_tensorinfer",
            "next": "mxpi_classpostprocessor0"
        },
        "mxpi_classpostprocessor0": {
            "props": {
                "dataSource": "mxpi_tensorinfer0",
                "postProcessConfigPath": "../data/config/resnetv2.cfg", # 请根据实际情况,修改配置文件路径
                "labelPath": "../data/config/cifar10.names",    # 请根据实际情况,修改标签问价路径
                "postProcessLibPath": "/usr/local/sdk_home/mxManufacture/lib/modelpostprocessors/libresnet50postprocess.so" # 请根据实际情况,修改
libresnet50postprocess.so文件路径。查找方式,容器内执行:'find / -name libresnet50postprocess.so'。
            },
            "factory": "mxpi_classpostprocessor",
            "next": "mxpi_dataserialize0"
        },
        ...
```

2. 模型推理。

a. 若要观测推理性能,需要打开性能统计开关。如下将"enable_ps"参数设置为"true","ps_interval_time"参数设置为"6"。

vim /usr/local/sdk_home/mxManufacture/config/sdk.conf

```
# MindX SDK configuration file

# whether to enable performance statistics, default is false [dynamic config]
enable_ps=true
...
ps_interval_time=6
...
```

b. 进入"infer/resnetv2_101/sdk"目录,执行推理命令。

```
bash run.sh image_val result_path
# 命令示例:
bash run.sh ../data/images/test_cifar10/ ./result
```

参数说明:

• image_val:推理图片路径。

• result_path:推理结果保存路径。

推理结果保存在当前目录下的"result"中。

c. 计算精度。

执行如下命令,开始精度计算。

```
python3.7 classification_task_metric.py [result_path] [label_path] [acc_path] [acc_name]
命令实例:
python3.7 classification_task_metric.py ./result/ ../data/images/test_label.txt . result.json
```

参数说明:

• result_path:推理结果保存路径。

• label_path:标签文件路径。

• acc_path:推理评估精度结果保存路径。

• acc_name:推理评估精度结果保存文件名称。

d. 查看推理性能和精度。

i. 请确保性能开关已打开,在日志目录"/usr/local/sdk_home/mxManufacture/logs"查看性能统计结果。

```
performance—statistics.log.e2e.xxx
performance—statistics.log.plugin.xxx
performance—statistics.log.tpr.xxx
```

其中e2e日志统计端到端时间,plugin日志统计单插件时间。

ii. 查看推理精度。

```
cat result.json
```

图 7.1.12

推理流程如图 7.1.13 所示.

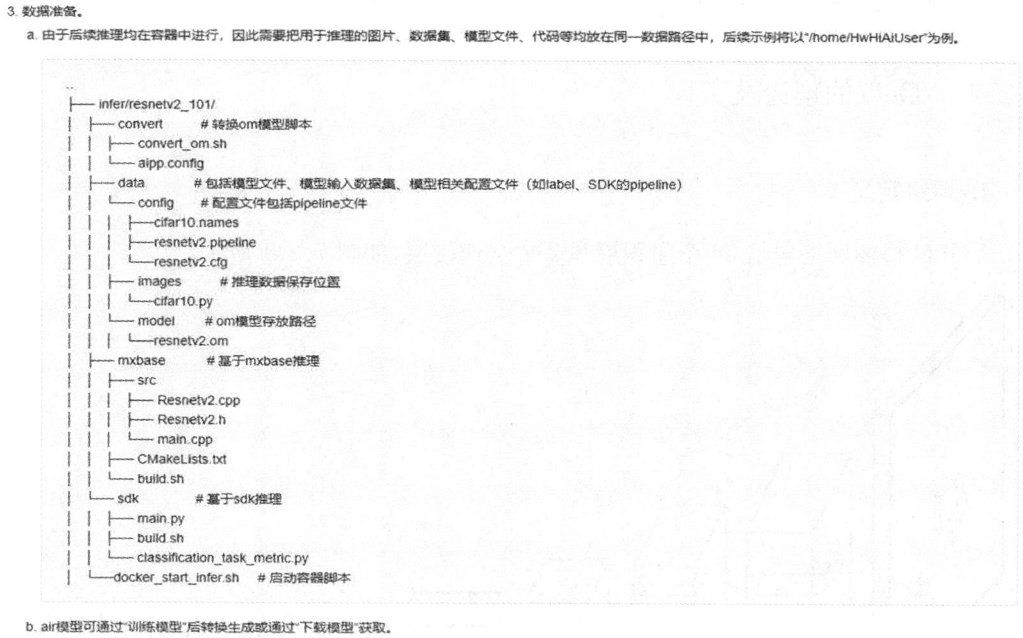

图 7.1.13

7.2　YOLO 系列

7.2.1　简介

YOLO 将物体目标检测看作一个回归问题来解决.它基于单一的端到端网络,将从原始图像输入到预测物体位置和类别的过程整合在一起.在网络设计方面,YOLO 与 R-CNN、Fast R-CNN 以及 Faster R-CNN 存在以下差异:

YOLO 训练和检测在单个网络中进行.YOLO 没有明确求取候选框的过程.R-CNN/Fast R-CNN 使用分离的模块(独立于网络之外的 selective search 方法)来查找候选框(可能包含物体对象的矩形区域),因此,训练过程也被划分为多个模块.Faster R-CNN 使用 RPN(region proposal network)卷积网络来代替 R-CNN/Fast R-CNN 的 selective search 模块,并将 RPN 集成到 Faster R-CNN 检测网络中,以获得统一的检测网络.尽管 RPN 与 Fast R-CNN 共享卷积层,但在模型训练过程中,RPN 网络和 Fast R-CNN 网络需要反复训练.注意,这两个网络的核心卷积层是参数共享的.

YOLO 将物体对象检测作为回归问题进行求解,并且在输入图像中进行一次推理之后,可以获得图像中所有物体对象的位置及其所属类别和相应的置信概率.而 R-CNN、Fast

R-CNN和 Faster R-CNN 将检测结果分为两部分来解决:物体对象类别(分类问题)、物体对象位置即 bounding box(回归问题).

7.2.2 YOLO 的理论及实现

1. 网络定义

YOLO 检测网络包括 24 个卷积层和 2 个全连接层,如图 7.2.1 所示.

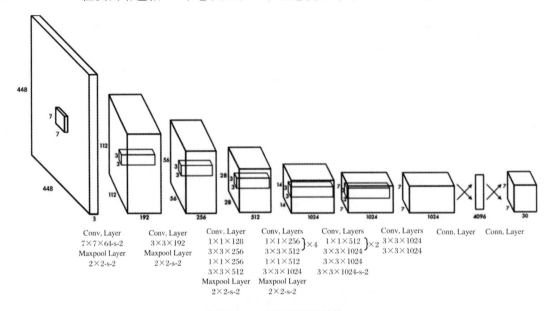

图 7.2.1 YOLO 网络结构

其中,卷积层用于提取图像特征,全连接层用于预测图像位置和类别概率值.

YOLO 网络借鉴了 GoogleNet 分类网络结构.不同之处在于 YOLO 不使用 Inception module,而是使用 1×1 卷积层(此处 1×1 卷积层用于跨通道信息集成整合) + 3×3 卷积层作为简单的替代.

在 YOLO 论文中,作者还提出一种更轻的检测网络——fast YOLO,它只有 9 个卷积层和 2 个全连接层.使用 titan x GPU,fast YOLO 可以实现 155 fps 的检测速度,但 mAP 值也从 YOLO 的 63.4% 降至 52.7%,但仍然远高于以前实时物体对象检测方法(DPM)的 mAP 值.

2. 输出定义

本部分给出 YOLO 全连接输出层的定义.

YOLO 将输入图像分成 $S \times S$ 个单元格,每个单元负责检测"落入"该单元格的物体对象.如果物体对象中心位置的坐标落入某个单元格中,那么这个单元格就负责检测出这个物体对象.如图 7.2.2 所示,图中物体对象狗的中心点(图中的原点)落入第 5 行、第 2 列的单元格内,所以这个单元格负责预测图像中的物体对象狗.

每个单元格输出 B 个 bounding box(包含物体对象的矩形区域)信息,以及 C 个物体对象属于某一类别的概率信息.

bounding box 信息包含 5 个数据值,分别为 x,y,w,h 和 $confidence$.其中 x,y 是指由当前单元格预测得到的物体对象的 bounding box 的中心位置的坐标. w,h 是 bounding box 的宽度和高度.

图 7.2.2　YOLO 检测示例

$confidence$ 反映当前 bounding box 是否包含物体对象以及物体对象位置的准确性,计算如下:

$$confidence = P(\text{object}) \times IOU$$

其中,如果 bounding box 包含物体对象,则 $P(\text{object}) = 1$;否则 $P(\text{object}) = 0$. IOU(intersection over union)为预测 bounding box 与物体对象真实区域的交集面积(以像素为单位,与真实区域的像素面积归一化到 $[0,1]$ 区间).

因此,YOLO 网络的最终全连接层的输出维度为 $S \times S \times (B \times 5 + C)$.在 YOLO 论文中,作者使用的输入图像分辨率是 448×448,$S = 7$,$B = 2$;VOC 20 类标注物体对象作为训练数据,$C = 20$.因此,输出向量为 $7 \times 7 \times (20 + 2 \times 5) = 1470$ 维.

3. Loss 函数定义

YOLO 使用均方和误差作为 Loss 函数来优化模型参数,即网络输出的 $S \times S \times (B \times 5 + C)$ 维向量与真实图像的相应 $S \times S \times (B \times 5 + C)$ 维向量的均方和误差.如下式所示:

$$Loss = \sum_{i=0}^{S^2} (coordError + iouError + classError)$$

其中 $coordError$,$iouError$ 和 $classError$ 分别代表预测数据与标定数据之间的坐标误差、IOU 误差和分类误差.

YOLO 在训练过程中 $Loss$ 计算如下式所示:

$$\lambda_{coord} \sum_{i=0}^{S^2} \sum_{j=0}^{B} \mathbb{1}_{ij}^{obj} ((x_i - \hat{x}_i)^2 + (y_i - \hat{y}_i)^2)$$

$$+ \lambda_{coord} \sum_{i=0}^{S^2} \sum_{j=0}^{B} \mathbb{1}_{ij}^{obj} ((\sqrt{w_i} - \sqrt{\hat{w_i}})^2 + (\sqrt{h_i} - \sqrt{\hat{h_i}})^2)$$

$$+ \sum_{i=0}^{S^2} \sum_{j=0}^{B} \mathbb{1}_{ij}^{obj} (C_i - \hat{C_i})^2$$

$$+ \lambda_{noobj} \sum_{i=0}^{S^2} \sum_{j=0}^{B} \mathbb{1}_{ij}^{noobj} (C_i - \hat{C_i})^2$$

$$+ \sum_{i=0}^{S^2} \mathbb{1}_{i}^{obj} \sum_{c \in classes} (p_i(c) - \hat{p_i}(c))^2$$

其中 x, y, w, C, p 为网络预测值，$\hat{x}, \hat{y}, \hat{w}, \hat{C}, \hat{p}$ 为标注值. $\mathbb{1}_{i}^{obj}$ 表示物体对象落入单元格 i 中，$\mathbb{1}_{ij}^{obj}$ 和 $\mathbb{1}_{ij}^{noobj}$ 分别表示物体对象落入与未落入单元格 i 的第 j 个 bounding box 内.

YOLO 对 *Loss* 的计算进行了如下修正：

（1）位置相关误差（坐标、IOU）和分类误差对网络 *Loss* 的贡献值不同，因此 YOLO 在计算 *Loss* 时，使用 $\lambda_{coord} = 5$ 修正 *coordError*.

（2）当计算 IOU 误差时，IOU 误差对网络 *Loss* 的贡献值在包含物体对象的单元格与不包含物体对象的单元格之间是不同的. 如果使用相同的权值，则不包含物体对象的单元格的 *confidence* 值近似为 0，在计算网络参数梯度时变相放大了"包含"物体对象的单元格的 *confidence* 误差的影响. 为了解决这个问题，YOLO 使用 $\lambda_{noobj} = 0.5$ 修正 *iouError*.（此处的"包含"是指存在一个物体对象，它的中心坐标落入单元格内.）

对于相等的误差值，大物体对象误差对检测的影响应小于小物体对象误差对检测的影响. 这是因为，相同的位置偏差占大物体对象的比例远小于同等偏差占小物体对象的比例. YOLO 通过对物体对象的大小的信息项（w 和 h）进行求平方根来改进这个问题.（注：此方法并不能完全解决此问题.）

4. 实验与比较

表 7.2.1 给出了 YOLO 与其他物体检测方法在检测速度和准确性方面的比较结果（使用 VOC 2007 数据集）.

表 7.2.1　YOLO 与其他物体检测方法的比较

物体检测方法	Train	mAP	FPS
100 Hz DPM	2007	16.0	100
30 Hz DPM	2007	26.1	30
Fast YOLO	2007 + 2012	52.7	155
YOLO	2007 + 2012	63.4	45
Fastest DPM	2007	30.4	15
R-CNN Minus R	2007	53.5	6
Fast R-CNN	2007 + 2012	70.0	0.5
Fast R-CNN VGG-16	2007 + 2012	73.2	7
Fast R-CNN ZF	2007 + 2012	62.1	18
YOLO VGG-16	2007 + 2012	66.4	21

论文中,作者还给出了 YOLO 与 Fast R-CNN 在各方面的识别误差比例,如图 7.2.3 所示. YOLO 对背景内容的误判率(4.75%)比 Fast R-CNN 的误判率(13.6%)低很多. 但是 YOLO 的定位准确率较差,占总误差比例的 19.0%,而 Fast R-CNN 仅为 8.6%.

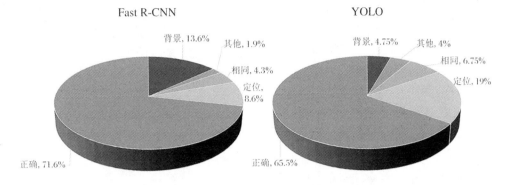

图 7.2.3　YOLO 与 Fast R-CNN 在各方面的识别误差比例

总之,YOLO 具有以下优势:

(1) 检测速度快. YOLO 将物体对象检测作为回归问题解决,并且整个检测网络 pipeline 很简单. 在 titan x GPU 上,在确保检测精度的前提下(63.4% mAP,VOC 2007 test set),可以实现 45 fps 的检测速度.

(2) 低背景错误检测率. YOLO 可以在训练和推理过程中"看到"整个图像的整体信息,而基于 region proposal 的物体对象检测方法(如 R-CNN/Fast R-CNN),在检测过程中,只能"看到"候选框中的局部图像信息. 因此,当图像背景(非物体对象)中的部分数据被包括在候选框中并被发送到检测网络进行检测时,很容易被错误地检测为物体对象. 测试证明 YOLO 对背景图像的错误检测率不到 Fast R-CNN 错误检测率的一半.

(3) 通用性强. YOLO 也适用于艺术类作品中的物体对象检测. 它对非自然图像物体的检测率远高于 DPM 和 RCNN 系列检测方法.

然而,与 R-CNN 系列目标物体检测方法相比,YOLO 主要存在识别物体目标位置精确度差和召回率低的缺点.

5. 实验流程

在这里,我们将使用华为的 MindSpore 框架来构建 YOLO v5,使用昇腾 910 服务器处理器进行网络训练,并在昇腾 310 上完成推理.

昇腾处理器和 MindSpore 相关环境搭建在 5.3.2 小节中有详细介绍,这里不再赘述.

训练数据准备流程如图 7.2.4 所示.

1. 请用户自行准备好数据集，本文以coco2017数据集为例。
2. 单击"下载模型脚本"，下载软件包。

> **说明**
>
> • 下载模型脚本：下载训练和推理的脚本文件。
>
> • 下载模型：下载模型文件。

3. 将源码上传至训练服务器任意目录（如："/home/HwHiAiUser"）并解压。

```
# 在环境上执行
unzip YOLOv5_for_MindSpore_{version}_code.zip
cd YOLOv5_for_MindSpore_{version}_code/ && dos2unix `find .`
```

4. 启动容器实例。
bash scripts/docker_start.sh *docker_image:tag data_dir model_dir*

表1 参数说明

参数	说明
docker_image	Ascend Hub下载的MindSpore框架训练镜像。
tag	镜像tag，请根据实际配置，如：21.0.2。
data_dir	数据集路径。
model_dir	训练脚本路径。

命令示例：

bash docker_start.sh ascendhub.huawei.com/public-ascendhub/mindspore-modelzoo:21.0.2 /home/ /home/

图 7.2.4

准备推理数据如图 7.2.5 所示.

1. 单击"下载模型脚本"和"下载模型"，下载所需软件包。

> **说明**
>
> • 下载模型脚本：下载训练和推理的脚本文件。
>
> • 下载模型：下载模型文件。

2. 将模型脚本上传至推理服务器任意目录（如"/home/HwHiAiUser"）并解压。
在"infer/data"目录下创建"models"目录。

```
# 在环境上执行
unzip /home/HwHiAiUser/YOLOv5_for_MindSpore_{version}_code.zip
cd /home/HwHiAiUser/YOLOv5_for_MindSpore_{version}_code/infer && dos2unix `find .`
mkdir data/models
```

> **说明**
>
> version为模型版本。

图 7.2.5

3. 数据准备。

  a. 由于后续推理均在容器中进行，因此需要把用于推理的图片、数据集、模型文件、代码等均放在同一数据路径中，后续示例将以"/home/HwHiAiUser"为例。

```
..
├── infer
│   ├── convert
│   │   ├── atc_model_convert.sh          // 将 air 模型转换为 om 模型的脚本
│   ├── data
│   │   ├── image                         // 用于推理的图片
│   │   ├── models                        // 转换后的模型文件
│   ├── mxbase                            // mx Base 推理目录（C++）
│   │   ├── result                        //推理结果存放目录
│   │   ├── src
│   │   │   ├── PostProcess               // 后处理目录
│   │   │   │   ├── Yolov5MindSporePost.cpp   // 后处理文件
│   │   │   │   ├── Yolov5MindSporePost.h     // 后处理头文件
│   │   │   ├── Yolov5Detection.h         // 头文件
│   │   │   ├── Yolov5Detection.cpp       // 详细实现
│   │   │   ├── main.cpp                  // mx Base 主函数
│   │   ├── build.sh                      // 代码编译脚本
│   │   ├── CMakeLists.txt                // 代码编译设置
│   ├── sdk
│   │   ├── eval                          // 精度计算目录
│   │   ├── api                           // api目录
│   │   ├── config                        // 流程管理目录
│   │   │   ├── yolov5.pipeline           // 流程配置文件
│   │   ├── result                        // 推理结果保存路径
│   │   ├── main.py                       // MindX SDK 运行脚本
│   │   ├── run.sh                        // 启动 main.py 的 sh 文件
```

  b. air模型可通过"训练模型"后转换生成或通过"下载模型"获取。

4. 启动容器。

  a. 进入"infer"目录，执行以下命令，启动容器。

bash docker_start_infer.sh *docker_image:tag model_dir*

表1 参数说明

参数	说明
docker_image	推理镜像名称，根据实际写入。
tag	镜像tag，请根据实际配置，如：21.0.2。
model_dir	推理代码路径。

命令示例：

bash docker_start_infer.sh ascendhub.huawei.com/public-ascendhub/infer-modelzoo:21.0.2 /home/

  b. 启动容器时会将推理芯片和数据路径挂载到容器中，可根据需要通过修改"docker_start_infer.sh"的"device"来指定挂载的推理芯片。

```
docker run -it \
    --device=/dev/davinci0 \          # 可根据需要修改挂载的NPU设备
    --device=/dev/davinci_manager \
    --device=/dev/devmm_svm \
    --device=/dev/hisi_hdc \
    -v /usr/local/Ascend/driver:/usr/local/Ascend/driver \
    -v ${data_path}:${data_path} \
    ${docker_image} \
    /bin/bash
```

1. 进入"scripts"目录，开始训练。

训练命令中涉及表1 参数说明中的参数路径都需要根据实际情况修改，所有的路径参数都应为绝对路径。更多训练相关参数请参见"高级参考"。

```
生成的ckpt会每步保存一个，数量较多，建议可修改train.py中保存检查点文件的数量，如下部分代码：
# checkpoint save
ckpt_max_num = args.max_epoch * args.steps_per_epoch // args.ckpt_interval
ckpt_config = CheckpointConfig(save_checkpoint_steps=args.ckpt_interval,
                               keep_checkpoint_max=1)
```

```
# 单卡训练
bash scripts/run_standalone_train_ascend.sh [DATA_DIR]
# 命令示例：
bash scripts/run_standalone_train_ascend.sh /data/coco2017/

# 分布式训练
bash run_distribute_train_ascend.sh [DATA_DIR] [RANK_TABLE_FILE]
# 命令示例：
bash run_distribute_train_ascend.sh /data/coco2017/ /home/HwHiAiUser/YOLOv5_for_MindSpore_{version}_code/hccl_8p_01234567_172.17.0.2.json
```

图 7.2.5(续)

训练流程如图 7.2.6 所示.

表1 参数说明

参数	说明
DATA_DIR	数据集路径.
RANK_TABLE_FILE	环境中多卡信息配置表路径. 配置表生成步骤如下: a. 请确保物理环境已配置device的网卡IP. 配置方式请参考对应版本《 CANN 软件安装指南 》中的"配置 device的网卡IP"章节. b. 通过工具 hccl_tool 自动生成配置表, 须在裸机上执行命令.

- 单卡训练任务, ckpt文件会保存在"train/outputs/time_dir/ckpt_0/"目录中, 训练日志重定向到"train/log.txt"中.
- 分布式训练任务, ckpt文件会保存在"train_parallel0/outputs/xxx_time_xxx/ckpt_0/"目录下, 训练日志重定向到"train_parallel0/log.txt"中.

2. 开始测试.

评估脚本中涉及表2参数说明的参数路径都需要根据实际情况修改. 更多测试相关参数请参见"高级参考".

进入scripts目录下, 开始测试（训练评估使用数据集为coco2017）.

```
bash run_eval.sh [DATA_DIR] [CHECKPOINT_PATH]
# 命令示例:
bash run_eval.sh /home/data/coco2017/ /home/HwHiAiUser/YOLOv5_for_MindSpore_{version}_code/scripts/train_parallel0/outputs/xxx_time_xxx/ckpt_0/0-300_274800.ckpt
```

表2 参数说明

参数	说明
DATA_DIR	数据集路径（验证集）.
CHECKPOINT_PATH	待验证的ckpt文件路径, 取训练完成后生成的最后一个ckpt文件路径.

测试结果可以在"eval/log.txt"中找到.

3. 转换air模型.

若训练的模型要在昇腾310上推理, 则在训练结束后将ckpt模型转换为air模型.

转换模型, 在容器内执行以下命令.

```
python export.py --ckpt_file [CKPT_PATH] --file_format [EXPORT_FORMAT] --batch_size [BATCH_SIZE]
# 命令示例:
python export.py --ckpt_file /home/HwHiAiUser/YOLOv5_for_MindSpore_{version}_code/scripts/train_parallel0/outputs/xxx_time_xxx/ckpt_0/0-300_274800.ckpt --file_format AIR --batch_size 1
```

表3 参数说明

参数	说明
CKPT_PATH	ckpt文件路径.
BATCH_SIZE	批处理大小.
FILE_FORMAT	导出模型格式, 可选['MINDIR', 'AIR'].

命令执行后, 会在当前路径下生成air模型.

1. 准备air模型文件.

air模型为在昇腾910服务器上导出的模型, 导出air模型的详细步骤请参考"训练模型".

将air模型放到"/infer/data/models"路径下.

2. 进入"/infer/convert"目录进行模型转换, 转换详细信息可查看转换脚本和对应的配置文件, 在"atc_model_convert.sh"脚本文件中, 配置相关参数.

```
model_path= ../data/models/yolov5.air
output_model_name= ../data/models/yolov5

atc --framework=1 \
    --model="${model_path}" \
    --input_shape="actual_input_1:1,12,320,320" \
    --output="${output_model_name}" \
    --enable_small_channel=1 \
    --log=error \
    --soc_version=Ascend310 \
    --op_select_implmode=high_precision \
    --output_type=FP32
exit 0
```

转换命令如下.

bash atc_model_ convert.sh *model_path output_model_name*

表1 参数说明

参数	说明
model_path	air文件路径.
output_model_name	生成的om模型文件名, 转换脚本会在此基础上添加om后缀.

命令示例:

bash atc_model_convert.sh ../data/models/yolov5.air ../data/models/yolov5

图 7.2.6

转换模型流程如图 7.2.7 所示.

1. 修改配置文件。

可根据实际情况修改"infer/sdk/config"目录下的yolov5.pipeline文件。

```
{
    "im_yolov5": {
        "stream_config": {
            "deviceId": "0"
        },
        "appsrc0": {
            "props": {
                "blocksize": "409600"
            },
            "factory": "appsrc",
            "next": "mxpi_tensorinfer0"
        },
        "mxpi_tensorinfer0": {
            "props": {
                "dataSource": "appsrc0",
                "modelPath": "../data/models/yolov5.om",
                "waitingTime": "2000",
                "outputDeviceId": "-1"
            },
            "factory": "mxpi_tensorinfer",
            "next": "appsink0"
        },
        "appsink0": {
            "props": {
                "blocksize": "4096000"
            },
            "factory": "appsink"
        }
    }
}
```

2. 进入"infer/sdk"目录，修改run.sh脚本中参数路径。

```
...
pipeline_path = ./config/yolov5.pipeline
dataset_path = ../data/image/val2017/
ann_file = ../data/instance_val2017.json
result_file = ./result
...
```

3. 模型推理。

a. 若要观测推理性能，需要打开性能统计开关。如下将"enable_ps"参数设置为"true"，"ps_interval_time"参数设置为"6"。

vim /usr/local/sdk_home/mxManufacture/config/sdk.conf

```
# MindX SDK configuration file

# whether to enable performance statistics, default is false [dynamic config]
enable_ps=true
...
ps_interval_time=6
...
```

b. 在"infer/sdk"目录下创建推理结果保存目录。

```
mkdir result
```

c. 进入"infer/sdk"目录，执行推理命令。

```
bash run.sh
```

推理结果保存在当前目录下的"result/"。

图 7.2.7

推理流程如图 7.2.8 所示.

1. 修改配置文件.

可根据实际情况修改"infer/sdk/config"目录下的yolov5.pipeline文件.

```
{
    "im_yolov5": {
        "stream_config": {
            "deviceId": "0"
        },
        "appsrc0": {
            "props": {
                "blocksize": "409600"
            },
            "factory": "appsrc",
            "next": "mxpi_tensorinfer0"
        },
        "mxpi_tensorinfer0": {
            "props": {
                "dataSource": "appsrc0",
                "modelPath": "../data/models/yolov5.om",
                "waitingTime": "2000",
                "outputDeviceId": "-1"
            },
            "factory": "mxpi_tensorinfer",
            "next": "appsink0"
        },
        "appsink0": {
            "props": {
                "blocksize": "4096000"
            },
            "factory": "appsink"
        }
    }
}
```

图 7.2.8

7.3　Transformer 与 DETR

7.3.1　Transformer

1. Transformer 的整体架构

Transformer 是 Google 于 2017 年发表在 NIPS 上的文章《Attention is All You Need》中提出的. 它使用 attention 组成了 encoder-decoder 的框架，并将其用于机器翻译. 它的大致结构如图 7.3.1 所示.

左侧框部分为编码器，右侧框部分为解码器. 每个句子先经过六个 Encoder 进行编码，然后经过六个 Decoder 进行解码，得到最后的输出. 图 7.3.2 看起来可能更直观一些.

下面我们详细介绍 Transformer 各个部分的结构.

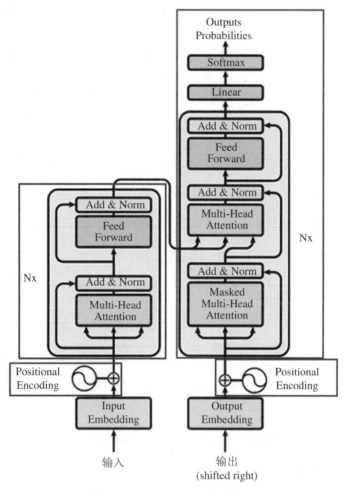

图 7.3.1　Transformer 的整体架构

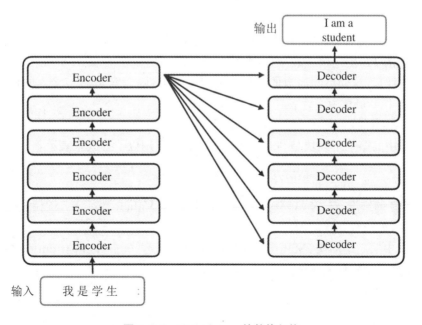

图 7.3.2　Transformer 的整体架构

2. Transformer Encoder

如图 7.3.3 所示，Encoder 的输入是词向量和 Positional Encoding，然后经过 Self Attention 和 Layer Norm，最后是一个 Feed Forward Network. 另外每个 Encoder 中还有两个 Skip Connection. 这种 Encoder 结构重复六次之后就得到了句子的编码. 接下来将分开介绍编码器的各个部分.

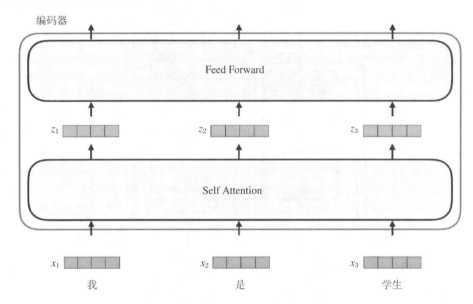

图 7.3.3　Transformer 编码器总体结构

1）Positional Encoding

Positional Encoding 旨在为每个特征的位置与通道进行编码，其公式如下所示：

$$PE_{(pos,2i)} = \sin(pos/10000^{2i/d_{model}})$$

$$PE_{(pos,2i+1)} = \sin(pos/10000^{2i/d_{model}})$$

其中 i 是通道的下标，pos 是位置的下标，d_{model} 是特征的总通道数.

奇数位置的 PE 使用余弦表示，偶数位置的 PE 使用正弦表示. $10000^{2i/d_{model}}$ 用于控制不同通道 PE 的波长（这样不同通道的特征有一定的区分性）. PE 最后与输入的特征相加，并被送到第一个 Encoder 中.

2）Self Attention

Encoder 中的第一个模块是 Self Attention，它可以用以下公式来表示：

$$Attention(Q,K,V) = Softmax\left(\frac{QK^{\mathrm{T}}}{\sqrt{d_k}}\right)V$$

其中 d_k 是特征的维度，$Q，K，V$ 分别表示 Query，Key，Value，是对 X 分别进行三次矩阵乘法得到的向量，如图 7.3.4 所示.

作者在文中采用了多头（Multi-Head）Attention，就是 h 个 Self Attention 的结果合并起来，然后压到一个较低的维度.

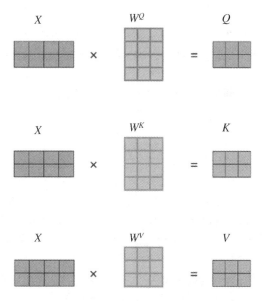

图 7.3.4　自注意力机制模块结构

3）Layer Norm

Self Attention 结果经过了一次 Skip Connection，然后被送到了 Layer Norm 中. 与 Batch Norm 不同的是，Layer Norm 并不是沿着 Batch 方向求均值和方差，而是对 Batch 中的每一个元素求均值和方差.

图 7.3.5 是几种 Norm 方法的比较.

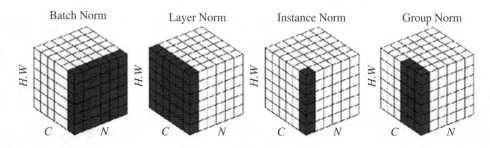

图 7.3.5　几种 Norm 方法的比较

4）Feed Forward Network

Encoder 最后的操作是带 Skip Connection 的 FFN. 其本质是 FC-ReLU-FC 的操作.

$$FFN(x) = \max(0, xW_1 + b_1)W_2 + b_2$$

以上是 Transformer Encoder 的介绍，接下来介绍 Transformer Decoder.

3. Transformer Decoder

Transformer Decoder 结构如图 7.3.2 右侧框所示.

Decoder 的第一个 Attention 与 Encoder 类似，只不过是带了一个与位置有关的 Mask（预测第 i 个位置时，输入是前 $i-1$ 个位置的 embedding，后面位置的编码被 Mask 掉了）.

第二个 Attention 依然是同样的结构，区别在其输入不同：Q 来自于 Decoder，K 和 V 来自于 Encoder. 这种做法是为了结合 Encoder 和 Decoder 的信息.

FFN 的结构也与 Encoder 类似.

最后在经过 6 个 Decoder 之后,由线性层和 Softmax 得到每一个单词的翻译结果.

在翻译的时候,Decoder 一开始的输入是空的,预测得到第一个单词后,每次的输入是前向的翻译结果.

以上是 Transformer 各部分原理的讲解.接下来我们阐述 DETR 的网络结构.

7.3.2 DETR

1. DETR 简介

DETR 是第一个将 Transformer 成功整合为检测 pipeline 中心构建块的目标检测框架.基于 Transformers 的端到端目标检测,没有 NMS 后处理步骤、真正的没有 anchor,且对标超越 Faster R-CNN.

DETR 的思想是通过将常见的 CNN 与 Transformer 架构相结合,直接(并行)预测最终的检测结果.在训练期间,二分匹配将唯一的预测分配给 GT 框.不匹配的预测应产生"无对象"类预测.

DETR 的流程较为简单,可以归结如下:Backbone －＞ Transformer －＞ detect header.

2. DETR 具体结构

将 DETR 的结构再具体化,如图 7.3.6 所示.

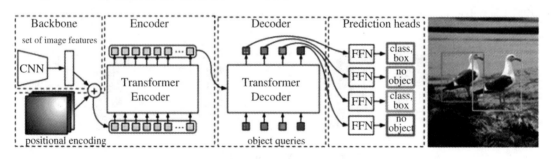

图 7.3.6　DETR 具体结构

DETR 使用常规的 CNN 主干来学习输入图像的 2D 表示.模型将其展平并用位置编码对其进行补充,然后再将其传递到 Transformer 编码器.然后,Transformer 解码器将少量固定数量的学习的位置嵌入作为输入,我们称其为对象查询,并另外参与编码器的输出.我们将解码器的每个输出嵌入传递到预测检测(类和边界框)或"无对象"类的共享前馈网络(FFN).

可以看到它分为几个主要模块:Backbone －＞Encoder －＞Decoder －＞Prediction heads.

1) Backbone

传统的 CNN 主干会生成较低分辨率的激活图 $f \in \mathbf{R}^{C \times H \times W}$.

2) Transformer Encoder

首先，使用1×1卷积将高级激活映射的特征图 f 的通道维数从 C 减小到更小的 d，创建一个新的特征图 $z_0 \in \mathbf{R}^{d \times H \times W}$. 编码器期望一个序列作为输入，因此 DETR 将 z_0 的空间尺寸折叠为一个尺寸，从而生成 $d \times H \times W$ 特征图. 每个编码器层都具有标准体系结构，包括一个 self-attention module 和一个前馈网络. 由于 Transformer 的体系结构是置换不变的，因此 DETR 用固定位置编码对其进行补充，该编码被添加到每个关注层的输入中.

3) Transformer Decoder

解码器遵循 Transformer 的标准体系结构，采用多头自编码器和编码器-解码器注意机制转换大小为 d 的 N 个嵌入. 与原始转换器的不同之处在于，DETR 模型在每个解码器层并行解码 N 个对象，而 Vaswani 等使用自回归模型一次预测一个元素的输出序列.

由于解码器也是置换不变的，因此 N 个输入嵌入必须不同才能产生不同的结果. 这些输入嵌入是学习的位置编码，我们称之为对象查询，与编码器类似，我们将它们添加到每个关注层的输入中. N 个对象查询由解码器转换为嵌入输出. 然后，通过前馈网络将其独立解码为框坐标和类标签，得出 N 个最终预测.

该模型利用这些嵌入自编码器和解码器注意力机制，使用它们之间的成对关系来归结汇总全局所有对象，并可以使用整个图像作为上下文.

4) Prediction feed-forward networks（FFNs）

最终预测结果是由具有 ReLU 激活功能且具有隐藏层的 3 层感知器和线性层计算的. FFN 预测框的标准化中心坐标、高度和宽度，输入图像，然后线性层使用 Softmax 函数预测类标签. 由于我们预测了一组固定大小的 N 个边界框，其中 N 通常比图像中感兴趣的对象的实际数量大得多，因此使用了一个额外的特殊类标签来表示未检测到任何对象. 此类在标准对象检测方法中与“背景”类具有相似的作用.

5) Auxiliary decoding losses

作者发现，在训练过程中使用解码器中的辅助损耗 auxiliary losses 是有帮助的，特别是帮助模型输出正确数量的每个类的对象. DETR 在每个解码器层后添加预测 FFN 和 Hungarian loss，并且所有预测 FFN 共享其参数. 我们使用附加的共享层范数标准化来自不同解码器层的预测 FFN 的输入.

第8章　国际顶级视觉感知挑战赛经典案例

8.1　零售商品价格预测

8.1.1　任务介绍

人工智能技术的发展已经深入了人们生活的方方面面,零售行业也是如此,比如在拥挤的货架上检测商品.CVPR2021 商品价格预测挑战赛的任务是在已经给出商品位置的前提下,通过商品附近的价格标签获取商品的价格.如图 8.1.1 所示.图中商品的位置已经进行了标注,将作为训练集的数据参与训练.框左上角的价格则是我们的任务目标.

8.1.2　解决思路

我们的方法可以分为四个模块,分别是目标检测模块、商品和价格标签匹配模块、文本识别模块以及与计算每个价格的置信度的置信度模块.我们的解决方案如图 8.1.2 所示.

1. 数据集

为了提高模型对价格标签的识别准确率,我们主要使用两个数据集进行训练.一个是 SVHN(街景门牌号)数据集,它来源于谷歌街景门牌号.这个数据集中的图片都是印刷体门牌号,与该任务场景相似,所以使用该训练集进行训练.另一个是我们基于 TraxPricing 数据集制作的数据集.我们手动裁剪数据集中的图像,并裁剪有效的价格标签以进行训练(如图 8.1.3 所示).我们将此数据集命名为商品价格标签识别数据集.同时,我们记录价格标签的坐标作为价格标签目标检测的训练集.我们将此数据集命名为商品价格标签检测数据集.两个数据集都包含 12836 张图像.实验证明,在上述两个数据集上训练后,我们的模型的准确率有了很大的提高.

2. 目标检测

在目标检测部分,我们使用 Cascade R-CNN 作为 baseline.在实验了不同的 Backbone 之后,发现当 ResNeXt-64x4d 作为 Backbone 时,价格标签的检测准确率是最高的.同时,我

图 8.1.1　商品价格预测任务示意图

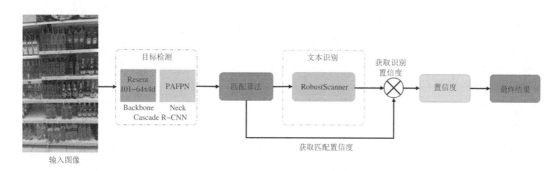

图 8.1.2　算法示意图

们将 FPN 替换为 PAFPN 作为 neck.

3. 匹配算法

在设计匹配算法的时候,我们自然认为离产品最近的价格标签可能性最大.同时,为了使检测得到的候选价格标签更好,我们选取目标检测时 $score_{detection}>0.1$ 的样本作为候选价格标签.假设商品箱的坐标为(x_{min}, y_{min}, x_{max}, y_{max}),我们用商品坐标底部的中心坐标 $p =$

图 8.1.3 商品价格标签识别数据集

$\left(\dfrac{x_{\min}+x_{\max}}{2}, y_{\max}\right)$来表示这个商品.同理,对于通过物体检测得到的每个候选价格标签,我们可以得到它的坐标为$(x_{\min}, y_{\min}, x_{\max}, y_{\max})$.与商品框不同的是,我们使用顶部中心坐标 T $=\left(\dfrac{x_{\min}+x_{\max}}{2}, y_{\min}\right)$来表示价格标签.所以商品与价格标签的匹配问题转化为计算坐标 p 到$T_1, T_2, \cdots, T_n$ 的欧几里得距离(n 是一张图片中要匹配的价格标签的数量).如果 T_i 和 p 之间的欧几里得距离最小,则该产品与 T_i 对应的价格标签匹配.

4. 文本识别

我们尝试使用 SHVN,一个包含打印数字的外部数据集来训练我们的文本识别模型,但实验表明加入该数据集效果不佳.最后,我们的文本识别模型只使用我们的商品价格标签识别数据集.我们选择 RobustScanner 作为我们的 baseline,因为这种方法被证明在识别不规则文本(如价格文本)方面非常有效.

5. 置信度

置信度的选择对比赛的结果非常重要.我们对置信度的选择与目标检测、匹配和文本识别三个环节有关.首先考虑匹配过程对置信度的影响.我们认为,价格标签越接近产品,正确匹配的概率就越高.我们将产品坐标 p 到价格标签$(T_1, T_2, \cdots, T_n)$的距离设为$(D_1, D_2, \cdots, D_n)$,其中最小的设为 D_i,则产品 P 的置信度为

$$C = \frac{\sum\limits_{k=1}^{n} D_k^2 - D_i^2}{\sum\limits_{k=1}^{n} D_k^2} \tag{8.1.1}$$

置信度显然不仅仅与匹配有关.事实上,在实际过程中很容易出现匹配正确但文本识别错误的情况.考虑到这种情况,我们将 C 与文本识别得到的分数相乘,得到最终的置信度

$$C_{\text{final}} = C \cdot score_{\text{text-recog}} \tag{8.1.2}$$

8.1.3　实验结果

我们所有的实验都是在 PyTorch 上实现的,我们的目标检测实验基于 MMDetection. 此外,我们的文本识别实验基于 MMOCR.

1. 目标检测

在检测商品价格标签的部分,我们训练了不同的模型,如表 8.1.1 所示.

表 8.1.1　不同方法在商品价格标签检测数据集上的训练结果

方　　法	Backbone	输　　入	主动式像素
Faster R-CNN	ResNet-50[6]	(1333,800)	71.5
Faster R-CNN	ResNet-50	(1800,900)	72.2
Faster R-CNN + PAFPN	ResNet-50	(1800,900)	72.3
DetectoRS	ResNet-50	(1800,900)	73.5
Cascade R-CNN	ResNet-50	(1800,900)	74.7
Cascade R-CNN	ResNet-101	(1800,900)	75.0
Cascade R-CNN	Res2Net-101	(1800,900)	76.2
Cascade R-CNN	ResNeXt-64x4d	(1800,900)	76.3

我们按照 9 : 1 的比例将商品价格标签检测数据集分为训练集和验证集.我们调整输入图像的大小,使其短边为 900,长边小于或等于 1800.通过实验,PAFPN 可以达到更高的精度.整个网络使用随机梯度下降(SGD)算法进行训练,动量为 0.9,权重衰减为 0.0001.我们用 1 个 GPU(每个 GPU 2 个图像)训练检测器 20 个 epoch,初始学习率为 0.0025,并在 16 和 19 个 epoch 后分别降低到 1/10.所有其他超参数都遵循 Cascade R-CNN 中的设置.

2. 文本识别

我们将商品价格标签识别数据集按照 9 : 1 的比例分为训练集和验证集.在文本识别模型的训练中,我们采用了 RobustScanner.在训练过程中,我们对输入图像的大小进行了调整,以保持输入图像的宽高比,同时将高度设置为 88,高度范围为 56~210.我们使用了 1 个 GPU,在每个 GPU 上处理 192 张图像,进行了 5 个 epoch 的检测器训练.初始学习率为 0.001,分别在第 3 和第 4 个 epoch 后降低为原来的 1/10.在测试阶段,我们将高度设置为 88,宽度在 80~210 范围内调整,同时保持宽高比不变.

3. 置信度

良好的置信度可以大大提高最终结果.如表 8.1.2 所示.

表 8.1.2　选择不同的目标检测分数对验证集结果的影响

分数	精度	平均精度
0	0.764	0.767
0.1	0.765	0.768
0.3	0.764	0.769
0.5	0.764	0.771
0.7	0.763	0.772
0.9	0.753	0.779
0.99	0.617	0.802

由于检测分数与匹配更相关，我们将置信度设置为公式(8.1.1)而不是公式(8.1.2)．当得分为 0.1 时，精度最高，这意味着排除了大部分错误检测框．当分数高于 0.1 时，随着分数的增加，精度逐渐降低，说明此时排除了一些正确的候选价格标签，导致匹配成功的概率降低．有趣的是，虽然精度大幅下降，但最终的结果却提高了很多．我们认为这与我们的置信公式有关．当一个价格标签匹配到离产品最近的距离，并且检测分数很高，那么这个价签对应的置信度就会很高．而如果这个价格标签的检测分数低于我们设置的阈值，只会在剩下的符合要求的价格标签中找到．因为价格标签和产品之间的最小距离会比之前更大，所以得到的置信度会比之前的情况低．表 8.1.3 的结果表明我们的想法是正确的．其中，方法 A 和 B 使用 $score$ 等于 0 和 0.99 时的图像和置信度进行测试，方法 C 使用 $score = 0$ 时得到的价格标签图像和 $score = 0.99$ 时得到的置信度．从实验结果可以看出，这种方法是非常有效的．最后实验结果如表 8.1.3 所示．从实验结果可知 C_{final} 提高了得分，同时我们选择 $score = 0.1$ 时得到的图像和 $score = 0.99$ 时得到的匹配置信度可以达到最好的效果．

表 8.1.3　置信度实验结果

方法	分数	精度	平均精度
A	(0,0)	0.764	0.767
B	(0.1,0.1)	0.765	0.768
C	(0.1,0.99)	0.765	0.835
C_{final}	(0.1,0.99)	0.765	0.88

8.2　食物细粒度分类

8.2.1　任务介绍

通用视觉分析(例如图像识别、检测和分割)在过去几年中显示出显著的进步，部分体现在大规模视觉分析挑战中，例如 ImageNet 分类挑战、MS-COCO 对象检测和分割挑战，以及

YouTube-8M 大规模视频理解,错误率逐年下降.为了继续推进计算机视觉领域的最新发展,许多研究人员现在将更多的精力放在了细粒度的视觉分析上.这是一个基本问题,并且在计算机视觉各个研究领域的各种实际应用中无处不在.大规模细粒度食物检索是基于"大规模细粒度食物分析"挑战赛 2021 的团队竞赛.

本次比赛使用的数据集来自 Food2K.Food2K 包含 2000 个类别的 1036564 张图像,属于不同的超类,例如蔬菜、肉类、烧烤和油炸食品.与现有数据集相比,Food2K 在类别和图像中的大小都高出一个数量级.对于这条赛道,使用了来自 1500 个类别的 1000 个食物类别及其对应的图像,即 Food1K.Food1K 分为两部分——训练集和测试集.每个食物图像都有一个真实标签.剩下的 500 个类别(即 Food500)用于测试模型,Food1K 和 Food500 之间没有重叠的食品类别.在这次比赛中,我们尝试了很多不同的方法.首先,我们尝试了不同的骨干网,例如 ResNet50、Swin Transformer 和 Efficientnet.其次,我们尝试了数据清洗和数据增强,从最终结果来看是有效的.在训练过程中,我们发现在 dataloader 中使用加权数据采样器对结果有好处.此外,后处理对结果非常重要.DBA、查询扩展、模型集成等都被证明是有效的.

8.2.2　解决思路

在这一小节中我们将详细讲解解决方法,其中包括模型和主要步骤.整个流程如图 8.2.1 所示.

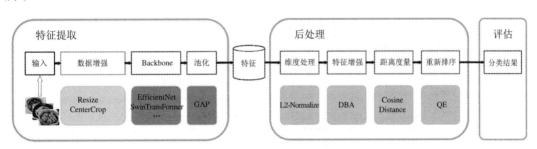

图 8.2.1　解决方案流程图

1. 数据清理

通过探索性数据分析(EDA),我们发现训练集充满了噪声样本.具体来说,在训练集中,我们没有发现任何与食物无关的图片,除了食物海报.但是,有很多数据带有细粒度的标签错误.例如,一张图片不属于其类别,但该类别具有相同的标签.所以我们在其他步骤之前清理数据.一般来说,我们在数据清洗步骤中使用了交叉验证,如图 8.2.2 所示.具体流程如图 8.2.3 所示,首先我们将整个训练集拆分为五折,其中四折作为训练集,另一折作为测试集,一共五折模型被训练.然后,将训练好的模型分别在各自的测试集上进行预测,将测试集的 top1 正确数据分类为正例,将 top1 不正确的数据分类为负例.通过收集正数据,我们重新训练模型并对负数据进行预测,并将负数据中 top1 正确的数据拉回训练集中.在这一步中,我们反复迭代上述步骤,直到稳定并没有新的正数据产生.

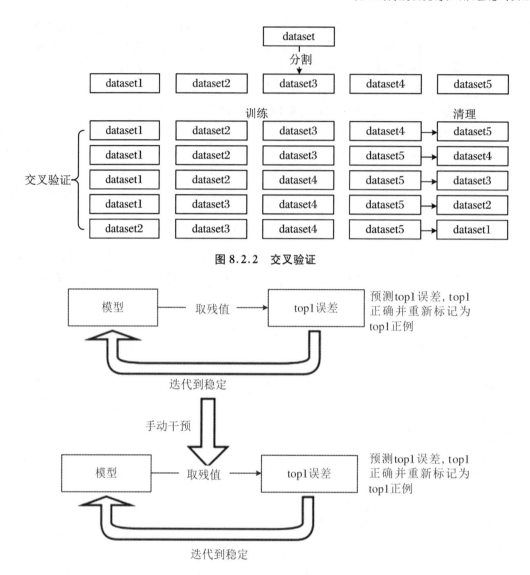

图 8.2.2　交叉验证

图 8.2.3　五折交叉验证具体流程

2. 通用图像识别方法

在 Backbone 的选择上，我们发现 ImageNet 中精度高的模型在训练集和验证集上也会有很高的精度，所以我们遵循这个原则，选择了 ImageNet 预训练的高精度模型：ResNet50（仅用于调试）、Efficientnet、Swin Transformer、Resnext101、Efficientnetv2-l 等. 实验结果表明，它们的合并结果取得了很好的效果. 我们对模型训练技巧进行了实验，部分结论如下：

（1）使用复杂模型网络（如 Swin Transformer、Efficientnet-b5）比 ResNet50 等简单网络高 5~10 个点.

（2）在大规模数据集中，$epoch = 200$ 是比较合适的参数.

（3）通过实验，$batch\ size = 128$，$learning\ rate = 0.01$ 是合适的参数组合.

（4）RandAugment 提高了约 0.5 个点，优于其他数据增强方法（如 cutmix、mixup）.

（5）模型中使用 dropout 和 dropblock 没有帮助.

（6）使用大的输入大小有利于提取微小食物的特征.然而,我们不得不采用"从小到大"的训练策略,主要是由于成本大且缺乏 GPU.这个策略会增加 2～3 个点.

（7）对于数据不平衡分布,我们在 dataloader 中使用加权数据采样器,每个样本的权重为 1/该类的总数.

3. 后处理

在这一步中,我们使用在识别中没有经过 FC 层训练的模型来提取图库和查询图像的特征,并进行检索.首先我们简单地用余弦距离作为检索距离度量来选择识别中的预训练模型,比如不同类型的模型、不同训练位置的模型.我们选择 Swin Transformer-large、Efficientnet-b5、Efficientnet-b6 作为检索的候选模型.然后我们使用 DBA 来增强 galary 中的图像特征.具体来说,图库中的每个特征都被替换为该点自身值及其前 k 个最近邻值（k-NN）的加权和.在这里,我们测试了不同的 k 值对检索结果的影响,最终我们选择了 15 作为最终值.最后,我们使用 QE[3]将检索到的 top-k 最近邻与原始查询结合起来,并进行另一次检索以获得更好的检索结果,其中还测试了不同的 qe-k,例如 5,15,20,25.

4. 不同模型的组合

不同模型的组合对于提高挑战数据集的检索效果具有重要意义.我们使用 pytorch 框架来训练几个基本的通用分类模型.我们通过合并后处理获得的距离度量矩阵来组装各种模型的结果,该操作将为我们提供更稳健的检索结果.

8.3　花样滑冰选手骨骼点动作识别

8.3.1　任务介绍

人体运动分析是近几年众多领域研究的热点问题.然而,目前的研究数据普遍缺少细粒度语义信息,导致现存的分割或识别任务缺少时空细粒度动作语义模型相较于图片细粒度研究,时空细粒度语义的人体动作具有动作类内方差大、类间方差小等特点,这将导致由细粒度语义产生的一系列问题,而利用粗粒度语义的识别模型进行学习也难以获得理想的结果.本次比赛基于飞桨实现花样滑冰选手骨骼点动作识别任务,从三个角度提出了挑战:

（1）数据集来源于花样滑冰选手,动作类型的区分难度更大.与其他运动项目不同,花样滑冰的动作存在类别多、差异小等特点,如何得到一个识别精度高、泛化能力好的模型是一个巨大的挑战.

（2）数据集源于通过 2D 姿态估计算法 Open Pose,对视频进行逐帧骨骼点提取获得,仅提供骨骼点信息,与原图相比,已丢失部分信息.如何充分利用好骨骼点的现有信息,同时在已丢失部分信息的情况下依然可以保证模型的精度,是这个比赛带来的一大挑战.

（3）数据集中每个动作序列由 2500 帧构成,然而实际长度变化可能不足 2500 且变化极大,我们统计了有效动作的长度分布,如图 8.3.1 所示,横坐标从左到右代表有效动作长度逐渐增加,可以看到有效动作长度差异明显.除此之外,数据集中的骨骼点还存在大量点置信度为 0(错帧)甚至在有效动作内所有点置信度全部为 0(空帧)的情况,这都对训练提出了挑战.

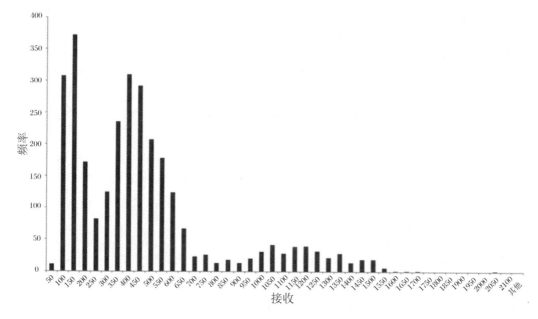

图 8.3.1   数据集有效动作长度分布

8.3.2   解决方法

我们认真分析了数据集与任务的特点,从数据处理、模型选取、训练策略、测试方法四个层面提出了创新与应用方案,图 8.3.2 是我们的整体方法框架.

1. 数据处理

我们对数据集进行了细致的分析,包括对数据进行了可视化、数值分析等操作,发现数据集内部存在一些问题,例如错帧空帧等.针对这些问题,我们提出了中心化修复、空帧处理、数据增强三种策略.

1)中心化修复

我们将数据集可视化分析以后,发现有的图片中存在一些点的置信度为 0 的现象,如图 8.3.3 所示,我们将这种情况称为错帧.

当点的置信度为 0 时,坐标会自动置为(0,0).此时如果骨架中心点(在本数据集中对应 8 号点)的置信度为 0,这个时候我们基于这个点,按照传统的中心化方法将所有点纳入中心化显然是不合理的.基于这个想法,我们提出了中心化修复的方法:

(1)如果骨架中心点置信度为 0,则取一帧中所有置信度非 0 点、取平均后得到的坐标作为新的骨架中心点;如果骨架中心点坐标置信度大于 0,则保持原样.

(2)基于所有置信度大于 0 的点进行中心化处理得到新的一帧数据.

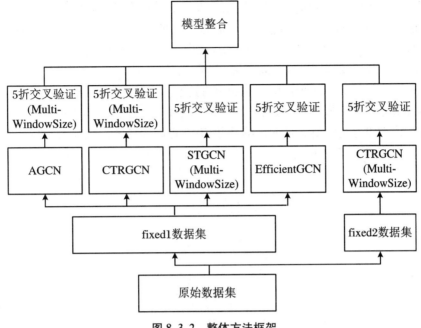

图 8.3.2　整体方法框架

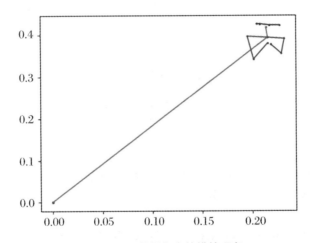

图 8.3.3　数据集中的错帧现象

2）空帧处理

我们发现在一个完整动作结束前的中间过程中会出现只剩一个中心点的现象,我们把这种现象称为空帧,如何处理好空帧的问题也是这个比赛的难点之一.简单地删除这些空帧,可以使得动作更加连贯,更有利于模型对动作变化的捕捉,一定程度上可以提升模型精度.但这样的操作,也会导致丢失部分时序信息,无法充分挖掘数据集深层次信息.于是我们基于两种情况均训练了模型,并在最后按照一定的比例进行了模型融合,以达到互补的效果,并提升模型的泛化能力.

3）数据增强

数据增强是深度学习中常见的策略,但如何选取最有效的策略并将其组合,而不是简单地堆砌,这也是一大难点.我们从数据集的角度出发,首先发现数据集样本数较少,只依靠现有的样本很难训练出一个具有较高泛化能力的模型.基于这个想法,我们引入了 Scaling,

Rotate,Yaxis Scaling. Scaling 将骨架按比例进行不同尺度变换,而 Rotate 则对样本进行略微倾斜角度的旋转,Yaxis Scaling 基于纵轴按比例进行尺度变换.这些方法有效扩充了样本,一定程度提高了模型的鲁棒性.特殊的是,我们在这次比赛中引入了 Cutout 的方法.图 8.3.4 是我们对骨架的区域划分,我们将头、左手、右手、左脚、右脚分为五个区域.按照概率随机选取一个区域,然后在这个选中区域随机再选取一定长度的骨骼点连线,将对应骨骼点均删去(例如选定左手区域后,可随机去掉 2,3 号点或 3,4 号点或 2,3,4 号点).使用这种方法,可以使得模型更好地缓解错帧的影响,同时有效提高模型的泛化能力.最后,我们尝试了 Mix up 的方法,也有一定的提升.

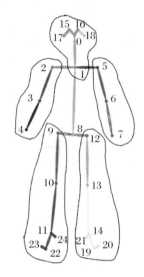

图 8.3.4 对骨架的区域划分

2. 模型选取

官方提供的 ST-GCN 与 AGCN 效果很好,但是我们为了更加全方位地挖掘数据集的信息,引入了 CTR-GCN 与 Efficient-GCN.

1) CTR-GCN

为了与 AGCN、ST-GCN 形成互补,更好地提升最终模型的泛化能力,我们引入了 CTR-GCN.通过 CTR-GCN,我们只需额外学习少量的参数,便可以得到不同特征维度上的卷积核,提升模型的鲁棒性.并且采用了多尺度的时间卷积,使模型在时间维度上能提取更多信息.

2) Efficient-GCN

为了充分挖掘数据集的信息,我们引入了 Efficient-GCN,与其他模型不同的是,Efficient-GCN 不仅有节点流,还加入了骨骼流与速度流,使得网络学到更多的特征.同时时空联合注意力模块(Spatial Temporal Joint Attention,简称 ST-Joint Att)使得我们可以从整个骨架序列中捕捉最有信息量的帧和关键点,很好地缓解了数据集中存在的帧信息不平衡问题.

3. 训练策略

在训练时,我们使用了五折交叉验证的方法,同时创新地提出了 Multi-WindowSize 的方法,使得模型精度与泛化性能得到了一定的提高.

1) 五折交叉验证

为了充分挖掘数据集的潜力,同时便于寻找到训练效果最好的模型,我们引入了五折交叉验证.五折交叉验证的思路是将完整训练集随机划成五份,每次使用四份数据训练,用剩余一份进行数据验证,这样每组训练集都不完全一样.通过这种方式对五组进行训练,可以得到五个模型,我们对每一折都可以采用不同的训练方式与策略,从而挑选出最优的模型,接着再将其融合,这样就可以得到精度高泛化性能好的模型.

2) Multi-WindowSize

从图 8.3.1 可以看出,数据集中有效动作长度变化是很大的.如果简单地采用单一的 WindowSize,将无法很好地适应这种情况.为了缓解有效动作长度变化差异带来的影响,我们从目标检测的多尺度训练中找到了灵感,即不再选取单一尺度的 WindowSize,而是给定一个范围,每一轮训练开始时,随机选定一个范围内的数作为这一轮训练的 WindowSize,然后再进行训练.通过这种方式,不仅有效提高了模型的精度,还在一定程度上提升了模型的泛化能力和鲁棒性.

4. 测试方法

在测试阶段,我们主要使用了 TTA 与模型融合的方法,这两种方法使得推理精度有了一定的提升.

1) TTA

TTA 是通过在推理时选取不同的 WindowSize 进而得到不同的 score,接着将其按比例进行叠加,进而得到最终的推理结果.在最终提交版本中,我们对 AGCN 与未用 Multi-WindowSize 训练的 CTR-GCN 均做了 TTA 操作.通过 TTA,可以有效挖掘模型潜力,提升测试精度.

2) 模型融合

模型融合指的是将不同模型推理后的 score 按照一定比例进行叠加得到最终 score 的过程,同时通过最终 score 也可以得到最终的推理结果.在比赛中,我们使用删除空帧的数据集训练出的 AGCN,Efficient-GCN,CTR-GCN,基于 Multi-WindowSize 训练出的 ST-GCN,以及基于未删除空帧的数据集训练出的 CTR-GCN,一共五个模型进行了模型融合,并最终在 B 榜上取得了 67.35015773 的成绩,位列榜单第二.

8.3.3　实验结果

我们的实验均基于 paddlevideo,并在 A100 服务器上运行.图 8.3.5 是我们在单模型的提升,对比初始 baseline 与加入各种策略以后在 A 榜的精度对比.

模型	初始精度	改进精度
AGCN	61.62420382166	68.15287
STGCN	60.50955414	68.94904458599
CTRGCN	62.89808917	68.47133758
EfficientGCN	62.42038217	67.99363057325

图 8.3.5　单模精度

在得到效果最好的单模后，我们将其进行了模型融合，最终在 A 榜上达到了 70.85，位列第 9. 但同时我们的模型具有较好的泛化性，在 B 榜上依然可以保持 67.35 的精度.

8.4 嵌入式交通场景目标检测

8.4.1 任务介绍

该例子来自于 2020 年 IEEE ICME 举办的 "The 2020 Embedded Deep Learning Object Detection Model Compression Competition for Traffic in Asian Countries". 该比赛重点关注了交通场景下的目标检测技术，并且希望通过低复杂度和小模型来实现. 因此在本次比赛中，鼓励参赛者在嵌入式系统上部署目标检测器时，尽最大努力降低模型复杂性和内存要求，同时将精度保持在合理的范围内.

比赛中所提供的数据集由行驶中车辆上的行车记录仪拍摄的图像组成. 图像主要内容为许多机动车与非机动车的拥挤街道. 这些图像包括大学校园、城市和乡村街道以及高速公路等场景，且拍摄于各种天气条件，如晴天、雾天和雨天等. 这些图像的照明条件还包括白天、夜晚、背光和暮光. 所有图像都仔细标记了四个类别，分别是车辆、行人、摩托车和自行车. 图 8.4.1 显示了该数据集中的一些示例图像.

(a)　　　　　　　　　　　　　　　　(b)

(c)　　　　　　　　　　　　　　　　(d)

图 8.4.1　比赛数据集的示例图像

8.4.2　解决思路

我们的模型架构如图 8.4.2 所示.

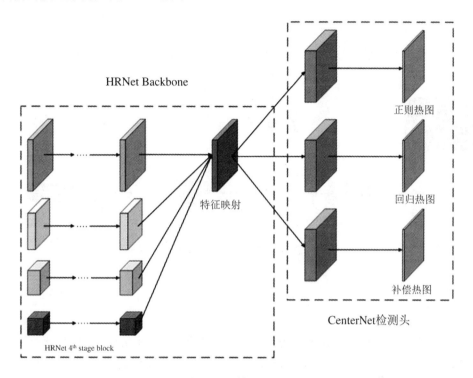

HRNet Backbone

特征映射

正则热图

回归热图

补偿热图

CenterNet检测头

HRNet 4th stage block

图 8.4.2　模型架构图

1. 主干网络

该网络基于 CenterNet,选用 HRNet 作为主干网络,这是一个用于关键点估计任务的强大网络. CenterNet 将目标检测任务定义为对目标中心点的定位并在中心点的基础上预测目标的尺寸.CenterNet 采用高斯核来生成热图以定位中心点,使网络的输出分布集中于目标中心,然后将目标中心的像素定义为训练样本,并直接预测目标的高度和宽度.同时,它还预测偏移量,以修正由输出步幅引起的离散化误差.

2. 类别平衡焦点损失

CenterNet 的关键点定位损失,是 focal loss 的一种变体,可以有效解决正负样本之间的不平衡问题.但是,它无法处理训练数据中不同类别之间的不平衡问题,这会导致稀有类别的检测精度下降.为此,我们提出了一种用于关键点定位的类别平衡焦点损失,它可以处理训练集中的类别不平衡和正负样本不平衡问题.

3. 知识蒸馏

为了进一步提高检测精度,我们引入知识蒸馏并将其与我们的模型相结合.知识蒸馏可以将有用的结构信息和语义信息从教师网络传输到学生网络.我们的知识蒸馏框架的示意图如图 8.4.3 所示. 教师网络和学生网络采用 CenterNet 结构. 教师网络和学生网络的主干分别是 HRNet-W32 和 HRNet-W16. 学生网络中的头部卷积层有 32 个 3×3 核的过滤器，教师网络中有 64 个 3×3 核的过滤器. 我们还将像素信息和成对信息从教师网络提取到学生网络.

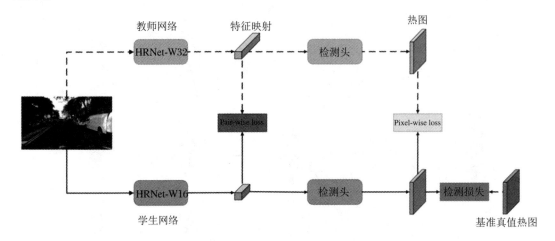

图 8.4.3　知识蒸馏框架

8.4.3　实验

BDD100K 数据集是一个大规模的自动驾驶数据集. 它由十类组成：自行车、公共汽车、汽车、摩托车、人、骑手、红绿灯、交通标志、火车和卡车. 训练集和验证集的比例为 7∶1，图像分辨率为 1280×720. ivslab 数据集是嵌入式深度学习对象检测模型压缩竞赛的数据集. 它提供了 89002 张未注释的 1920×1080 图像用于训练和 2700 张带注释图像用于测试. 数据集中的对象用四类注释：行人、车辆、踏板车和自行车. 在比赛中，由于 ivslab 数据集的训练图像是从视频中提取的，以及时间相关性，它们大多是相似的. 因此，我们从十张图片中选择一张作为我们的训练集. 我们在 BDD100K 上预训练我们的模型，然后在 ivslab 数据集上对其进行微调. 具体来说，我们将 BDD100K 类转换为与 ivslab 一致. 我们将公共汽车、轿车和卡车划分为统一的车辆类别，而忽略了红绿灯、交通标志和骑手的类别. 在我们的实验中，平均精度（mAP）的 IOU 阈值设置为 0.5，这也被比赛采用.

官方公布的比赛结果如表 8.4.1 所示，分别包括在 NVIDIA Jetson TX2 上的精度、模型大小、计算复杂度和速度的评估. 我们的团队 USTC-NELSLIP 最终通过精度–速度权衡方法获得了第一名. 我们模型的定性结果如图 8.4.4 所示.

表 8.4.1　比赛结果

参赛队伍	mAP（IOU@0.5）	模型大小（MB）	复杂度（GOPS/frame）	速度@TX2（ms/frame）
USTC-NELSLIP	44.60	6.04	11.16	141.8
BUPT_MCPRL	49.20	7.35	12.89	401.21
DD_VISION	25.60	0.86	0.52	56.18

续表

参赛队伍	mAP（IOU@0.5）	模型大小（MB）	复杂度（GOPS/frame）	速度@TX2（ms/frame）
Deep Learner	49.00	45.20	56.64	1560.43
IBDO-AIOT	38.70	187.27	285.7	271.11
ACVLab	41.10	87.46	31.82	696.72

图 8.4.4　我们模型的定性结果

参 考 文 献

［1］ 奥利弗·杜尔,贝亚特·西克,埃尔维斯·穆里纳.概率深度学习:使用 Python、Keras 和 TensorFlow Probability［M］.崔亚奇,唐田田,但波,译.北京:清华大学出版社,2022.

［2］ 古铁雷斯.机器学习与数据科学:基于 R 的统计学习方法［M］.施翊,译.北京:人民邮电出版社,2017.

［3］ 何嘉玉,黄宏博,张红艳,等.基于深度学习的单幅图像三维人脸重建研究综述［J］.计算机科学,2022,49(2):40-50.

［4］ 李航.统计学习方法［M］.北京:清华大学出版社,2019.

［5］ 梁晓峣.昇腾 AI 处理器架构与编程:深入理解 CANN 技术原理及应用［M］.北京:清华大学出版社,2019.

［6］ 杰弗瑞·希顿.人工智能算法.卷 3:深度学习和神经网络［M］.王海鹏,译.北京:人民邮电出版社,2021.

［7］ 杨帮华,李昕,杨磊,等.模式识别技术及其应用［M］.北京:科学出版社,2016.

［8］ 杨淑莹,郑清春.模式识别与智能计算:MATLAB 技术实现［M］.北京:电子工业出版社,2019.

［9］ 周志华.机器学习［M］.北京:清华大学出版社,2016.

［10］ Breiman L. Random Forests［J］. Machine Learning,2001,45(1):5-32.

［11］ Zhou Z, Feng J. Deep forest［J］. National Science Review,2019,6(1):74-86.